U0792184

国家示范院校重点建设专业

机电一体化技术专业课程改革系列教材

机电系统执行器应用
——液压与气动技术

◎主　编　黄均安　黄明远
◎副主编　蒋瑾瑾　张春来
　　　　　张　萍　金　明
◎主　审　曹松华

中国水利水电出版社
www.waterpub.com.cn

内 容 提 要

本教材是按照高职高专机电工程及相关专业培养目标的要求，以工作过程为导向，从实用的角度，避免高深的理论分析和数学运算，尽量使知识浅显易懂便于学习而编写的。全书共11个学习情境，主要讲述了液压传动与气压传动的基本原理、特点、使用，液压元件、液压辅件、气动元件、气动辅件的工作原理、基本结构、特点、使用和维护，常见故障及其排除方法；液压系统及气动系统基本回路及其在典型设备中的应用，常见故障及其排除，以及液压系统的基本设计方法。此外在每个学习情境后配备了相关工作任务，方便读者巩固所学知识。

本教材可作为高职高专院校机电类各专业及其他成人高校相应专业的教材，也可作为相关工程技术人员的参考用书。

图书在版编目（CIP）数据

机电系统执行器应用 ：液压与气动技术 / 黄均安，黄明远主编. -- 北京 ：中国水利水电出版社，2010.3（2022.9重印）
（国家示范院校重点建设专业、机电一体化技术专业课程改革系列教材）
ISBN 978-7-5084-7295-9

Ⅰ．①机… Ⅱ．①黄… ②黄… Ⅲ．①液压传动－高等学校：技术学校－教材②气压传动－高等学校：技术学校－教材 Ⅳ．①TH137②TH138

中国版本图书馆CIP数据核字(2010)第039779号

书　　名	国家示范院校重点建设专业 机电一体化技术专业课程改革系列教材 **机电系统执行器应用——液压与气动技术**
作　　者	主　编　黄均安　黄明远 副主编　蒋瑾瑾　张春来　张萍　金明 主　审　曹松华
出版发行	中国水利水电出版社 （北京市海淀区玉渊潭南路1号D座　100038） 网址：www.waterpub.com.cn E-mail：sales@mwr.gov.cn 电话：(010) 68545888（营销中心）
经　　售	北京科水图书销售有限公司 电话：(010) 68545874、63202643 全国各地新华书店和相关出版物销售网点
排　　版	中国水利水电出版社微机排版中心
印　　刷	天津嘉恒印务有限公司
规　　格	184mm×260mm　16开本　13印张　316千字
版　　次	2010年3月第1版　2022年9月第2次印刷
印　　数	3001—4500册
定　　价	**39.00**元

前言

本教材是国家示范院校重点建设专业——机电一体化技术专业的课程改革成果之一。教材内容的深度和难度按照高等职业教育的特点，着重讲授理论知识在工程实践中的应用。按照突出实用性、突出理论知识的应用和有利于实践能力培养的原则，对课程内容进行了较大的调整。

《机电系统执行器应用——液压与气动技术》是机电一体化专业的一门专业必修课，具有实践性较强、与生产实际联系紧密的特点。学生学完本课程后，应达到下列目标：能较好地掌握液压与气压传动的基本概念和基础知识；能较好地掌握各类液压与气压元件的功用、组成、工作原理和应用；具有阅读并分析典型液压与气压传动系统组成、工作原理及特点的能力；根据设备要求，合理选用液压元件和气压元件，并进行简单液压与气压传动装置验算；具有初步的液压与气压传动系统调试和排故的能力。

根据改革实施方案和课程改革的基本思想，《机电系统执行器应用——液压与气动技术》在课程整体设计过程中以职业能力培养为重点，与企业合作，基于工作过程的课程开发与设计。根据专业发展需要和学生未来工作岗位所需要的知识、能力和素质的要求，本书共 11 个学习情境。编写中注重学生职业能力的训练和个性培养，力求实现学生由“会干”向“能干”的转变。

本教材由安徽水利水电职业技术学院黄均安、合肥燃气集团黄明远高工任主编，安徽水利水电职业技术学院蒋瑾瑾、张春来、张萍、金明任副主编，合肥金德电力设备公司曹松华高工任主审。全书共 11 个学习情境，由以下人员参与编写完成：学习情境 1、学习情境 2 由张春来编写，学习情境 3 由张萍编写，学习情境 4、学习情境 5 由黄明远编写，学习情境 6、学习情境 7 由黄均安编写，学习情境 8、学习情境 9 由金明编写，学习情境 10、学习情境 11 由蒋瑾瑾编写。全书由黄均安统稿。

本教材在编写过程中，得到了机电工程系专业建设团队老师和学院及兄弟部门领导的大力支持和帮助，同时还得到了合肥金德电力设备公司、合肥燃气集团等企业的积极参与和大力帮助，在此表示最诚挚的感谢。

由于时间紧，作者水平有限，本书难免有一些疏漏，不足之处在所难免，恳请广大师生和读者提出意见和建议。

编者

2010 年 1 月

目录

前言

学习情境1　液压与气压传动系统认知

学习目标： 液压传动与气压传动系统的工作原理；液压传动与气压传动系统的优缺点。

学习任务： 知道液压传动与气压传动的基本概念；掌握液压传动与气压传动的工作原理；了解液压传动与气压传动的优缺点及应用。

液压与气压传动是研究以有压流体（压力油或压缩空气）为能源介质，来实现各种机械的传动和自动控制的学科。液压传动与气压传动实现传动和控制的方法是基本相同的，它们都是利用各种元件组成所需要的各种控制回路，再由若干回路有机组合成能完成一定控制功能的传动系统来进行能量的传递、转换与控制。如图1.1所示的注塑机和汽车起重机。因此，要研究液压与气压传动及其控制技术，就首先要了解传动介质的基本物理性能及其静力学、动力学和动力学特性；要了解组成系统的各类液压与气动元件的结构、工作原理、工作性能以及由这些元件所组成的各种控制回路的性能和特点，并在此基础上进行液压与气动传动控制系统的设计。

1.1　机 器 的 组 成

(*a*)　　　　(*b*)

图1.1　注塑机和汽车起重机

(*a*) 注塑机；(*b*) 汽车起重机

机器由原动机、传动机构和执行机构等三部分组成。原动机有电动机、内燃机、燃气轮机和其他形式（风力、人力）等动力装置（图1.2），传动机构分为机械传动、电气传动和流体传动等三种形式。

机械传动常见形式有齿轮传动、带传动及链传动等；电气传动有多媒体、电器等形式；而流体传动包括液体传动和气体传动两种形式。液体传动包括液力传动和液压传动。液力传动主要是利用非封闭液体的动能或势能传递和控制能量的，液压传动是利用封闭容器内液体体积的变化来传递和控制能量的。

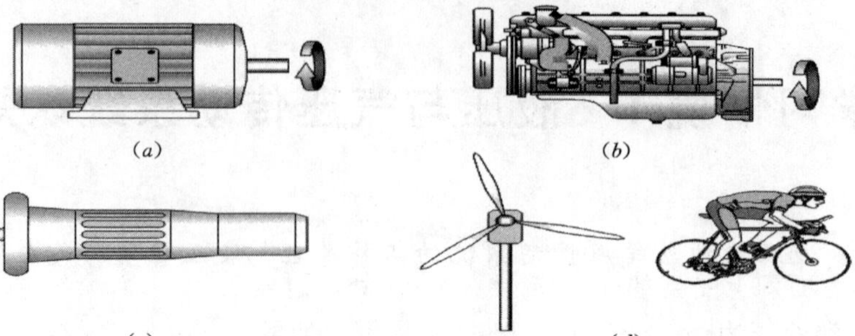

图 1.2 原动机动力装置

(a) 电动机；(b) 内燃机；(c) 燃气轮机；(d) 其他形式的机器

离心泵就是一种液力传动的设备，它就是利用叶片的旋转形成压力差，然后再利用叶轮旋转将液体传送出去，将机械能转换为液体的动能，如图 1.3 所示。

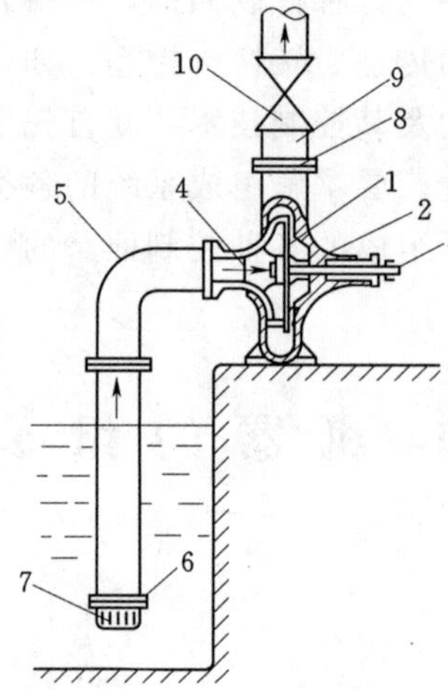

图 1.3 离心泵装置图

1—叶轮；2—泵壳；3—泵轴；4—吸入口；5—吸入管；6—单项底阀；7—滤网；8—排出口；9—排出管；10—调节阀

1.2 液压传动的工作原理及组成

1.2.1 液压传动的工作原理

液压千斤顶是机械行业常用的工具，常用这个小型工具顶起较重的物体。下面以它为例简述液压传动的工作原理。如图 1.4 所示为液压千斤顶的工作原理图。有两个液压缸 1 和 6，内部分别装有活塞，活塞和缸体之间保持良好的配合关系，不仅活塞能在缸内滑动，而且配合面之间又能实现可靠的密封。当向上抬起杠杆时，液压缸 1 活塞向上运动，液压缸 1 下腔容积增大形成局部真空，单向阀 2 关闭，油箱 4 的油液在大气压作用下经吸油管顶开单向阀 3 进入液压缸 1 下腔，完成一次吸油动作。当向下压杠杆时，液压缸 1 活塞下移，液压缸 1 下腔容积减小，油液受挤压，压力升高，关闭单向阀 3，液压缸 1 下腔的压力油顶开单向阀 2，油液经排油管进入液压缸 6 的下腔，推动大活塞上移顶起重物。

如此不断上下扳动杠杆就可以使重物不断升起，达到起重的目的。如杠杆停止动作，液压缸 6 下腔油液压力将使单向阀 2 关闭，液压缸 6 活塞连同重物一起被自锁不动，停止在举升位置。如打开截止阀 5，液压缸 6 下腔通油箱，液压缸 6 活塞将在自重作用下向下移，迅速回复到原始位置。设液压缸 1 和 6 的面积分别为 A_1 和 A_2，则液压缸 1 单位面积上受到的压力 $p_1=F/A_1$，液压缸 6 单位面积上受到的压力 $p_2=W/A_2$。根据流体力学的帕斯卡定律“平衡液体内某一点的压力值能等值地传递到密闭液体内各点”，则有

$$p_1=p_2=\frac{F_1}{A_1}=\frac{F_2}{A_2} \tag{1-1}$$

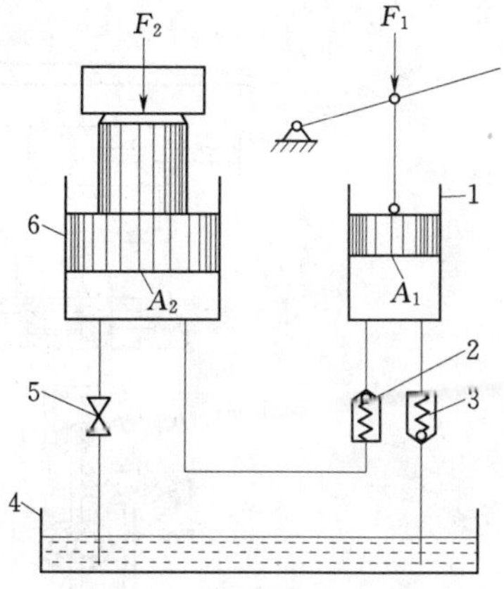

图 1.4　液压千斤顶工作原理图
1—小液压缸；2—排油单向阀；3—吸油单向阀；4—油箱；5—截止阀；6—大液压缸

由液压千斤顶的工作原理得知，液压缸 1 与单向阀 2、3 一起完成吸油与排油，将杠杆的机械能转换为油液的压力能输出。液压缸 6 将油液的压力能转换为机械能输出，抬起重物。有了负载作用力，才产生液体压力。因此就负载和液体压力两者来说，负载是第一性的，压力是第二性的。液压传动装置本质是一种能量转换装置。在这里液压缸 6、液压缸 1 组成了最简单的液压传动系统，实现了力和运动的传递。

从液压千斤顶的工作过程，可以归纳出液压传动工作原理如下：

(1) 液压传动是以液体（液压油）作为传递运动和动力的工作介质。

(2) 液压传动经过两次能量转换，先把机械能转换为便于输送的液体压力能，然后把液体压力能转换为机械能对外做功。

(3) 液压传动是依靠密封容积（或密封系统）内容积的变化来传递能量的。

工程机械的起重机、推土机，汽车起重机，注塑机，机床行业的组合机床的滑台、数控车床工件的夹紧、加工中心主轴刀具的加紧等都应用了液压系统传动的工作原理。

1.2.2 液压传动的组成

以图 1.5 所示组合机床工作台液压传动系统为例说明其组成。

液压泵 3 由电动机驱动旋转，从油箱 1 中吸油，经过滤器 2 后被液压泵吸入并输出给系统。当换向阀 6 阀芯处于图 1.5 (*a*) 所示位置时，压力油经阀 5、阀 6 和管道进入液压缸 7 的左腔，推动活塞向右运动。液压缸右腔的油液经管道、阀 6、管道 9 流回油箱。改变阀 6 阀芯工作位置，使之处于左端位置时，如图 1.5 (*b*) 所示，液压缸活塞反向运动。

工作台的移动速度是通过流量控制阀来调节的。阀口开大时，进入缸的流量较大，工作台的速度较快；反之，工作台的速度较慢。为适应克服大小不同阻力的需要，泵输出油液的压力应当能够调整。工作台低速移动时，流量控制阀开口小，泵输出多余的油液经溢流阀 4 和管道 10 流回油箱，调节溢流阀弹簧的预压力，就能调节泵输出口的油液压力。

从上面的例子可以看出，液压传动系统主要由以下 5 部分组成：

(1) 动力元件。将机械能转换成流体压力能的装置。常见的是液压泵，为系统提供压力油液，如图 1.4 中的液压缸 1。

(2) 执行元件。将流体的压力能转换成机械能输出的装置。它可以是作直线运动的液

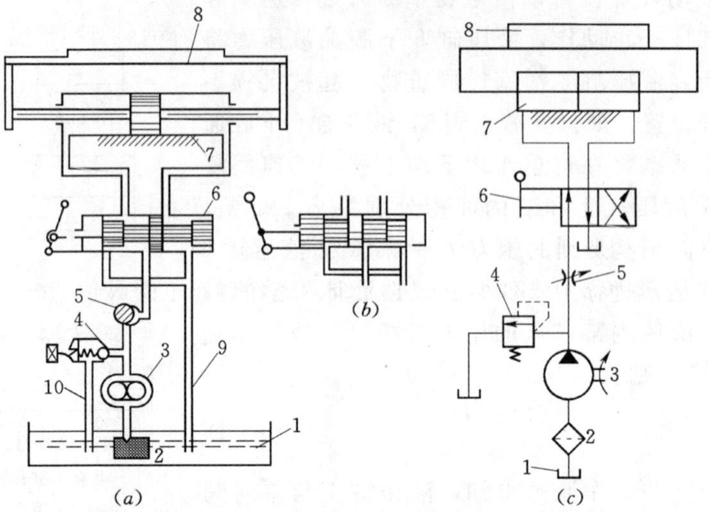

图 1.5　典型液压系统原理图

(*a*) 典型液压系统原理结构示意图；(*b*) 阀 6 阀芯位置的改变；(*c*) 典型液压系统原理图形符号图

1—油箱；2—过滤器；3—液压泵；4—溢流阀；5—流量控制阀；

6—换向阀；7—液压缸；8—工作台；9、10—管道

压缸，也可以是作回转运动的液压马达、摆动缸，如图 1.4 中的液压缸 6 和图 1.5 中的液压缸 7。

(3) 控制元件。对系统中流体的压力、流量及流动方向进行控制和调节的装置，以及进行信号转换、逻辑运算和放大等功能的信号控制元件，如图 1.5 中的溢流阀、流量控制阀和换向阀。

(4) 辅助元件。保证系统正常工作所需的上述三种以外的装置，如图 1.5 中的过滤器、油箱和管件。

(5) 工作介质。用它进行能量和信号的传递。液压系统以液压油液作为工作介质。

图 1.5 (*a*) 和图 1.5 (*b*) 中的各个元件是半结构式图形画出来的，直观性强，易理解，但难于绘制，元件多时更是如此。在工程实际中，除某些特殊情况外，一般都用简单的图形符号绘制，如图 1.5 (*c*) 所示。图形符号只表示元件的功能，不表示具体结构和参数。我国制定的《液压与气动图形符号》(GB/T 786.1—1993) 见附录。

1.2.3　液压传动系统的图形符号

我国已经制定了一种用规定的图形符号来表示液压原理图中的各元件和连接管路的国家标准，即《液压与气动图形符号》(GB/T 786.1—1993)。我国制订的《液压系统图图形符号》(GB/T 786.1—93) 中，对于这些图形符号有以下几条基本规定：

(1) 符号只表示元件的职能，连接系统的通路，不表示元件的具体结构和参数，也不表示元件在机器中的实际安装位置。

(2) 元件符号内的油液流动方向用箭头表示，线段两端都有箭头的，表示流动方向可逆。

(3) 符号均以元件的静止位置或中间零位置表示，当系统的动作另有说明时，可作例外。

1.3　液压传动和气压传动的优缺点及应用发展

1.3.1　液压传动和气压传动的优缺点

与机械传动和电力拖动系统相比，液压传动具有以下优点：

(1) 液压元件的布置不受严格的空间位置限制，系统中各部分用管道连接，布局安装有很大的灵活性，能构成用其他方法难以组成的复杂系统。

(2) 可以在运行过程中实现大范围的无级调速，调速范围可达 2000：1。

(3) 液压传动和液气联动传递运动均匀平稳，易于实现快速启动、制动和频繁的换向。

(4) 操作控制方便、省力，易于实现自动控制、中远程距离控制以及过载保护。与电气控制、电子控制相结合，易于实现自动工作循环和自动过载保护。

(5) 液压元件属机械工业基础件，标准化、系列化和通用化程度较高，有利于缩短机器的设计、制造周期和降低制造成本。

除此之外，液压传动突出的优点还有单位质量输出功率大。因为液压传动的动力元件可采用很高的压力（一般可达 32MPa，个别场合更高），因此，在同等输出功率下具有体积小、质量小、运动惯性小、动态性能好的特点。

液压传动的缺点如下：

(1) 在传动过程中，能量需经两次转换，传动效率偏低。

(2) 由于传动介质的可压缩性和泄漏等因素的影响，不能严格保证定比传动。

(3) 液压传动性能对温度比较敏感，不能在高温下工作，采用石油基液压油作传动介质时还需注意防火问题。

(4) 液压元件制造精度高，系统工作过程中发生故障不易诊断。

总的来说，液压传动的优点是主要的，其缺点将随着科学技术的发展会不断得到克服。例如，将液压传动与气压传动、电力传动、机械传动合理地联合使用，构成气液、电液（气）、机液（气）等联合传动，以进一步发挥各自的优点，相互补充，弥补某些不足之处。

气压传动与液压传动相比，气压传动有如下优点：

(1) 空气作为工作介质，可从大气中直接汲取，用后直接排入大气，成本低，不污染环境。

(2) 空气黏性小，在管道中流动时损失小，适用于远程传输和控制。

(3) 工作压力低，气动元件对材质和精度的要求低，使用寿命长，成本低。

(4) 对工作环境的适应性好，特别是在易燃、易爆、高尘埃、强磁、辐射及振动等恶劣环境中使用时比液压传动要安全得多。

气压传动与液压传动相比，气压传动有如下缺点：

(1) 空气具有压缩性，故其工作速度和工作平稳性方面不如液压传动。

(2) 工作压力低，系统输出力小，传动效率较低。

(3) 排气噪声大。

(4) 气压传动的信号速度限制在声速（约 340m/s）范围内，故其工作频率和响应速度不如电子装置，不宜用于信号传递速度要求较高的复杂线路中。

1.3.2 液压传动技术的应用发展

液压传动与气压传动相对于机械传动来说是一门新兴技术。从1795年世界上第一台水压机诞生起，已有几百年的历史，但液压传动与气压传动在工业上被广泛采用和有较大幅度的发展是20世纪中期以后的事情。在工程机械、冶金、军工、农机、汽车、轻纺、船舶、石油、航空和机床行业中，液压技术得到了普遍的应用。随着原子能、空间技术、电子技术等方面的发展，液压技术向更广阔的领域渗透，发展成为包括传动、控制和检测在内的一门完整的自动化技术。现今，采用液压传动的程度已成为衡量一个国家工业水平的重要标志之一。如发达国家生产的95%的工程机械、90%的数控加工中心、95%以上的自动线都采用了液压传动。

随着液压机械自动化程度的不断提高，液压元件应用数量急剧增加，元件小型化、系统集成化是必然的发展趋势。特别是近十年来，液压技术与传感技术、微电子技术密切结合，出现了许多诸如电液比例控制阀、数字阀、电液伺服液压缸等机（液）电一体化元器件，使液压技术在高压、高速、大功率、节能高效、低噪声、使用寿命长、高度集成化等方面取得了重大进展。无疑，液压元件和液压系统的计算机辅助设计（CAD）、计算机辅助试验（CAT）和计算机实时控制也是当前液压技术的发展方向。

人们很早就懂得用空气作为工作介质传递动力做功，如利用自然风力推动风车、带动水车提水灌田，近代用于汽车的自动开关门、火车的自动抱闸、采矿用风钻等。因为空气作为工作介质具有防火、防爆、防电磁干扰，抗振动、冲击、辐射等优点，近年来气动技术的应用领域已从汽车、采矿、钢铁、机械工业等重工业迅速扩展到化工、轻工、食品、军事工业等各行各业。和液压技术一样，当今气动技术亦发展成包含传动、控制与检测在内的自动化技术，作为柔性制造系统（FMS）在包装设备、自动生产线和机器人等方面成为不可缺少的重要手段。

由于工业自动化以及FMS的发展，要求气动技术以提高系统可靠性、降低总成本与电子工业相适应为目标，进行系统控制技术和机电液气综合技术的研究和开发。显然，气动元件的微型化、节能化、无油化是当前的发展特点，与电子技术相结合产生的自适应元件，如各类比例阀和电气伺服阀，使气动系统从开关控制进入到反馈控制。计算机的广泛普及与应用为气动技术的发展提供了更加广阔的前景。

任务实施：

（1）实施条件：多媒体教学设备、液压模拟试验台。

（2）实施说明：液压实验台观摩教学，通过教师的操作，学生的参与，师生共同对实验现象的分析，增加学生对液压传动的感性认识，激发学生学习液压传动的兴趣。

（3）实施内容：机床工作台液压系统拆装实验。

学习情境 2　液压油的使用与维护

学习目标：液压油的主要物理性质；液压油的使用要求与选择方法；液压传动的基本理论。

学习任务：能正确选择和使用液压油。

液压传动是以液压油（通常为矿物油）作为工作介质来传递动力和信号的。因此液压油的质量（物理、化学性能）的优劣，尤其是力学性能对液压系统工作的影响很大。所以，在研究液压系统之前，必须对所用的液压油及其性能进行较深入了解，以便进一步理解液压传动的基本原理。本章将着重介绍液压流体力学的一些基础知识。

2.1　液　压　油

2.1.1　液压油的主要物理性质

2.1.1.1　密度

单位体积液体的质量称为该液体的密度。

$$\rho = m/V \tag{2-1}$$

式中：V 为体积；m 为体积为 V 的液体的质量；ρ 为液体的密度，kg/m^3。

密度是液体一个重要的物理量参数。随着温度或压力的变化，其密度也会发生变化，但变化量一般很小，可以忽略不计。一般液压油的密度为 $900kg/m^3$。

2.1.1.2　可压缩性

液体受压力的作用而发生体积减小变化称为液体的可压缩性。若液压油中混入空气时，其可压缩性将显著增加，并将严重影响液压系统的工作性能。因此在液压系统中尽量减少油液中混入的气体及其他挥发物质（如汽油、煤油、乙醇和苯等）的含量。

2.1.1.3　黏性

1. 黏性的意义

液体在外力作用下流动时，液体分子间内聚力会阻碍分子的相对运动，即分子之间产生一种内摩擦力，这一特性称为液体的黏性。黏性是液体的重要物理特性，也是选择液压用油的依据。

实验测定指出，液体流动时相邻液层之间的内摩擦力 F 与液层间的接触面积 A 和液层间的相对速度 du 成正比，而与液层间的距离 dy 成反比，即

$$F = \mu A \frac{du}{dy}$$

式中：μ 为比例常数，称为黏性系数或黏度；$\frac{du}{dy}$为速度梯度，如图 2.1 所示。

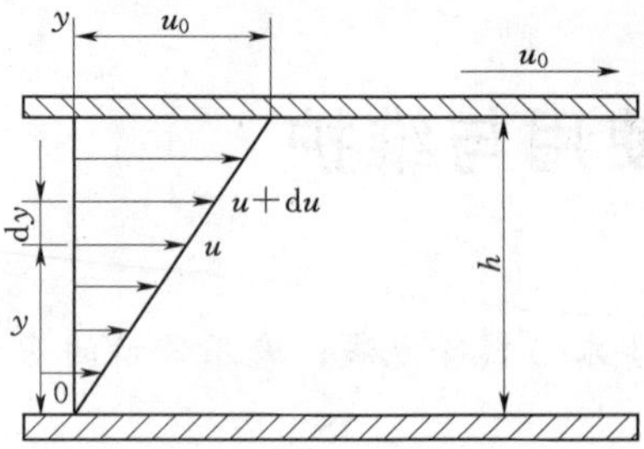

图 2.1　速度梯度示意图

由于液体在外力作用下才有黏性，因此液体在静止状态下是不呈现黏性的。液体黏性的大小用黏度来表示。

2. 液体的黏度

指定量表示黏性高低的量，常用的黏度有三种，即动力黏度、运动黏度和相对黏度。平时提到油的牌号实际是运动黏度。

（1）动力黏度 μ。在我国法定计量单位制及 SI 制中，动力黏度 μ 的单位是 Pa・s（帕・秒）或用 N・s/m^2（牛・秒/米^2）表示。动力黏度 μ 在物理意义上讲，是当速度梯度 $du/dz=1$ 时，单位面积上内摩擦力的大小，即 $\mu=\tau\dfrac{dy}{du}$，它直接表示流体的黏性即内摩擦力的大小。

在 CGS 制中，μ 的单位为 dgn・s/cm^2（达因・秒/厘米^2），又称为 P（泊）。P 的百分之一称为 cP（厘泊）。其换算关系如下

$$1\text{Pa}\cdot\text{s}=10\text{P}=10^6\text{cP}$$

（2）运动黏度 ν。动力黏度 μ 和该液体密度 ρ 之比值，称为运动黏度。即

$$\nu=\frac{\mu}{\rho} \tag{2-2}$$

运动黏度 ν 没有明确的物理意义。因为在其单位中只有长度和时间的量纲，所以称为运动黏度。它是工程实际中经常用到的物理量。

在我国法定计量单位制及 SI 制中，运动黏度 ν 的单位是 m^2/s（米^2/秒）。在 CGS 制中，ν 的单位是 cm^2/s（厘米^2/秒），通常称为 St（沲）。1St（沲）=100cSt（厘沲）。两种单位制的换算关系为：

$$1\text{m}^2/\text{s}=10^4\text{St}=10^6\text{cSt}$$

就物理意义来说，ν 并不是一个黏度的量，但工程中常用它来标志液体的黏度。例如，液压油的牌号，就是这种油液在 40℃时运动黏度 ν(mm^2/s) 的平均值，如 L－AN32 液压油就是指这种液压油在 40℃时运动黏度的平均值为 32mm^2/s。

（3）相对黏度。相对黏度又称条件黏度。它是采用特定的黏度计在规定的条件下测出来的液体黏度。根据测量条件的不同，各国采用的相对黏度的单位也不同。如我国、德国及前苏联等国家采用恩氏黏度（°E），美国采用国际赛氏秒（SSU），英国采用雷氏黏度（R）等。

恩氏黏度由恩氏黏度计测定，即将 200cm^3 的被测液体装入底部有 ϕ2.8mm 小孔的恩氏黏度计的容器中；在某一特定温度 t℃时，测定液体在自重作用下流过小孔所需的时间 t_1 和同体积的蒸馏水在 20℃时流过同一小孔所需的时间 t_2 之比值，便是该液体在 t℃时的恩氏黏度。恩氏黏度用符号 E_t 表示

$$E_t=\frac{t_1}{t_2} \tag{2-3}$$

一般以 20℃、50℃、100℃作为测定恩氏黏度的标准温度，由此而得来的恩氏黏度分别用°E20、°E50 和°E100 表示。恩氏黏度和运动黏度的换算关系可以查询手册或相关书籍。

3. 调合油的黏度

选择合适黏度的液压油，对液压系统的工作性能有着十分重要的作用。有时现有的油液黏度不能满足要求，可把两种不同黏度的油液混合起来使用，称为调合油。调合油的黏度与两种油所占的比例有关，一般可用表 2.1 的经验公式计算。

表 2.1 系数 c 的数值

a	10	20	30	40	50	60	70	80	90
b	90	80	70	60	50	40	30	20	10
c	6.7	13.1	17.9	22.1	25.5	27.9	28.2	25	17

4. 黏度和温度的关系

温度对油液黏度影响很大，当油液温度升高时，其黏度显著下降。油液黏度的变化直接影响液压系统的性能和泄漏量，因此希望黏度随温度的变化越小越好。不同的油液有不同的黏度温度变化关系，这种关系叫做油液的黏温特性。

油液的黏温特性可以用黏度指数 VI 来表示，VI 值越大，表示油液随温度的变化率越小，即黏温特性越好。一般液压油要求 VI 值在 90 以上，而精制的液压油及加有添加剂的液压油，其值可大于 100。几种国产油液黏温图如图 2.2 所示。

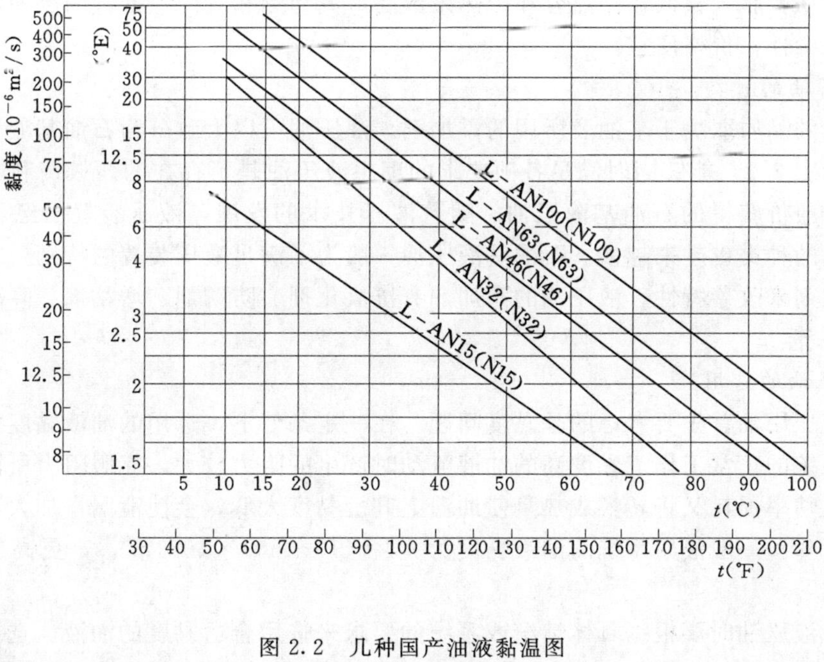

图 2.2 几种国产油液黏温图

5. 黏度与压力的关系

压力对油液的黏度也有一定的影响。压力越高，分子间的距离越小，因此黏度变大。不同的油液有不同的黏度压力变化关系。这种关系叫油液的黏压特性。

在液压系统中，若系统的压力不高，压力对黏度的影响较小，一般可以忽略不计。当压力较高或压力变化较大时，则压力对黏度的影响必须考虑。

2.1.1.4 其他特性

液压油液还有其他一些物理化学性质，如抗燃性、抗氧化性、抗凝性、抗泡沫性、抗乳化性、防锈性、润滑性、导热性、稳定性以及相容性（主要指对密封材料、软管等不侵蚀、不溶胀的性质）等，这些性质对液压系统的工作性能有重要影响。对于不同品种的液压油，这些性质的指标是不同的，具体应用时可查油类产品手册。

2.1.2 液压油的种类及选用

1. 液压油的要求

液压油是液压系统中借以传递能量的工作介质。液压油的主要功用是传递能量，此外还兼有润滑、密封、冷却、防锈等功能，负担这样功能的液压油必须稳定，不能因使用条件而改变性质。因此油液的性能会直接影响液压传动的性能，如工作的可靠性、灵敏性、工况的稳定性、系统的效率及零件的寿命等。一般在选择油液时应满足下列几项要求：

（1）黏温特性好。在使用温度范围内，油液黏度随温度的变化越小越好。

（2）具有良好的润滑性。即油液润滑时产生的油膜强度高，以免产生干摩擦。

（3）成分要纯净，不应含有腐蚀性物质，以免侵蚀机件和密封元件。

（4）具有良好的化学稳定性。油液不易氧化，不易变质，以防产生黏质沉淀物影响系统工作，防止氧化后油液变为酸性，对金属表面起腐蚀作用。

（5）抗泡沫性好，抗乳化性好，对金属和密封件有良好的相容性。

（6）体积膨胀系数低，比热容和传热系数高；流动点和凝固点低，闪点和燃点高。

（7）无毒性，价格便宜。

2. 液压油的种类

液压油的品质取决于基油及所用的添加剂。液压油可以大致分为石油基液压油和难燃液压油，见表 2.2。能够同时满足各项要求的理想液压油是不存在的。权衡利弊，用得最多的是易于廉价获得的石油基液压油。随着液压技术的发展，液压装置已经用于各种领域，液压油的种类也越来越多。石油基液压油一般为了满足液压装置的特别要求而在基油中配合添加剂来改善特性。液压油的添加剂有抗氧化剂、防锈剂、增粘剂、降凝剂、消泡剂、抗磨剂等。

3. 液压油的选用

选择液压用油首先要考虑的是黏度问题。在一定条件下，选用的油液黏度太高或太低都会影响系统的正常工作。黏度高的油液流动时产生的阻力较大，克服阻力所消耗的功率较大，而此功率损耗又将转换成热量使油温上升。黏度太低，会使泄漏量加大，使系统的容积效率下降。一般液压系统的油液黏度为 $\nu_{40}=(10\sim60)\times10^{-6}\,m^2/s$，更高黏度的油液应用较少。

在选择液压油时要根据具体情况或系统的要求来选用合适黏度的油液。选择时一般考虑以下几个方面：

（1）液压系统的工作压力。工作压力较高的液压系统宜选用黏度较大的液压油，以减少系统泄漏；反之，可选用黏度较小的液压油。

（2）环境温度。环境温度较高时宜选用黏度较大的液压油。

表 2.2　**ISO 液压油分类**

类别		组成和特性	代号
石油基液压油		无添加剂的石油基液压油	L-HH
		HH+抗氧化剂防锈剂	L-HL
		HL+抗磨剂	L-HM
		HL+增黏剂	L-HR
		HM+增黏剂	L-HV
		HM+防爬剂	L-HG
难燃液压油	含水液压油	高含水液压油	L-HFA
		油包水乳化液	L-HFB
		水乙二醇	L-HFC
	合成液压油	磷酸酯	L-HFDR
		氯化烃	L-HFDS
		HFDR+HFDS	L-HFDT
		其他合成液压油	L-HFDU

(3) 运动速度。液压系统执行元件运动速度较高时，为减小液流的功率损失，宜选用黏度较低的液压油。

(4) 液压泵的类型。在液压系统的所有元件中，以液压泵对液压油的性能最为敏感，因为泵内零件的运动速度很高，承受的压力较大，润滑要求苛刻，温升高。因此，常根据液压泵的类型及要求来选择液压油的黏度。

各类液压泵适用的黏度范围见表 2.3。

表 2.3　**各类液压泵适合的黏度范围**

液压泵的类型		环境温度 5～40℃ ν ($10^{-6}m^2/s$) (40℃)	环境温度 40～80℃ ν ($10^{-6}m^2/s$) (40℃)
叶片泵	$p<7\times10^6$Pa	30～50	40～75
	$p\geqslant7\times10^6$Pa	50～70	55～90
齿轮泵		30～70	95～165
轴向柱塞泵		40～75	70～150
径向柱塞泵		30～80	65～240

2.1.3 液压油的污染和防治措施

液压油的污染是造成系统故障的主要原因，对液压油造成污染的物质有：固体颗粒物、水、空气及有害化学物质，其中最主要的是固体颗粒物。污染源及污染控制措施见表 2.4。

表 2.4　　污染源及污染控制措施

污染源		控制措施
固有污染物	液压元件加工装配残留污染物	元件在装配前要进行彻底清洗，达到规定的清洁度；对受污染的元件在装入系统前应进行清洗
	管件、油箱残留污染物及锈蚀物	系统组装前要对管件和油箱进行清洗（包括酸洗和表面处理），使其达到规定的清洁度
	系统组装过程中残留污染物	系统组装后进行循环清洗，使其达到规定的清洁度要求
外界侵入污染物	更换和补充油液时	对新油过滤净化处理
	经油箱呼吸孔侵入	采用密封式油箱（或带有饶性隔离器的油箱），安装空气滤清器和干燥器
	经油缸活塞杆侵入	采用可靠的活塞杆防尘密封，加强对密封的维护
	维护和检修时	保持工作环境和工具的清洁；彻底清除与工作油液不相容的清洗液或脱脂剂；维修后循环过滤，清洗整个系统
	水侵入	对油液进行除水处理（干燥过滤）
	空气侵入	排放空气，防止油箱内油液中气泡吸入泵内（如油箱内油量不足时），提高各元件接合处的密封性
内部生成污染物	元件磨损产物	定期检查清洗或更换油液过滤器，过滤净化，滤除尺寸与元件关键运动副油膜厚度相当的颗粒污染物，制止磨损的链式反应
	油液氧化产物	清除油液中的水空气和金属微粒；控制油温，抑制油液氧化；定期检查及更换液压油

2.2　液压传动的基本理论

2.2.1　液体的静压力及其特性

1. 液体的静压力

静止液体在单位面积上所受的法向力称为静压力，若在液体内某点处微小面积 ΔA 上作用有法向力 ΔF，则 $\Delta F/\Delta A$ 的极限就定义该点处的静压力，并用 p 表示

$$p=\lim_{\Delta A\to 0}\frac{\Delta F}{\Delta A} \tag{2-4}$$

若在液体的面积 A 上，所受的为均匀分布的作用力 F 时，则静压力可表示为

$$p=\frac{\Delta F}{\Delta A} \tag{2-5}$$

液体静压力在物理学上称为压强，在工程实际应用中习惯上称为压力。

2. 液体静压力的特性

(1) 液体静压力垂直于其承压面，其方向和该面的内法线方向一致。

(2) 静止液体内任一点所受到的静压力在各个方向上都相等。

2.2.2 液体静力学的基本方程

在重力作用下的静止液体所受的力，除了液体重力，还有液面上作用的外加压力，其受力情况如图 2.3（a）所示。如果计算离液面深度为 h 的某一点压力，可以从液体内取出一个底面通过该点的垂直小液柱作为研究体，如图 2.3（b）所示。设液柱底面积为 $\mathrm{d}A$，高为 h，体积为 $h\,\mathrm{d}A$，则液柱的重力为 $\rho gh\mathrm{d}A$，且作用于液柱的重心上。由于液柱处于受力平衡状态，因此在垂直方向上存在如下关系

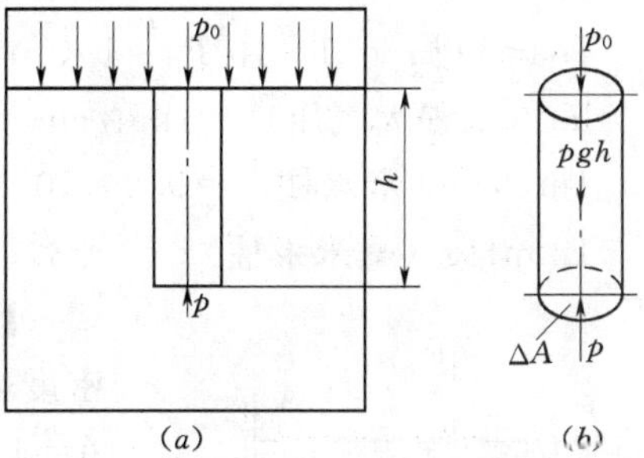

图 2.3 静止液体内压力分布图

$$p\mathrm{d}A = p_0\mathrm{d}A + \rho gh\mathrm{d}A$$

等式两边同除以 $\mathrm{d}A$ 则得

$$p = p_0 + \rho gh \tag{2-6}$$

式（2-6）即为液体的静压力基本方程式，由此基本方程式可知静止液体的压力分布有如下特征：

（1）静止液体内任一点的压力由两部分组成：一部分是液面上的外加压力 p_0；另一部分是该点以上液体自重所形成的压力，即 ρg 与该点离液面深度 h 的乘积。当液面上只受大气压力 p_a 作用时，液体内任一点处的压力为

$$p = p_a + \rho gh \tag{2-7}$$

（2）静止液体内的任一点压力随该点距离液面的深度呈直线规律递增。

（3）离液面深度相同处各点的压力均相等，而压力相等的所有点组成的面称为等压面。在重力作用下静止液体中的等压面为水平面，而与大气接触的自由表面也是等压面。

（4）在常用的液压装置中，一般外加压力 p_0 远大于液体自重所形成的压力 ρgh，因此分析计算时可忽略 ρgh 不计，即认为液压装置静止液体内部的压力是近似相等的。在以后有关章节分析计算压力时，都采用这一结论。

2.2.3 压力的测量与表示方法

根据度量基准的不同，液体压力分为绝对压力和相对压力两种。绝对压力以绝对真空为基准度量。相对压力或表压力以大气压为基准进行度量。因为大气中的物体受大气压的作用是自相平衡的，所以用压力表测得的压力数值是相对压力。在液压技术中所提到的压力，如不特别指明，均为相对压力。

图 2.4 绝对压力相对压力和真空度

当绝对压力低于大气压时，绝对压力不足于大气压力的那部分压力值，称为真空度。此时相对压力为负值，又称负压。绝对压力、相对压力和真空度的关系如图 2.4 所示。由图可知，以大气压 p_a 为基准计算压力时，基准以上的正值是表压力，基准以下的负值就是真空度。

压力的单位除法定计量单位 Pa（帕，$\mathrm{N/m^2}$）外，还有暂时允许使用的单位 bar（巴）和以前常用的一些单位，如工程大气压、水柱高或汞柱高等。各种压力单位之间的换算关系如下：

1Pa（帕）$=1N/m^2$

1bar（巴）$=1\times10^5 Pa=1\times10^5 N/m^2$

lat（工程大气压）$=1kgf/cm^2=9.8\times10^4 N/m^2$

$1mH_2O$（米水柱）$=9.8\times10^3 N/m^2$

1mmHg（毫米汞柱）$=1.33\times10^2 N/m^2$

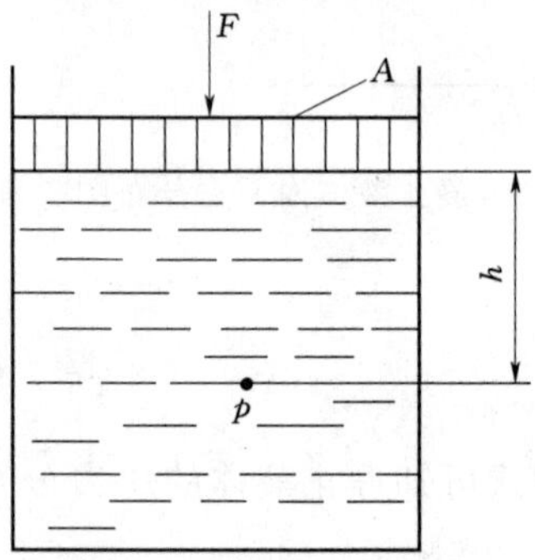

图 2.5　液体内压力计算

【例 1.1】　如图 2.5 所示，容器内充满油液。已知油的密度 $\rho=900kg/m^2$，活塞上的作用力 $F=1000N$，活塞面积 $A=1\times10^{-3}m^2$，忽略活塞的质量。求活塞下方深度为 $h=0.5m$ 处的静压力等于多少？

解：根据公式得

$$p=p_0+\rho gh$$

活塞与油液接触面上的压力 $p_0=F/A=1000/(1\times10^{-3})=10^6$（Pa）

则深度为 h 处的液体压力为

$$\begin{aligned}p=p_0+\rho gh&=(10^6+900\times9.8\times0.5)Pa\\&=1.0044\times10^6 N/m^2\approx10^6 N/m^2\\&=10\times10^5 Pa\end{aligned}$$

由本例可以看出，自重所产生的那部分静压力 ρgh 很小。

2.2.4　压力的形成与传递

密闭容器内的液体，当外加压力 p_0 发生变化时，只要液体仍保持原来的静止状态不变，则液体内任一点的压力将发生同样大小的变化。这就是说，在密闭容器内，施加于静止液体的压力可以等值地传递到液体各点。这就是帕斯卡原理，也称为静压传递原理。

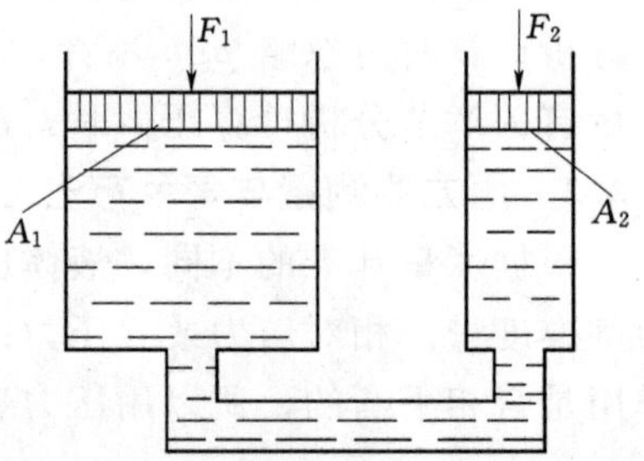

图 2.6　帕斯卡原理应用实例

如图 2.6 所示的是应用帕斯卡原理的实例。图中大小两个液压缸由连通管相连构成密闭容积。其中大缸活塞面积为 A_1，作用在活塞上的负载为 F_1，液体所形成的压力 $p=F_1/A_1$。由帕斯卡原理知：小活塞处的压力也为 p，若小活塞面积为 A_2，则为防止大活塞下降，在小活塞上应施加的力为

$$F_2=PA_2=\frac{A_2}{A_1}F_1 \tag{2-8}$$

由式（2-8）可知，由于 $(A_2/A_1)<1$，所以用一个很小的推力 F_2，就可以推动一个比较大的负载 F_1。液压千斤顶就是根据这一原理制成的。从负载和压力的关系还可以发现，活塞上的负载 $F_1=0$ 时，不考虑活塞自重和其他阻力，则不论怎样推动小液压缸的活塞，也不能在液体中形成压力，这说明液体内的压力是由外负载决定的。这是液压传动中一个很重要的概念。

2.2.5　液流连续性方程

2.2.5.1　理想液体和恒定流动

由于液体具有黏性，而且黏性只是在液体运动时才体现出来，因此在研究流动液体时必须考虑黏性的影响。液体中的黏性问题非常复杂，为了分析和计算问题的方便，开始分析时可先假设液体没有黏性，然后再考虑黏性的影响，并通过实验验证等办法对已得出的结果进行补充或修正。对于液体的可压缩问题，也可采用同样的方法来处理。

（1）理想液体。在研究流动液体时，把假设的既无黏性又不可压缩的液体称为理想液体，而把事实上既有黏性又可压缩的液体称为实际液体。

（2）恒定流动。当液体流动时，如果液体中任一点处的压力、速度和密度都不随时间而变化，则液体的这种流动称为恒定流动（也称定常流动或非时变流动）；反之，若液体中任一点处的压力、速度和密度中有一个随时间而变化时，就称为非恒定流动（也称非定常流动或时变流动）。

2.2.5.2　通流截面、流量和平均流速

（1）通流截面。液体在管道中流动时，其垂直于流动方向的截面为通流截面（或过流截面）。

（2）流量。单位时间内流过某一通流截面的液体体积称为流量。流量以 q 表示，单位为 m^2/s 或 L/min。

由于流动液体黏性的作用，在通流截面上各点的流速 u 一般是不相等的。在计算流过整个通流截面 A 的流量时，可在通流截面 A 上取一微小截面 dA，如图 2.7（a）所示，并认为在该断面各点的速度 u 相等，则流过该微小断面的流量为 $dq=udA$，流过整个通流截面 A 的流量为

$$q\int_A u\,dA \tag{2-9}$$

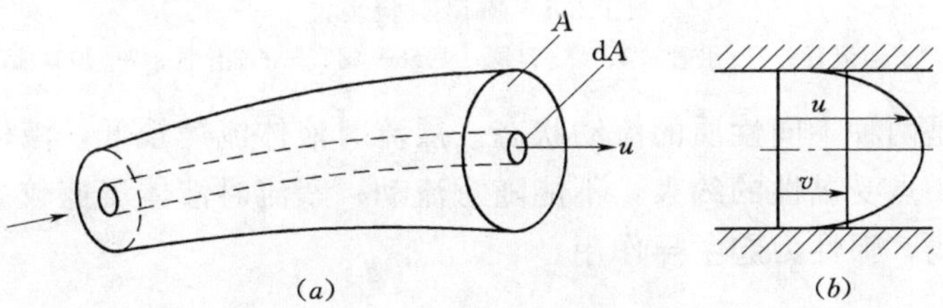

图 2.7　流量和平均流速

（3）平均流速。对于实际液体的流动，流速的分布规律很复杂，按式（2-9）计算流量非常困难。因此，提出一个平均流速的概念，即假设通流截面上各点的流速均匀分布，液体以均匀分布流速流过通流截面积的流量等于以实际流速流过的流量，即

$$q=\int_A u\,dA = vA \tag{2-10}$$

由此得出通流截面上的平均流速为

$$v=q/A \tag{2-11}$$

实际的工程计算中，平均流速才具有应用价值。液压缸工作时活塞的运动速度等于缸内液体的平均流速。

2.2.5.3　层流、紊流、雷诺数

1. 层流、紊流

液体的流动有两种状态，即层流和紊流。可以通过物理现象观察出来，即雷诺实验。实验装置如图 2.8（*a*）所示。容器 6 和容器 3 中分别装满了水和密度与水相同的红色液体，容器 6 由水管 2 供水，并由溢流管 1 保持液面高度不变。打开阀 8 让水从玻璃管 7 中流出，这时打开阀 4，红色液体也经细导管 5 流入水平玻璃管 7 中。调节阀 8 使管 7 中的流速较小时，红色液体在管 7 中呈一条明显的直线，将小管 5 的出口上下移动，则红色直线也上下移动，而且这条红线和清水层次分明不相混杂，如图 2.8（*b*）所示。液体的这种流动状态称为层流。当调整阀门 8 使玻璃管中的流速逐渐增大至某一值时，可以看到红线开始出现抖动而呈波纹状，如图 2.8（*e*）所示，这表明层流状态被破坏，液流开始出现紊乱。若管 7 中流速继续增大，红线消失，红色液体便和清水完全混杂在一起，如图 2.8（*d*）所示，表明管中液流完全紊乱，这时的流动状态称为紊流。如果将阀 8 逐渐关小，当流速减小至一定值时，水流又重新恢复为层流。

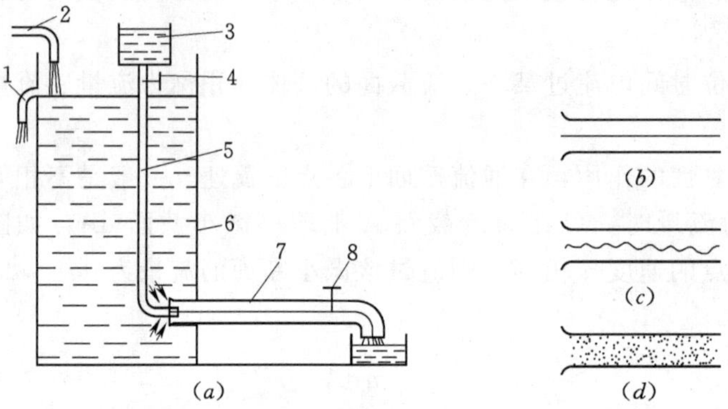

图 2.8　雷诺实验装置

1—溢流管；2—水管；3、6—容器；4、8—阀；5—细导管；7—玻璃管

层流与紊流是两种不同性质的流动状态。层流时液体流速较低，液体质点间的黏力起主导作用，液体质点受黏性的约束，不能随意流动；紊流时液体流速较高，液体质点间黏性的制约作用减弱，惯性力起主导作用。

2. 雷诺数

液体的流动状态可用雷诺数来判断。

实验结果证明，液体在圆管中的流动状态不仅与管内的平均流速 v 有关，还与管道内径 d、液体的运动黏度 ν 有关。而用来判别液流状态的是由这 3 个参数所组成的一个无量纲数——雷诺数 Re。

$$Re=\frac{ud}{\nu} \tag{2-12}$$

雷诺数的物理意义表示了液体流动时惯性力与黏性力之比。如果液体的雷诺数相同，则流动状态也相同。

液流由层流转变为紊流时的雷诺数和由紊流转变为层流时的雷诺数是不相同的，后者的数值小，所以一般都用后者作为判别液流状态的依据，称为临界雷诺数，记为 Re_c。当

液流的实际雷诺数 Re 小于临界雷诺数 Re_c 时，为层流；反之，为紊流。常见液流管道的临界雷诺数由实验求得，见表 2.5。

表 2.5　　常见液流管道的临界雷诺数

管　道	Re_c	管　道	Re_c
光滑金属圆管	2320	带环槽的同心环状缝隙	700
橡胶软管	1600～2000	带环槽的偏心环状缝隙	400
光滑的同心环状缝隙	1100	圆柱形滑阀阀口	260
光滑的偏心环状缝隙	1000	锥阀阀口	20～100

流量连续性方程是质量守恒定律在流体力学中的一种表达形式。

如图 2.9 所示为不等截面管，液体在管内作恒定流动，任取 1、2 两个通流截面，设其面积分别为 A_1 和 A_2，两个截面中液体的平均流速和密度分别为 v_1、ρ_1 和 v_2、ρ_2，根据质量守恒定律，在单位时间内流过两个截面的液体质量相等。即

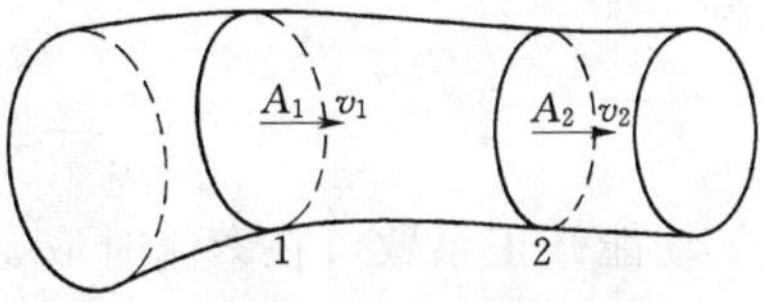

图 2.9　流量连续性方程推导用图

$$\rho_1 v_1 A_1 = \rho_2 v_2 A_2$$

不考虑液体的压缩性，有

$$\rho_1 = \rho_2,\ v_1 A_1 = v_2 A_2 \tag{2-13}$$

或写成

$$q = vA = 常量 \tag{2-14}$$

这就是液流的流量连续性方程，它说明恒定流动中流过各截面的不可压缩流体的流量是不变的，因而流速和通流截面积成反比。

2.2.6　伯努利方程

伯努利方程是能量守恒定律在流体力学中的一种表达形式。

1. 理想液体的伯努利方程

理想液体因无黏性，又不可压缩，因此在管内作稳定流动时没有能量损失。根据能量守恒定律，同一管道每一截面的总能量都是相等的。

如前所述，对于静止液体，单位质量液体的总能量为单位质量液体的压力能 $p/\rho g$ 和势能 z 之和；而对于流动液体，除以上两项外，还有单位质量液体的动能 $v^2/2g$。

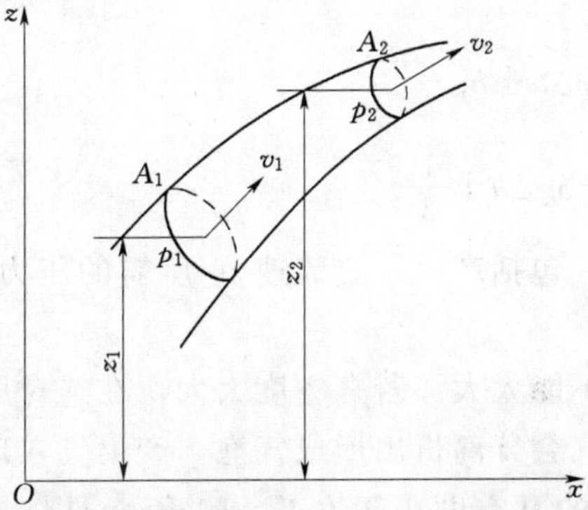

图 2.10　伯努利方程推导用图

在图 2.10 中任取两个截面 A_1 和 A_2，它们距基准水平面的距离分别为 z_l 和 z_2，断面平均流速分别为 v_1 和 v_2，压力分别为 p_1 和 p_2。根据能量守恒定律有：

$$p_1 + \rho g z_1 + \frac{1}{2}\rho u_1^2 = p_2 + \rho g z_2 + \frac{1}{2}\rho u_2^2 \tag{2-15}$$

因两个截面是任意取的，因此式（2-15）可改写成

$$\frac{p}{\rho g} + z + \frac{u^2}{2g} = c = 常量 \tag{2-16}$$

以上两式即为理想液体的伯努利方程，其物理意义为：在管内作稳定流动的理想液体具有压力能、势能和动能三种形式的能量，在任一截面上这三种能量可以相互转换，但其总和不变，即能量守恒。

2. 实际液体的伯努利方程

实际液体在管道内流动时，由于存在黏性，会产生内摩擦力，消耗能量；由于管道形状和尺寸的变化，液流会产生扰动，消耗能量。因此，实际液体流动时存在能量损失，设单位质量液体在两截面之间流动的能量损失为 h_w。

另外，因实际流速 u 在管道通流截面上的分布不是均匀的。为方便计算，一般用平均流速替代实际流速计算动能，显然，这将产生计算误差。为修正这一误差，引进了动能修正系数 α，它等于单位时间内某截面处的实际动能与按平均流速计算的动能之比，其表达式为

$$\frac{p_1}{\rho g}+z_1+\frac{\alpha_1 {v_1}^2}{2g}=\frac{p_2}{\rho g}+z_2+\frac{\alpha_2 v_2^2}{2g}+h_w \tag{2-17}$$

动能修正系数口在紊流时取 $\alpha=1.1$，在层流时取 $\alpha=2$。实际计算时常取 $\alpha=1$。

利用式（2-17）进行计算时必须注意：

（1）截面 1、2 应顺流向选取，并且选在流动平稳的通流截面上。

（2）z 和 p 应为通流截面的同一点上的两个参数，为方便起见，一般将这两个参数定在通流截面的轴心处。

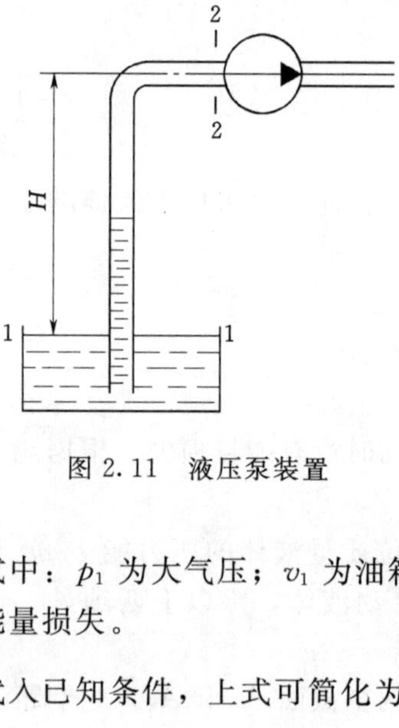

图 2.11　液压泵装置

【例 2.2】 应用伯努利方程分析液压泵正常吸油的条件，液压泵装置如图 2.11 所示。设液压泵吸油口处的绝对压力为 p_2，油箱液面的压力 p_1 为大气压 p_a，泵吸油口至油箱液面高度为 h。

解： 取油箱液面为基准面，并定为 1—1 截面，泵的吸油口处为 2—2 截面，对两截面列伯努利方程（动能修正系数取 $\alpha_1=\alpha_2=1$）

$$\frac{p_1}{\rho g}+z_1+\frac{\alpha_1 {v_1}^2}{2g}=\frac{p_2}{\rho g}+z_2+\frac{\alpha_2 v_2^2}{2g}+h_w$$

式中：p_1 为大气压；v_1 为油箱液面流速，可视为零；v_2 为吸油管流速；h_w 为吸油管路的能量损失。

代入已知条件，上式可简化为
$$\frac{p_a}{g}=\frac{p_2}{g}+\frac{v_2^2}{2g}+\rho\Delta h+h_w$$

即液压泵吸油口的真空度为
$$P_a-P_2=\alpha h_w+\rho g\Delta h+\frac{1}{2}v_2^2$$

由此可知，液压泵吸油口的真空度由三部分组成，包括产生一定流速 v_2 所需的压力、把油液提升到高度所需的压力和吸油管的压力损失。

为保证液压泵正常工作，液压泵吸油口的真空度不能太大。若真空度太大，在绝对压力 p_2 低于油液的空气分离压 p_g 时，溶于油液中的空气会分离析出形成气泡，产生气穴现象，出现振动和噪声。为此，必须限制液压泵吸油口的真空度小于 $0.3\times10^5\,\text{Pa}$，具体措施除增大吸油管直径、缩短吸油管长度、减少局部阻力以降低 $\rho v_2^2/2$ 和 Δp 两项外，一般

对液压泵的吸油高度 h 进行限制，通常取 $h \leqslant 0.5\text{m}$。若将液压泵安装在油箱液面以下，则 h 为负值，对降低液压泵吸油口的真空度更为有利。

2.2.7 动量方程

动量定理：作用在物体上的外力等于物体单位时间内动量的变化量。即

$$\sum F = \mathrm{d}(mv)/\mathrm{d}t$$

考虑动量修正问题，则有：

$$\sum F = \rho q(\beta_2 v_2 - \beta_1 v_1)$$

$$\beta < \begin{matrix} 层流 & \beta = 1、33 \\ 紊流 & \beta = 1 \end{matrix}$$

X 向动量方程：

$$\sum F_x = \rho q(\beta_2 v_{2x} - \beta_1 v_{1x})$$

X 向稳态液动力：

$$\sum F'_x = -\sum F_x = \rho q(\beta_2 v_2 - \beta_1 v_1)$$

结论：作用在滑阀阀芯上的稳态液动力总是力图使阀口关闭。

2.3 定常管流的压力损失计算

压力损失计算是液压系统设计不可缺少的一项内容，包括沿程（管路）压力损失和局部压力损失。液压系统的管路主要是金属圆管的压力损失计算。

2.3.1 沿程压力损失

液体在等直径管中流动时因黏性摩擦而产生的损失，称为沿程压力损失。液体的沿程压力损失因液体的流动状态的不同而有所区别。

2.3.1.1 层流时的沿程压力损失

液流在层流流动时，液体质点是作有规则的运动，因此可以方便地用数学工具来分析液流的速度、流量和压力损失。

1. 通流截面上的流速分布规律

如图 2.12 所示为液体在等径水平圆管中作层流运动。在液流中取一段与管轴相重合的微小圆柱作为研究对象，设其半径为 r，长度为 l，作用在两端面的压力为 p_1 和 p_2，作用在侧面的内摩擦力为 F_f。液流在做匀速运动时受力平衡，故有流速为

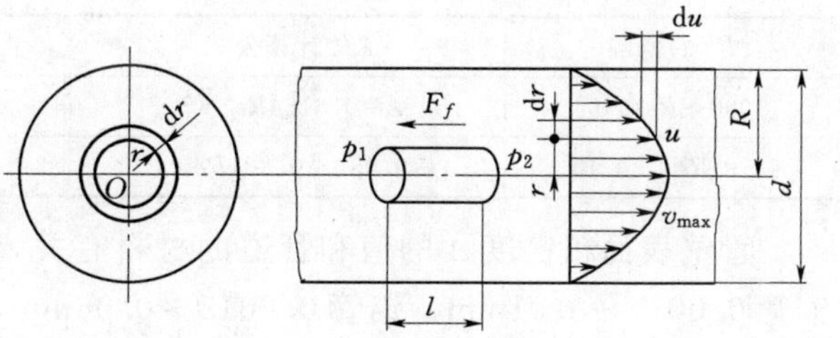

图 2.12 圆管层流运动

$$u = \frac{(R^2 - r^2)\Delta p}{4\mu l} \tag{2-18}$$

可见管内液体质点的流速在半径方向上按抛物线规律分布。最小流速在管壁 $r = R$ 处，$u_{\min} = 0$。最大流速发生在轴线 $r = 0$ 处。

$$u = \frac{R^2 \Delta p}{4\mu l} = d^2 \Delta p / 16\mu l \tag{2-19}$$

2. 通过管道的流量

$$q=\int_0^R \frac{2\pi\Delta p}{4\mu l}(R^2-r^2)r\mathrm{d}r=\frac{\Delta p\pi R^4}{8\mu l}=\frac{\Delta p\pi d^4}{128\mu l} \tag{2-20}$$

3. 管道内的平均流速

根据平均流速的定义，可得

$$V=\frac{q}{A}=\frac{\dfrac{\Delta p\pi d^4}{128\mu l}}{\pi d^4/4}=\frac{\Delta p d^2}{32\mu l} \tag{2-21}$$

平均流速 v 为最大流速的 1/2。

4. 沿程压力损失

$$\Delta P_f=\Delta P=32\mu l v/d^2 \tag{2-22}$$

由式（2-22）可知，液流在直管中作层流流动时，其沿程压力损失与管长、流速、动力黏度成正比，而与管径的平方成反比。适当变换式（2-22）可写成如下形式

$$\Delta P_f=\frac{64v}{dv}\frac{l}{d}\frac{\rho v^2}{2}=\frac{64}{Re}\frac{l}{d}\frac{\rho v^2}{2}=\lambda\frac{l}{d}\frac{\rho v^2}{2} \tag{2-23}$$

式中：λ 为沿程阻力系数，理论值 $\lambda=64/Re$。考虑实际流动中的油温变化不匀等问题，因而在实际计算时，对金属管取 $\lambda=75/Re$，橡胶软管取 $\lambda=80/Re$。

在液压传动中，因为液体自重和位置变化对压力的影响很小可以忽略，所以在水平管的条件下推导的式（2-23）同样适用于非水平管。

2.3.1.2　紊流时的沿程压力损失

紊流时计算沿程压力损失的公式与层流时相同，式中的沿程阻力系数 λ 除与雷诺数有关外，还与管壁的粗糙度有关，$\lambda=f(Re,\ \Delta/d)$，这里 Δ 为管壁的绝对粗糙度，Δ/d 称为相对粗糙度。紊流时圆管的沿程阻力系数 λ 值可以根据不同的 Re 和 Δ/d 值从表 2.6 中选择公式进行计算。

表 2.6　圆管紊流流动时的沿程阻力系数 λ 的计算公式

Re 的范围	λ 的计算公式	Re 的范围	λ 的计算公式
$4000<Re<10^5$	$\lambda=0.3164Re^{-0.25}$	$Re>900\ (d/\Delta)$	$\lambda=\left(21g(d/2\Delta)+1.74\right)^2$
$10^5<Re<3\times10^6$	$\lambda=0.032+0.221Re^{-0.237}$		

管壁表面粗糙度 Δ 的值和管道的材料有关，计算时可参考下列数值：钢管 0.04mm，铜管 0.0015～0.01mm，铝管 0.0015～0.06mm，橡胶软管 0.03mm。另外，紊流中的流速分布是比较均匀的，其最大流速为 $u_{max}\approx(1\sim1.3)\ v$。

2.3.2　局部压力损失

液体流经管道的弯头、接头、突然变化的截面以及阀口等处时，液体流速的大小和方向将急剧发生变化，因而会产生漩涡，并发生强烈的紊动现象，于是产生流动阻力，由此造成的压力损失称为局部压力损失。液流流过上述局部装置时的流动状态很复杂，影响的因素也很多。局部压力损失值除少数情况能从理论上分析和计算外，一般都依靠实验测得各类局部障碍的阻力系数，然后进行计算。局部压力损失 ΔP_ξ 的计算一般如下

$$\Delta P_\xi=\xi\frac{\rho v^2}{2} \tag{2-24}$$

式中：ξ为局部阻力系数（具体数值可查阅有关手册）；ρ为液体密度，kg/m^3；v为液体的平均流速，m/s。

液体流过各种阀的局部压力损失，因阀芯结构较复杂，故按式（2-24）计算较困难，这时可由产品目录中查出阀在额定流量q_s下的压力损失ΔP_s。当流经阀的实际流量不等于额定流量时，通过该阀的压力损失ΔP_ξ可用式（2-25）计算

$$\Delta P_\xi = \left(\frac{q}{q_s}\right)^2 \Delta p \tag{2-25}$$

式中：q为通过阀的实际流量。

2.3.3 管路系统总压力损失

整个管路系统的总压力损失应为所有沿程压力损失和所有局部压力损失之和，即

$$\sum \Delta P = \sum \Delta P_l + \sum \Delta P_\xi \tag{2-26}$$

在液压传动系统中，绝大多数压力损失转变为热能，造成系统温度增高，泄漏增大，影响系统的工作性能。从计算压力损失的公式可以看出，减小流速，缩短管道长度，减少管道截面突变，提高管道内壁的加工质量等，都可使压力损失减小。其中，流速的影响最大，故液体在管路中的流速不应过高。但流速太低，也会使管路和阀类元件的尺寸加大，并使成本增高，因此要综合考虑，确定液体在管道中的流速。

2.4 液压冲击和气穴现象

在液压传动中，液压冲击和气穴现象会给系统的正常工作带来不利影响，因此需要了解这些现象产生的原因，并采取措施加以防治。

2.4.1 液压冲击

在液压传动系统中，常常由于一些原因而使液体压力突然急剧上升，形成很高的压力峰值，这种现象称为液压冲击。

1. 液压冲击的危害

系统中出现液压冲击时，液体瞬时压力峰值可以比正常工作压力大好几倍。液压冲击会损坏密封装置、管道或液压元件，还会引起设备振动，产生很大噪声。有时冲击会使某些液压元件，如压力继电器、顺序阀等产生误动作，影响系统正常工作。

2. 液压冲击产生的原因

在阀门突然关闭或运动部件快速制动等情况下，液体在系统中的流动会突然受阻，这时，由于液流的惯性作用，液体就从受阻端开始，迅速将动能逐层转换为液压能，因而产生了压力冲击波。此后，这个压力波又从该端开始反向传递，将压力能逐层转化为动能，这使得液体又反向流动，然后在另一端又再次将动能转化为压力能，如此反复地进行能量转换。由于这种压力波的迅速往复传播，便在系统内形成压力振荡。这一振荡过程，由于液体受到摩擦力以及液体和管壁的弹性作用不断消耗能量，才使振荡过程逐渐衰减而趋向稳定，产生液压冲击的本质是动量变化。

3. 减小压力冲击的措施

减小液压冲击的主要措施如下。

(1) 尽可能延长阀门关闭和运动部件制动换向的时间。在液压传动系统中采用换向时

间可调的换向阀。

（2）正确设计阀口，限制管道流速及运动部件速度，使运动部件制动时速度变化比较均匀。例如，在机床液压传动系统中，通常将管道流速限制在4.5m/s以下，液压缸驱动的运动部件速度一般不宜超过10m/min等。

（3）在某些精度要求不高的工作机械上，使液压缸两腔油路在换向阀回到中位时瞬时互通。

（4）适当加大管道直径，尽量缩短管道长度。必要时，还可在冲击区附近设置卸荷阀和安装蓄能器等缓冲装置来达到此目的。

（5）采用软管，增加系统的弹性，以减少压力冲击。

2.4.2　气穴现象

1. 气穴现象

在流动的液体中，由于压力过分降低（低于其空气分离压）而有气泡形成的现象称为气穴现象。

2. 产生气穴现象的原因

液压油中总含有一定量的空气，对于矿物油型液压油（常温时，在标准大气压下）一般有6%～12%（体积比）的溶解空气（不包括以气泡形式混含在油液中的空气）。当液体流动中某处压力下降到低于空气分离压时，溶解到油液中的空气将突然从油液中分离出来而产生大量气泡。因此产生气穴现象的原因是压力的过度下降。

3. 气穴对系统产生的危害

气穴的产生破坏了油液的连续状态。当所形成的气泡随着液流进入高压区时，气穴体积将急速缩小或溃灭。这一过程瞬时发生，从而产生局部液压冲击，其动能迅速转变为压力能及热能，使局部压力及温度急剧上升（局部压力可达数百甚至上千大气压，局部温度可达1000℃），并引起强烈的振动及噪声。过高的温度将加速工作液的氧化变质。如果这个局部液压冲击作用在金属表面上，金属壁面在反复液压冲击、高温及游离出来的空气中氧的侵蚀下将产生剥蚀，这种现象通常称为气蚀。

有时，在气穴现象中分离出来的气泡并不溃灭，它们会随着液流聚集在管道的最高处或流道狭窄处而形成气塞，破坏系统的正常工作。

4. 预防气穴及气蚀所采取的措施

（1）减小孔口或缝隙前后压力差，使孔口或缝隙前后压力差之比 $p_1/p_2<3.5$。

（2）限制泵吸油口至油箱油面的安装高度，尽量减少吸油管道中的压力损失（如及时清洗滤油器或更换滤芯）。

（3）提高各元件接合处管道的密封性，尽量防止空气渗入到液压系统中。

（4）对于易产生气蚀的零件采用抗腐蚀性强的材料，增加零件的力学强度，并降低其表面粗糙度。

（5）当拖动大负载运动的液压执行元件，因换向或制动在回油腔产生液压冲击的同时，会使原进油腔压力下降而产生真空。为防止气穴，应在系统中设置补油回路。

任务实施：

（1）实施条件：多媒体教学设备、液压试验台。

（2）实施说明：通过对试验台油箱中液压油进行清洗和更换，进一步了解液压油的性质。

（3）实施内容：机床油清洗实验。

习　题

2.1　液压油的体积为 $18\times10^{-3}m^3$，质量为 16.1kg，求此液压油的密度。

2.2　某液压油在大气压下的体积是 $50\times10^{-3}m^3$，当压力升高后，其体积减少到 $49.9\times10^{-3}m^3$，设液压油的体积模量为 $K=700.0MPa$，求压力升高值。

2.3　用恩氏黏度计测得某液压油（$\rho=850kg/m^3$）200mL 流过的时间为 $t_1=153s$，200mL 的蒸馏水流过的时间为 $t_2=51s$，求该液压油的恩氏黏度、运动黏度和动力黏度各是多少？

2.4　何为液压冲击？对液压系统有何危害？

2.5　如图 2.13 所示，水箱外壁开一小孔，水箱自由液面 1-1 与小孔 2-2 处的压力分别是 p_1 和 p_2，小孔中心到水箱自由液面的距离为 h，且基本不变，若不计损失，求 v_2。

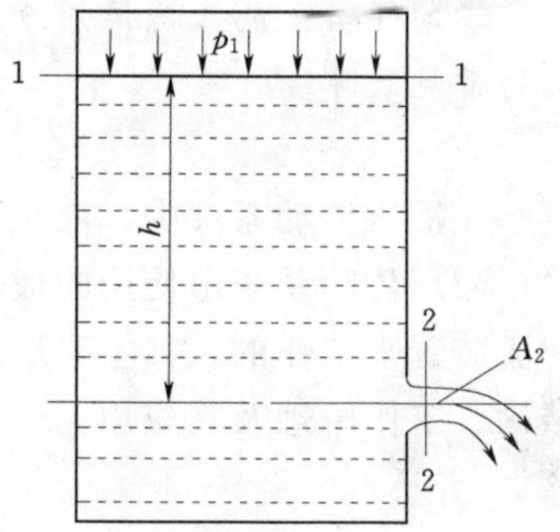

图 2.13　习题 2.5 图

2.6　液体在水平放置的变径管内流动时，为什么管道直径越细的部位其压力越小？

学习情境3　液压泵的拆装与结构分析

学习目标：液压泵的工作原理与性能参数；液压泵的分类和特点；液压泵的选用方法；液压泵常见故障及其排除方法。

学习任务：能正确使用液压泵；掌握常见液压泵的结构和工作原理；能正确排除液压泵的常见故障。

在液压传动系统中，液压动力元件是把原动机输入的机械能转变为液压能输出的装置，液压传动系统中使用的液压泵都是容积式液压泵，它是依靠周期性变化的密闭容积和配流装置来工作的，其主要形式有齿轮泵、叶片泵和柱塞泵。本章主要介绍几种常用泵的结构、工作原理及其应用。

3.1　液压泵与液压马达的概述

3.1.1　容积式液压泵的工作原理及组成条件

目前的液压传动系统中使用的动力元件绝大多数都是容积式液压泵，它由动力机构（一般是电动机或其他原动机构）带动，依靠密闭容积的周期性变化和相应的配流装置向液压系统提供压力油，使执行元件完成最终的运动。目前所使用的各类液压泵的主要型式有齿轮泵、叶片泵、柱塞泵和螺杆泵四个大类。

1. 容积式液压泵的工作原理

如图3.1所示为一个柱塞式液压泵的基本工作原理图，图中柱塞2装在柱塞套筒3的腔体中，并在柱塞的左端形成一个密封容积a，柱塞2在弹簧4的作用下始终压紧在偏心凸轮1上。当偏心凸轮1在电动机的带动下连续回转时，其回转中心至凸轮与柱塞的接触点间的距离将不断变化，造成柱塞2沿着柱塞套筒3的内腔左右滑动，柱塞左端的这部分密封容积的大小将发生周期性的变化，当密封容积由小变大（柱塞2向右移动）时，该密封腔体内的油液压力会因为柱塞不再挤压油液而不断减小，并且形成负压（低于大气压力），在系统油液压力的作用下，单向阀5会关闭，避免了系统油液的倒流；而最底部油箱中的油液在大气压力的作用下，会经吸油管顶开单向阀6进入密封腔而实现了吸油；当柱塞2向左移动时，密封腔的容积将不断减小，腔体内的油液由于受到柱塞的挤压，压力要升高而向腔体外挤压，此时，

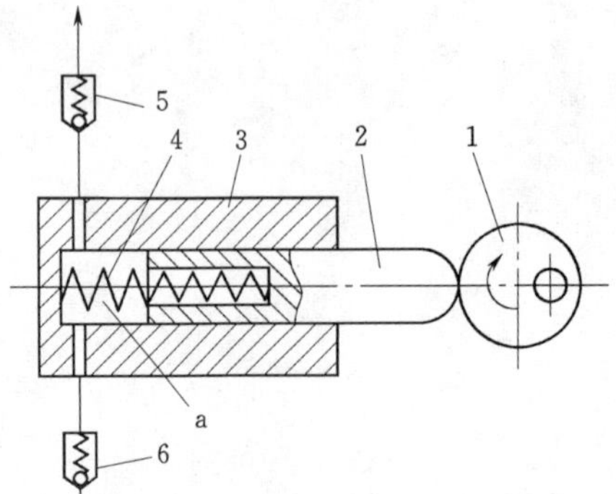

图3.1　液压泵工作原理图
1—偏心凸轮；2—柱塞；3—柱塞套筒；4—弹簧；5、6—单向阀

单向阀 6 将由于上端压力大于其下端压力而关闭，而单向阀 5 将被顶开，具有较高压力的油液将流入液压系统，实现了向系统的压油，这样，通过液压泵就可以将电动机输入的回转机械能转换成为液压系统液体的压力能，电动机（原动机）驱动偏心轮不断地旋转，液压泵就会不断地完成吸油和压油的动作，而向液压系统输出压力油。

上述液压泵的基本工作原理是利用油液的不可压缩性和密封容积的周期性变化来实现的，因此，这类泵又称为容积泵。

2. 形成容积泵的基本条件

由上述容积泵工作原理可以知道，要形成一个容积泵，需要具备以下几个基本条件：

(1) 周期性变化的密封容积。

1) 密封容积是形成容积泵最为基本的条件，必须要有一个与外界相隔绝的密封空间，才有形成吸油和压油的可能。

2) 密封容积要能够周期性地变化，才能够利用油液的不可压缩性，形成密封腔内油液的压力的变化，完成吸油和压油。

(2) 要有配流装置。配流装置的作用是：保证在吸油行程时，密封容积要与油腔相通，与压力系统断开，而在压油行程时，密封容积必须要与油箱断开，而与系统相通。

在液压动力系统中，能够完成上述功能的装置称为配流装置。配流装置要保证在吸油行程中，密封容积与系统的压力油液断开，以防止系统的压力油倒流；并要保证与油箱相通，以便把油箱中的油液吸入油泵。而在压油行程时，要保证密封容积与油箱断开，以避免将油泵中的压力油压回油箱而向系统输送。

在图 3.1 中，单向阀 5 和阀 6 就起到了配流的作用。

(3) 油箱的油液要与大气相通或形成充压油箱。油箱中的油液必须与大气相通，才能在吸油行程时，利用大气的压力将油箱中的油液压入油泵的密封容积内，完成吸油。如果要采用与外界相隔离的封闭式油箱，为保证顺利吸入油液，必须采用充压油箱。

3.1.2 液压泵的主要性能参数

1. 工作压力与额定压力

(1) 工作压力 p。液压泵实际工作时的输出压力称为工作压力。工作压力的大小取决于外负载的大小和排油管路上的压力损失的大小。

(2) 额定压力 p_n。液压泵在正常工作条件下，按试验标准规定连续运转的最高压力称为液压泵的额定压力。

除了上述泵的两个压力概念外，有些泵还允许具有短期过载运行能力，所以同时规定了最高允许的短期高压值，即最高允许压力。

(3) 最高允许压力 p_{max}。在超过额定压力的条件下，根据试验标准规定，允许液压泵短暂运行的最高压力值，称为液压泵的最高允许压力。

2. 排量和流量

(1) 排量 V。指液压泵轴每转一周，由其密封容积几何尺寸变化计算而得的排出液体的体积量叫液压泵的排量。排量可调节的液压泵称为变量泵，排量不可以调节的液压泵则称为定量泵。

(2) 流量 q。流量是指单位时间内泵所输出的油液的体积量。泵流量有理论流量、实际流量和额定流量等几种不同的参数。

（3）理论流量 q_t。理论流量是指在不考虑液压泵的泄漏流量的情况下，在单位时间内所排出的液体体积的平均值。显然，如果液压泵的排量为 V，其主轴转速为 n，则该液压泵的理论流量 q_t 为

$$q_t = nV \tag{3-1}$$

式中：V 为液压泵的排量，mL/s；n 为主轴转速，r/s。

（4）实际流量 q。液压泵在某一具体工况下，单位时间内所排出的液体体积称为实际流量，它等于理论流量 q_t 减去泄漏和压缩损失后的流量 q_1，即

$$q = q_t - q_1 \tag{3-2}$$

（5）额定流量 q_n。液压泵在正常工作条件下，按试验标准规定（如在额定压力和额定转速下）必须保证的流量。

3. 泵的功率和效率

（1）液压泵的功率损失。泵的输出功率要小于它的输入功率，称为泵的功率损失。泵的功率损失是由于能量由机械能转换为液体的压力能的过程中而产生的，引起液压泵功率损失的原因主要有容积损失和机械损失两大因素。

（2）容积损失。容积损失是指液压泵流量上的损失。液压泵的实际输出流量总是小于其理论上它应该排出的流量，其最主要的原因往往是由于液压泵内部的内泄露，即液体在高压下由高压腔漏进低压腔，其次是油液在负压条件下的气穴和在高压条件下的体积压缩，另外就是在吸油过程中由于吸油阻力太大、油液黏度大以及液压泵转速过高等原因而导致油液不能全部充满密封工作腔。

（3）泵的容积效率 η_v。液压泵的容积损失用容积效率 η_v 来表示，它等于液压泵的实际输出流量 q 与其理论流量 q_t 之比，即

$$\eta_v = \frac{q}{q_t} = 1 - \frac{q_1}{q_t} \tag{3-3}$$

因此，液压泵的实际输出流量 q 为　$q = q_t\eta_v = Vn\eta_v$　(3-4)

式中：V 为液压泵的排量，mL/r；n 为液压泵的转速，r/m。

由于液体的内泄露与液体的压力有很大关系，所以，系统的工作压力越大，液压泵的容积效率越低。容积损失的客观存在，液压泵的容积效率恒小于1。

（4）机械损失。机械损失是指液压泵在转矩上的损失。液压泵的实际输入转矩 T，总是大于理论上所需要的转矩 T_t，其主要原因是由于液压泵体内相对运动部件之间因机械摩擦而引起的摩擦转矩损失以及由于液体的黏性而引起的内摩擦损失。

（5）机械效率 η_m。液压泵的机械损失用机械效率 η_m 表示，它等于液压泵的理论转矩 T_i 与实际输入转矩 T_0 之比，设转矩损失为 ΔT，则液压泵的机械效率为

$$\eta_m = \frac{T_i}{T_0} = \frac{1}{1 + \dfrac{T_1}{T_i}} \tag{3-5}$$

（6）液压泵的功率。

1）输入功率 P_1。液压泵的输入功率是指作用在液压泵主轴上的机械功率，当输入转矩为 T_0、角速度为 ω 时，有

$$P_1 = T_0 \omega \tag{3-6}$$

2）输出功率 P。液压泵的输出功率是指液压泵在工作过程中的实际吸、压油口间的压差 ΔP 和输出流量 q 的乘积，即

$$P = \Delta P q \tag{3-7}$$

在工程实际中，若液压泵吸、压油口的压力差 ΔP 的计算单位用 MPa 表示，输出流量 q 用 L/min 表示，则液压泵的输出功率 P 可表示为

$$P = \Delta P q / 60 \tag{3-8}$$

式中：P 为输出功率，kW。

在实际的计算中，若油箱通大气，液压泵吸、压油的压力差 ΔP 往往用液压泵出口压力 p 代入，即

$$P = pq \tag{3-9}$$

（7）液压泵的总效率。液压泵的总效率是指液压泵的实际输出功率与其输入功率的比值，即

$$\eta = \frac{P}{P_i} = \frac{\Delta P q}{T_i \omega} = \frac{\Delta P q_t \eta_v}{\dfrac{T_t \omega}{\eta_m}} = \eta_v \eta_m \tag{3-10}$$

其中，$\Delta P q_t / \omega$ 为理论输入转矩 T_t。

由式（3-10）可知，液压泵的总效率等于其容积效率与机械效率的乘积，所以液压泵的输入功率也可写成

$$P_i = \frac{\Delta P q}{\eta} \tag{3-11}$$

液压泵功率流程及各个参数和压力之间的关系如图 3.2 所示。

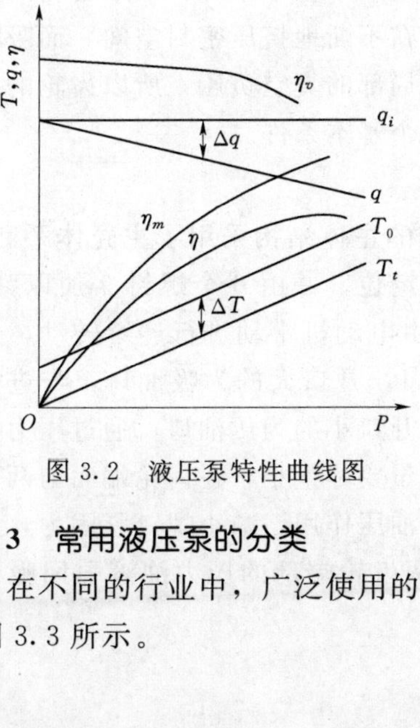

图 3.2 液压泵特性曲线图

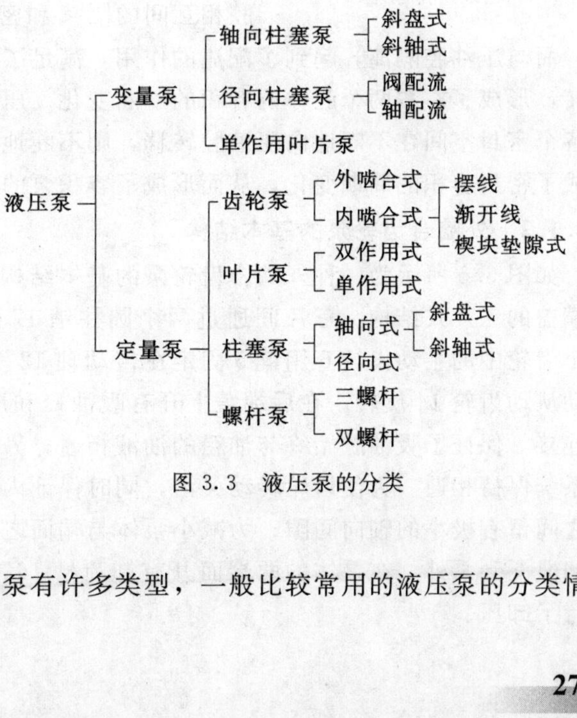

图 3.3 液压泵的分类

3.1.3 常用液压泵的分类

在不同的行业中，广泛使用的液压泵有许多类型，一般比较常用的液压泵的分类情况如图 3.3 所示。

按照泵的基本结构，一般可以分为齿轮泵、叶片泵、柱塞泵和螺杆泵四大类。而按照液压泵在单位时间内所能输出的油液的体积是否可调节又可将泵分为定量泵和变量泵两类，一般变量泵多为叶片泵和柱塞泵。

3.2　齿　轮　泵

齿轮泵是液压系统中广泛采用的一种液压泵，它一般做成定量泵，按其齿轮啮合方式的不同，齿轮泵可分为外啮合齿轮泵和内啮合齿轮泵两类，而外啮合齿轮泵由于其结构简单、制造方便，所以应用广泛。

3.2.1　外啮合齿轮泵

3.2.1.1　外啮合齿轮泵的工作原理

图 3.4 为外啮合齿轮泵的工作原理图，泵的最主要结构为装在泵壳体内的一对齿轮，齿轮两侧有端盖进行封闭，由泵的壳体、端盖和齿轮的各个齿间组成了一个个相互密封的独立工作腔。当齿轮按图示方向不断旋转时，这些密封工作腔在右边的吸油腔内充满了油液，并随着齿轮的高速转动把油液沿齿轮的外缘带入左边的高压油腔，在齿的啮合区，随着两齿轮牙齿的相互啮合作用，把两齿间的油液强行挤出，就形成了压油腔的油液压力的不断升高，而在右侧的吸油腔，由于油液不断被带走，形成了局部的真空负压，则把进油管的油液不断地吸入油腔，形成了泵的吸油，两齿轮连续回转，泵就不断地由油箱内吸油，并将油液压向液压系统。这就是齿轮泵的基本工作原理。

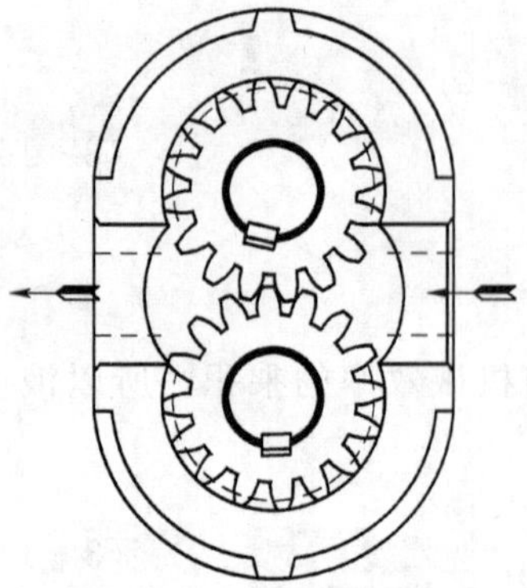

图 3.4　外啮合型齿轮泵工作原理

两齿轮在啮合区内轮齿的啮合挤压，形成了左右两个油腔相互间的隔离和密封，从而保证了吸油腔始终与油箱接通，而与压油腔隔离，起到了配流的作用，满足了泵的第二个基本条件，油泵齿轮的不断回转，形成了左右两个腔体内容积的不断变化。压油腔在不断地挤压密封空间，而吸油腔中各个密封空间在不断地向压油腔转移，则不断地形成局部的真空负压，所以齿轮的回转形成了密封容积的周期变化，从而形成了容积泵的第一个基本条件。

3.2.1.2　外啮合齿轮泵的基本结构

如图 3.5 所示为一种外啮合齿轮泵的基本结构，它的主体结构采用了主壳体 7 和前、后端盖的三片式结构。三片间通过两个圆柱销 17 进行定位，并由 6 个螺钉 9 加以紧固。两个齿轮中的主动齿轮 6 用键 5 固定在传动轴 12 上，由电动机带动进行连续转动，从而带动从动齿轮 14 旋转。在后端盖上开有吸油口和压油口，开口大的为吸油口，与进油管相连接，保证了吸油腔始终与油箱的油液相通；另一个开口小的为压油口，通过压力油管与系统保持相通。为使齿轮转动灵活，同时保证内泄漏量要尽量小，在齿轮端面与两个端盖之间留有极小的轴向间隙；为减小泵体与端面之间的油压作用，减小螺钉紧固力，并防止油泄漏到泵外，在泵体的两端面开有卸荷槽 16，把两齿轮端部的压力油液引回吸油腔进行了卸压。

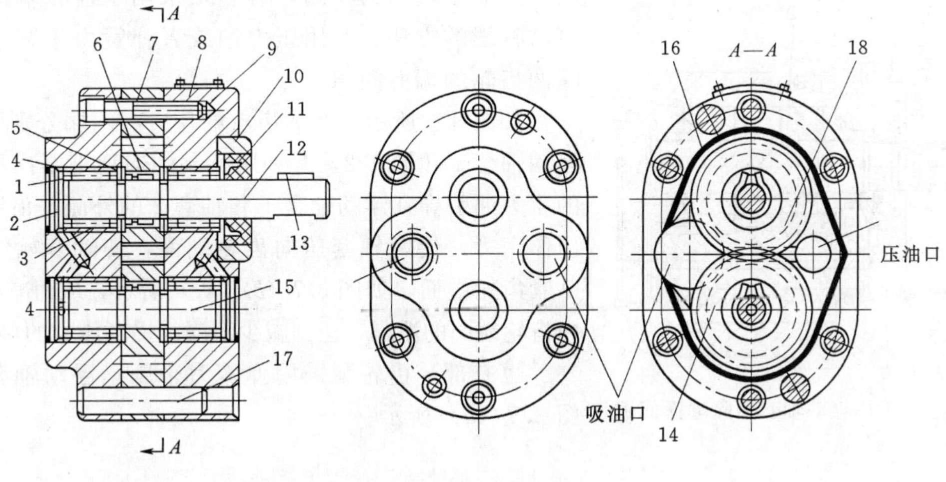

图 3.5 CB齿轮泵的基本结构

1—弹簧挡圈；2—轴承端盖；3—滚针轴承；4—后端盖；5、13—键；6—主动齿轮；7—泵体；8—前端盖；9—螺钉；10—油封端盖；11—密封圈；12—传动轴；14—从动齿轮；15—从动轴；16—卸荷槽；17—定位销；18—困油卸荷槽

3.2.1.3 外啮合齿轮泵所存在的问题及其解决措施

由于外啮合齿轮泵采用了普通齿轮的轮齿啮合泵油结构，形成了这种齿轮泵的如下几个问题。

1. *内泄漏较严重*

CB型齿轮泵存在着较为严重的内泄漏，形成了泵的容积效率的下降。概括起来看，其内泄漏主要出现在以下三个部位：齿轮的端面泄漏、齿轮的径向泄漏和齿轮的啮合区泄漏。其中，内泄漏量最大的部位是齿轮的端面间隙所引起的端面泄漏，据实验统计，经齿轮的两端面所造成的泄漏量可占泵的总内泄漏量的75%～80%，其根本原因是这部分泄漏的面积大，泄漏途径短。齿轮与端盖间的间隙越大，内泄漏量就越大，而过小的端部间隙又容易造成齿轮工作受热膨胀后挤死在两端盖之间，所以齿轮的轴向间隙与内泄漏是一对不可避免的结构矛盾。

齿轮的径向泄漏是指齿轮的齿顶与壳体内腔之间留有较大的径向间隙，它也是为防止齿体受热膨胀而预留出的膨胀空间，这一间隙的存在降低了各齿间的各个密封容积的相互密封的程度，但由于从最左边的压力腔到最右边的吸油腔，压力是逐渐递减的，泄漏的油液要经过多个密封的齿间才能到达吸油腔，再加上齿轮高速旋转的带动，能够泄漏到吸油腔的径向泄漏量所剩无几，一般，这一部分泄漏只占泵总泄漏量的15%左右。

齿轮的啮合区泄漏是指高压的油液通过齿的啮合面强行窜入到低压区，这往往是由于齿形误差和牙齿啮合的偏载所致，这部分泄漏量一般占到泵的总泄漏量的5%左右。

对以上泄漏问题解决的基本思路是：严格控制齿轮泵各部分的配合间隙，保证齿轮和轴承的制造和装配精度，防止过大的间隙与偏载。但是，采用较严格的小间隙只能够解决新泵的端面泄漏，随着泵的使用和磨损，其端面间隙仍会很快增大，为提高齿轮泵的工作

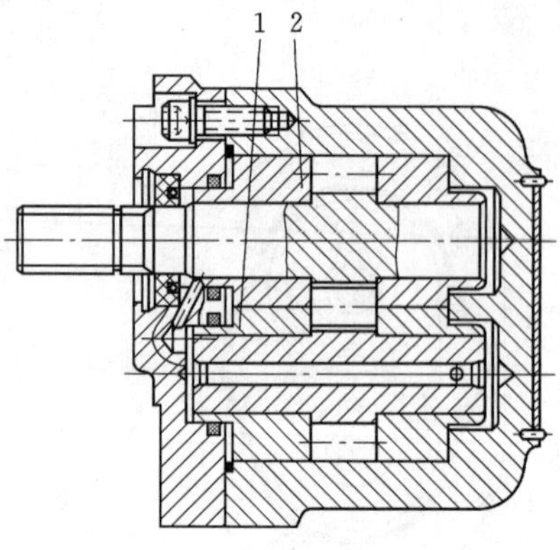

图 3.6　采用浮动轴套消除端面间隙

压力，减小端面的泄漏，有些泵采用了齿轮端面间隙自动补偿的方法，利用压力油或者弹簧力来减小或消除两齿轮的端面间隙。

如图 3.6 所示，在两齿轮的左、右两端分别设置了浮动轴套 1 和轴套 2，并利用特制的通道把泵内压油腔的压力油引导到浮动轴套 1 和轴套 2 的外侧，借助于液压作用力，使两轴套压向齿轮端面，使轴套始终自动贴紧齿轮端面，如图 3.7 (*b*)、(*c*) 所示，从而减小了泵内齿轮端面的泄漏，达到减少泄漏、提高压力的目的。

也有部分齿轮泵采用弹簧力来压紧浮动轴套，如图 3.7 (*a*) 所示。

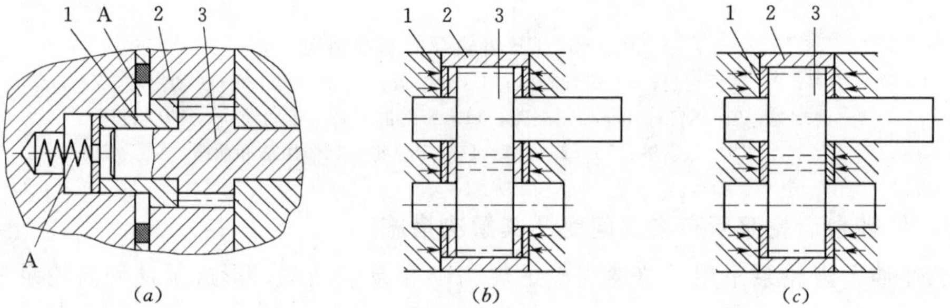

图 3.7　齿轮的端面间隙补偿装置

1、2—浮动轴套；3—齿轮

2. 齿轮啮合区的困油现象

齿轮泵要平稳工作，齿轮啮合的重叠系数必须大于 1，也就是说在一对齿轮即将脱开啮合之前，后面的一对轮齿要进入啮合，这样，在两对轮齿同时啮合的这一部分区域内，会有一部分油液滞留在两齿的重叠区之间，如图 3.8 (*a*)、(*b*) 所示。随着齿轮的不断回转，后一对齿要不断地进入啮合，这就意味着刚进入啮合的齿要与对面的齿槽发生对挤，而此时被啮合齿槽由于两齿的齿厚相等的结构条件，基本上是处于封闭状态，如图 3.8 (*b*) 所示，所以，这部分被困在齿槽中的油液将由于齿的不断啮入运动和齿槽密封空间的不断减小而受到强烈的挤压，如图 3.8 (*c*) 所示。由于油液的可压缩性极小，被困油液的压力会急剧上升，这部分油液会寻找任何一处缝隙向外部拼命挤出，甚至阻碍齿轮的继续转动，挤压的油液给齿轮带来了极大的径向力。在转过啮合节点 P 点后，如图 3.8 (*d*) 所示，牙齿要逐渐脱出啮合，封闭的齿槽空间要不断地扩大，这会造成该封闭空间的真空负压，如果没有油液及时地补充进来，会使油液中的空气分离析出，造成油液产生气穴，引起振动和噪声。

以上现象发生在每一对齿的啮合区内，这种由于齿厚相等而使被封闭在齿间的油液先挤压后真空负压的现象，称为齿轮泵的困油现象。

齿轮泵的困油造成了油液的气穴，会引起传动振动和噪声，破坏了液压传动的稳定性，同时又给泵的回转带来极大的附加径向动载荷，对泵的正常工作造成极大的危害，所以，泵的困油现象需要设法消除。

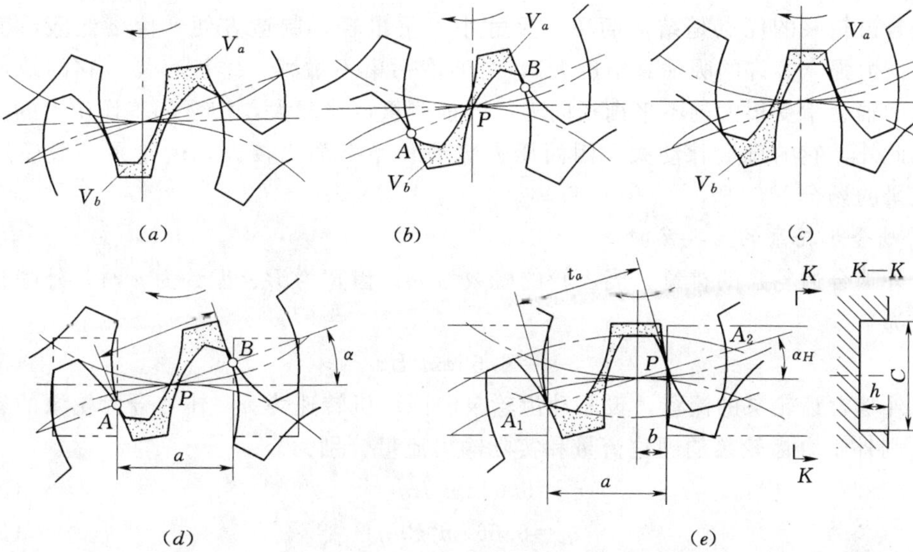

图 3.8 齿轮泵的困油现象

目前消除困油的方法通常是，在齿轮泵的两侧端盖上铣两条卸荷槽，如图 3.8（*e*）所示，当困油受到强烈挤压时，使挤压空间通过卸油槽与压油腔相连通；而当困油区形成真空负压时，使其与吸油腔相通，这样可以部分解决困油问题。但要注意，两个卸油槽的存在会增加端面泄漏，同时，两个卸油槽之间的距离不可过近，以免吸压油腔两腔相串通。一般的齿轮泵两卸荷槽是非对称开设的，位置往往向吸油腔偏移，但无论怎样，两槽间的距离 a 必须保证在任何时候都不能使吸油腔和压油腔相互串通，对于分度圆压力角 $\alpha=20°$、模数为 m 的标准渐开线齿轮，$a=2.78$m，当卸荷槽为非对称时，在压油腔一侧必须保证 $b=0.8$m，另一方面为保证卸荷槽畅通，应满足：槽宽 $c>2.5$m，槽深 $h\geqslant0.8$m 的要求。

3. 齿轮的径向力不平衡

齿轮泵中的两个齿轮在工作时，作用在齿轮上的径向压力是不均衡的。如图 3.9 所示，齿轮在压油腔位置的牙齿由于液体的压力高而受到很大的径向力，而处于吸油区的牙齿所受的径向力就较小，可以认为压力由压油腔的高压逐渐分级下降到吸油腔压力，这相当于油液作用给齿轮一个很大的径向不平衡作用力，使齿轮和轴承承受很大的偏载。油液的工作压力越大，径向不平衡力也越大。径向不平衡力会使轴发生弯曲，导致齿顶与壳体产生接触摩擦，同时会加速轴承的磨损，降低轴承的寿命，所以，齿轮泵的不平衡径向力是阻碍泵的工作压力进一步提高的主要原因。

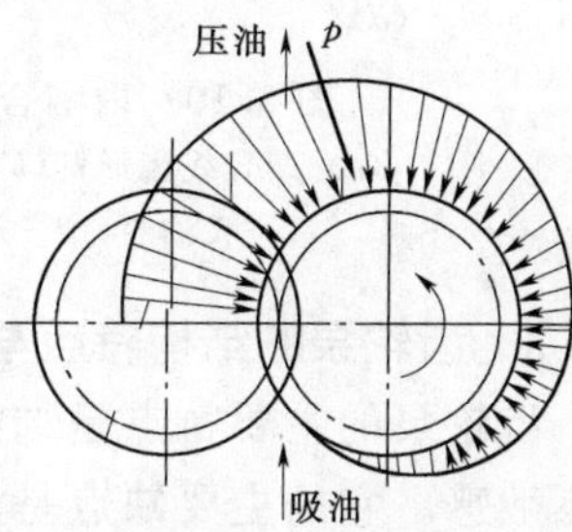

图 3.9 齿轮泵的径向不平衡力

为了减小齿轮泵的不平衡径向力，有的齿轮泵上采取了缩小压油口的方法，使压力油的径向压力仅作用在 1～2 个齿的小范围内，如图 3.5 的 *A*—*A* 剖视所示，同时可适当增大径向间隙，使齿轮在不平衡压力作用下，齿顶不至于与壳体相接触和摩擦。

4. 外啮合齿轮泵的优缺点及其应用

外啮合齿轮泵的优点是结构简单，尺寸小，重量轻，制造方便，价格低廉，工作可靠，自吸能力强（容许的吸油真空度大），对油液污染不敏感，维护容易。它的缺点是齿轮、轴承和轴会承受很大的不平衡径向力，磨损严重，泄漏大，使泵的工作压力的提高受到限制。此外，它的流量脉动大，因而压力脉动和噪声都比较大，齿轮泵一般应用于低压、小流量的场合下。

5. 外啮合齿轮泵的主要参数

（1）外啮合齿轮泵的排量。当齿轮的模数为 m、齿宽为 B、齿数为 z 时，外啮合齿轮泵的排量为

$$V=6.66zm^2B \tag{3-12}$$

（2）外啮合齿轮泵的流量。设驱动齿轮泵的原动机转速为 n，外啮合齿轮泵的容积效率为 η_v，则外啮合齿轮泵的理论流量和实际输出流量分别为

$$q_t=6.66zm^2Bn \tag{3-13}$$

$$q_t=6.66zm^2Bn\eta_v \tag{3-14}$$

以上计算的是外啮合齿轮泵的平均流量，实际上随着啮合点位置的不断改变，吸、排油腔的每一瞬时的容积变化率都是不均匀的，因此齿轮泵的瞬时流量是脉动的。外啮合齿轮泵齿数愈小，脉动率就愈大，其值最高可达20%以上，而内啮合齿轮泵的流量脉动率就要小很多。

3.2.2　内啮合齿轮泵

目前常应用的内啮合齿轮泵，其齿形曲线有渐开线齿轮泵和摆线齿轮泵（又名转子泵）两种（图3.10），它们的工作原理和主要特点与外啮合齿轮泵基本相同。小齿轮为主动齿轮，按图示方向旋转时，齿轮退出啮合容积增大而吸油，进入啮合容积减小而压油。在渐开线齿形内啮合齿轮泵腔中，小齿轮和内齿轮之间要装一块月牙形隔板，以便把吸油腔和压油腔隔开，如图3.10（a）所示。摆线齿形内啮合齿轮泵的小齿轮和内齿轮相差一齿，因而不需设置隔板，如图3.10（b）所示。

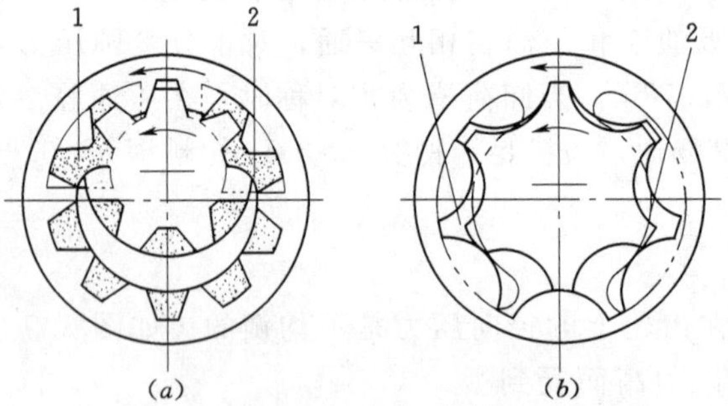

图3.10　内啮合齿轮泵

（a）渐开线齿形；（b）摆线齿形

1—吸油腔；2—压油腔

3.2.3　齿轮泵的结构特点与应用

齿轮泵的主要特点是结构简单，制造、维修方便，价格低廉，而且它对油液的污染程度不敏感。它的主要缺点是压力与流量的脉动较大，工作时的噪声较大，并且它的输出排量是不可调节的，只能够做成定量泵。

齿轮泵是一种由原始的齿轮啮合原理所形成的液压泵。受其结构原理的限制，其空间效率较低，同样大小的体积，齿轮泵的密封容积的变化幅度不大，有效排量较小，加上其内部泄漏较大，容积效率较低，以及径向不平衡力的作用，影响了泵供油压力的提高。因此，一般齿轮泵应用在低压、小流量的场合，其工作压力一般在8MPa以下。

表 3.1 为外啮合单级齿轮泵示例。

表 3.1　　外啮合单级齿轮泵

型　号	排量 (mL/r)	压　力 (MPa)		转　速 (r/min)		容积效率	生产厂家
		额定	最高	额定	最高		
CB－B	2.5～125	2.5		1450		≥70%～95%	⑦⑧
CB	31.8～98.1	10	12.5	1450	1650	≥90%	①②③④⑤⑥
CB－L	40.6～200.9	16	20	2000～2500	2500～3000	≥90%	②⑨

注　生产厂家代号：①—天津机械厂；②—长沙液压件厂；③—合肥液压件厂；④—栖霞液压件厂；⑤—长治液压件厂；⑥—淮阴机械总厂；⑦—湖北液压件厂；⑧—武汉液压件厂；⑨—阜新液压件厂。

3.3　叶　片　泵

在工作压力超过 10MPa 的应用场合，一般都优先考虑采用叶片泵。叶片泵根据其排量是否可调整分为定量叶片泵与变量泵两类，定量叶片泵一般采用双作用式对称结构，而变量叶片泵需要采用单作用式偏心结构。

3.3.1　双作用式叶片泵

3.3.1.1　双作用叶片泵的基本工作原理

双作用叶片泵的基本工作原理如图 3.11 所示，它是由定子 1、转子 2、叶片 3 和配油盘（图中未画出）等组成。双作用叶片泵的转了轴线与定子的几何中心保持同轴；定子的内表面曲线由两段长半径 R、两段短半径 r 和 4 段过渡曲线所组成，形成了大致呈椭圆形的内腔型面，以便形成密封容积的变化；转子的径向槽内装有可以沿着槽做径向滑动的叶片，借助于叶片的重力，当转子在驱动轴的带动下高速回转工作时，叶片在离心力和根部压力油的作用下，沿转子槽做径向移动而压向定子内表面，这样，由两片相邻的叶片和定子的内表面、转子的外表面和两侧配油盘就形成了一个个独立的密封空间。当转子按图示方向旋转时，处在小圆弧上的密封空间经过渡曲线而运动到大圆弧的过程中，由于定子曲线的变化，使密封空间的容积不断增大，而此时的密封容积正处于吸油腔的区域范围，要吸入油液；再向前运动，密封空间从大圆弧经过渡曲线运动到小圆弧的过程中，叶片被定子内壁逐渐压进槽内，密封空间容积变小，将油液从压油口压出，完成了一次吸油和压油的泵油过程，而同样的动作在转子的上下两侧同时发生。

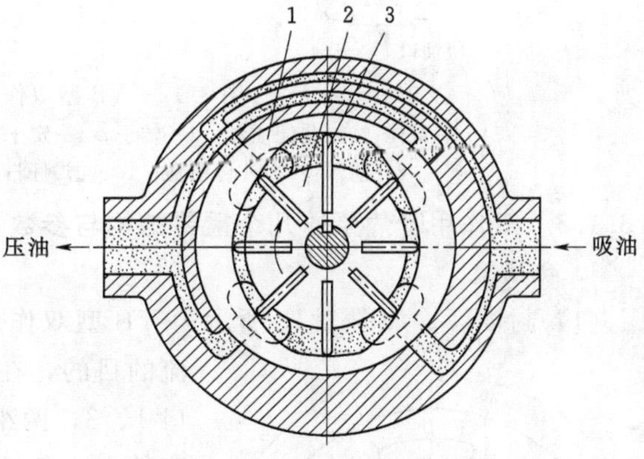

图 3.11　双作用叶片泵的工作原理

1—定子；2—转子；3—叶片

这种叶片泵具有对称的两个吸油腔和两个压油腔，因而，在转子每转一周的过程中，每个密封空间要完成两次吸油和压油，所以称之为双作用叶片泵。

双作用叶片泵采用了两侧对称的吸油腔和压油腔结构，所以作用在转子上的径向压力是相互平衡的，不会给高速转动的转子造成径向的偏载。因此，双作用叶片泵又称为卸荷式叶片泵。

为了要使径向力完全平衡，密封空间数（即叶片数）应当保持双数，而且定子曲线要对称。

3.3.1.2　双作用叶片泵的基本结构

如图3.12所示为一种YB型双作用叶片泵的基本结构，整个泵采用分离结构，泵体由前泵体7和后泵体1及前端盖8所组成，转子3、定子4和叶片5成为泵的主要结构，它的两侧配置有配油盘2和6，由图3.11可以看出，吸油口和压油口分别设置在后泵体1和前泵体7上，具有较远的距离，可以解决隔离与密封问题。整个转子由花键轴两端的滚动轴承11、12支承在泵体内，密封圈10可以防止油液的外泄，同时防止了外部灰尘和污物的侵入。

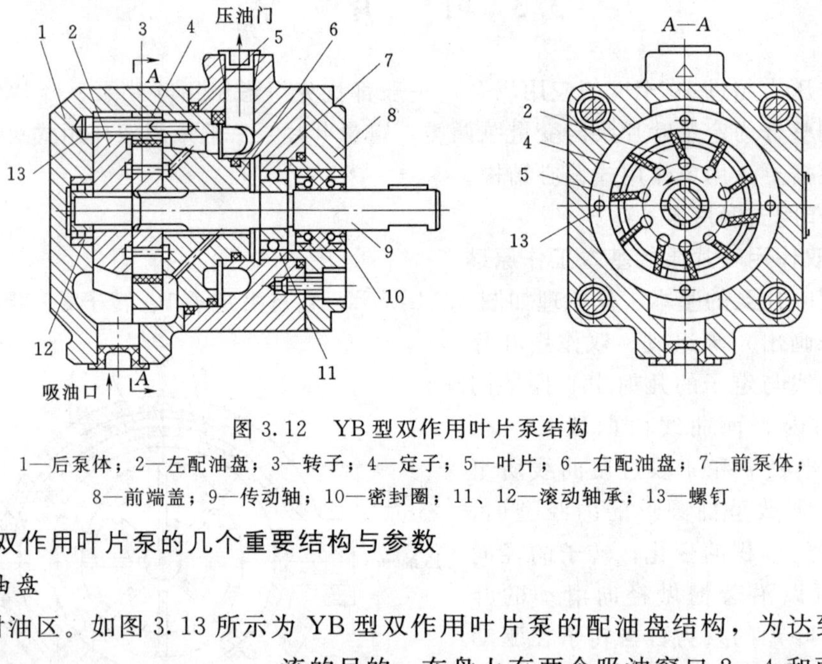

图3.12　YB型双作用叶片泵结构

1—后泵体；2—左配油盘；3—转子；4—定子；5—叶片；6—右配油盘；7—前泵体；8—前端盖；9—传动轴；10—密封圈；11、12—滚动轴承；13—螺钉

3.3.1.3　双作用叶片泵的几个重要结构与参数

1. 配油盘

(1) 封油区。如图3.13所示为YB型双作用叶片泵的配油盘结构，为达到密封和配流的目的，在盘上有两个吸油窗口2、4和两个压油窗口1、3，两组窗口之间为封油区，通常应使封油区对应的中心角β稍大于或等于两个叶片之间的夹角，否则会使吸油腔和压油腔连通，造成两腔体的内泄漏。

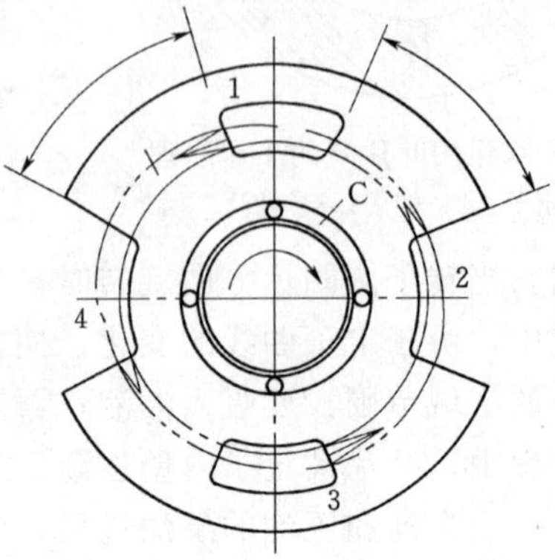

图3.13　配油盘

1、3—压油窗口；2、4—吸油窗口；C—环形槽

(2) 卸荷槽。在两叶片间的密封油液从吸油区过渡到封油区（长半径圆弧处）的过程中，油液的压力基本上与吸油压力相同，但当转子再继续旋转一个微小角度时，该密封腔将突然与压油腔相通，使油腔的压力突然升高，造成很大的压力冲击，油液的体积会突然收缩，导致压油腔中的油液发生倒流现象，引起液压泵流量的脉动、压力的脉动和噪声，为减轻此时的压力冲击，在配油盘的两个压油窗口1和3靠叶片封油区进入压油区

的一边各开有一个截面形状为三角形的卸荷槽（又称眉毛槽），如图 3.13 所示，使两叶片之间的封闭油液在未进入压油区之前就通过该三角槽与压力油相连，其压力逐渐上升，从而缓和了流量和压力的脉动，降低了噪声。

（3）环形槽 C。如图 3.13 所示，为了保证在高速回转中，叶片能够及时地沿径向槽甩出并紧贴住定子的内腔表面，在配流盘的中部设置了一个环形槽，该槽与压油腔相通并与转子叶片槽底部相通，可以使叶片的底部作用有压力油，帮助叶片在压力油的作用下快速地向外运动。

2. 定子曲线

定子内腔曲线是由 4 段圆弧和 4 段过渡曲线组成的。在高速运动中应保证叶片始终贴紧在定子内表面过渡曲线上，形成相互隔离的密封空间，为使叶片在转子槽中径向运动时的加速度变化均匀，叶片对定子表面的冲击应尽可能小，目前的定子曲线多采用“等加速—等减速”移动规律曲线和高次曲线。

3. 叶片的倾角

在叶片运动到压油区时，会受到定子内表面施加给它的很大的作用力，迫使叶片挤回槽内，而此时由于定子表面曲线比较陡，施加给叶片的压力角会很大，影响了叶片的顺利退回，这会造成叶片、定子和转子槽间的压力增大，加剧相互间的磨损，严重时甚至会造成叶片卡死的现象，为了减小叶片此时的压力角，将叶片顺着转子回转方向前倾一个 θ 角，这样就可以有效地减小压力角，使叶片可以较顺利地在槽中灵活移动，减少了定子表面的压力和磨损，根据双作用叶片泵定子内表面的几何参数，其压力角的最大值 $\beta_{max}\approx 24°$。一般常取 $\theta=(1/2)\beta_{max}$ 左右，因而叶片泵叶片的倾角 θ 一般取为 10°～14°，YB 型叶片泵叶片的前倾角为 13°。

3.3.1.4　叶片压力不均衡的解决方法

一般双作用叶片泵的叶片底部都采取通压力油的顶出结构，但这样做的后果会使得叶片转到吸油区时，由于顶部压力过小而紧紧地挤压在定子表面上，造成定子吸油区曲线的过度磨损，这一原因同时也严重地影响了双作用叶片泵的工作压力的进一步提高，所以在高压叶片泵的结构上，经常可以看到以下一些叶片径向压力均衡结构。

（1）阻尼油槽。为了减小叶片底部的油液的作用力，可以设法降低油液的压力，方法是将泵的压油腔的油通过一个阻尼槽或内装式小减压阀再通到吸油区叶片的底部，从而减小了作用在叶片底部的油液压力，使叶片经过吸油腔时，叶片压向定子内表面的作用力不致过大。

（2）薄叶片结构。减小叶片底部承受压力油作用的面积，就可以减小叶片底部的受力，通常采用减小叶片厚度的办法，但目前的叶片最小厚度一般为 1.8～2.5mm，再小就要影响叶片的强度和刚性。

（3）阶梯片结构。如图 3.14（*b*）所示为阶梯形叶片结构，压力油腔 b 设置在叶片的中部，这样，压力油作用给叶片的径向力由于径向承载面积的减小而减小了一半，这种方法虽然在一定程度上减小了叶片的径向力，但油液同时也作用在叶片的侧面上，造成了叶片附加的侧面压力，阻碍了叶片的顺利滑动，另外，这种结构的工艺性也较差。

（4）复合式叶片结构。如图 3.14（*a*）所示为一种复合式叶片（也称子母叶片）结构，叶片做成子母复合结构，在母叶片的底部中间与子叶片形成一个独立的油腔 C，并通过配油盘和油槽K使C腔总是接通压力油，而母叶片底部的L腔，则借助于虚线所示的油孔，始终与顶部油液压力相同。这样，当叶片处在吸油腔时，只有C腔的压力油作用在面积很小的母叶片承载面上，减小了叶片底部的作用力，而且可以通过调整该部分面积的大小来控制油液作用力的大小。

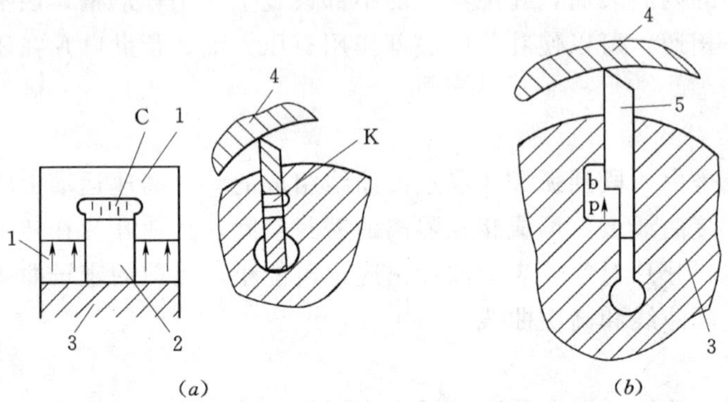

图3.14　减小叶片作用面积

1—母叶片；2—子叶片；3—转子；4—定子；5—叶片

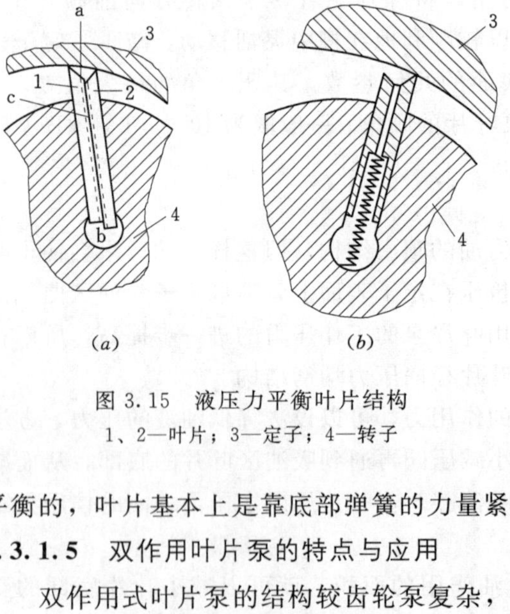

图3.15　液压力平衡叶片结构

1、2—叶片；3—定子；4—转子

(5) 双叶片结构。如图3.15(*a*)所示为双叶片结构，在每一槽中同时放置两片可以自由滑动的叶片1和2，而在两叶片的贴合面处有孔c与叶片的顶部形成的油腔a保持相通，这样，通过这个小孔c，可以起到使叶片顶部和底部的液体压力得到均衡的目的。

如图3.15(*b*)所示为装有弹簧的叶片顶出结构，这种结构叶片1较厚，顶部与底部有小孔相通，叶片底部的油液是由叶片顶部经叶片的小孔引入的，若不考虑小孔的压力降，则叶片上下油腔油液的作用力始终是平衡的，叶片基本上是靠底部弹簧的力量紧贴在定子的内表面来保证密封的。

3.3.1.5　双作用叶片泵的特点与应用

双作用式叶片泵的结构较齿轮泵复杂，但其工作压力较齿轮泵高，且流量脉动小（双作用叶片泵的叶片数一般为12片或16片），工作平稳，噪声较小，寿命较长。因此它被广泛应用于机械制造中的专用机床、自动线等中、低压液压系统中，一般工作压力在16MPa左右，但其结构复杂，吸油特性不太好，对油液的污染也比较敏感。

3.3.2　单作用式叶片泵

1. 单作用叶片泵的工作原理

单作用叶片泵的工作原理如图3.16所示，与双作用叶片泵相类似，单作用叶片泵的主要结构也由转子1、定子2、叶片3和端盖等组成。但其定子的工作表面为圆柱形内表面，且定子和转子间设置有偏心距，当转子回转时，由于叶片的离心力作用，使叶片紧靠在定子内壁，这样，在定子、转子、叶片和两侧配油盘间就形成若干个密封的工作空间。当转子按图示方向（逆时针）回转时，在定子腔体的右部，叶片要逐渐伸出，叶片间的工作空间将逐渐增大，形成了吸油条件，而当它转动到油腔的左边时，叶片被定子内壁逐渐压进槽内，密封空间逐渐缩小，形成了压油条件，将油液从压油口压出。在吸油腔和压油腔之间，有一段封油区，把吸油腔和压油腔隔开。这种叶片泵的转子每转一周，每个密封空间只完成一次吸油和压油，因此称其为单作用叶片泵。转子不停地旋转，泵就不断地进行吸油和压油的工作循环。

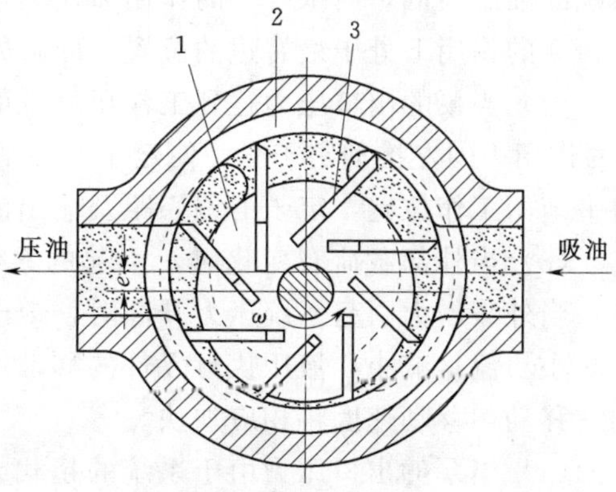

图 3.16 单作用叶片泵的工作原理
1—转子；2—定子；3—叶片

2. 单作用式叶片泵的特点与应用

与双作用叶片泵相比较，单作用叶片泵具有以下特点：

(1) 泵流量可以调节。改变定子和转子之间的偏心距大小便可以改变各个密封容积的变化幅度，从而改变泵的排量和流量。

(2) 吸、压油路可以反向。当转子与定子的偏心方向反向时，外部油路的吸油压油方向也相反，所以可以实现吸、压油路的方向改变。

(3) 转子的径向力不平衡。由于定子与转子的偏心安装结构，油泵的转子受到不平衡的径向力的作用，所以这种泵一般只用于低压变量的应用场合。

单作用叶片泵多为低压变量泵，其最高工作压力一般为 7MPa。

3.3.3 限压式变量叶片泵

1. 限压式变量叶片泵的工作原理

限压式变量叶片泵是一种单作用叶片泵，通过改变定子与转子间的偏心距 e，就能改变泵的输出流量。

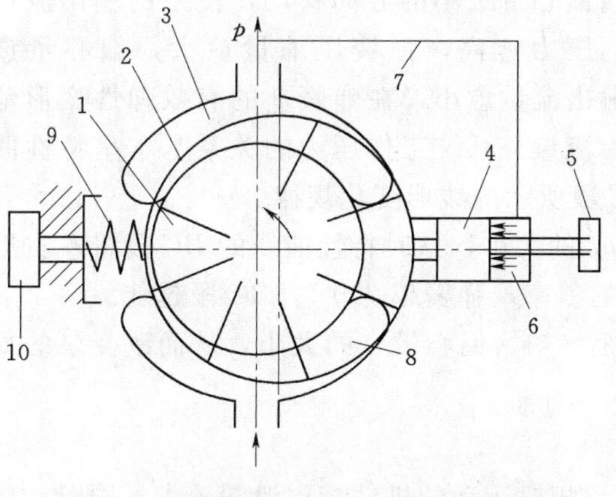

图 3.17 限压式变量叶片泵的工作原理
1—转子；2—定子；3—压油口；4—活塞；5—螺钉；
6—反馈油缸；7—通道；8—吸油口；
9—调压弹簧；10—调压螺钉

限压式变量泵的工作原理如图 3.17 所示，其转子的回转中心是固定的，而定子套相对转子的偏心安装是活动可调的，定子套的右侧设置有反馈油缸 6 和活塞 4，左侧设置有调压弹簧 9 和调压螺钉 10，而反馈油缸的作用油液来源于泵的压力油口，所以，泵在正常工作时，定子是在出口油的反馈压力和调压弹簧 9 的相互作用下，处于一个相对平衡的位置。

这种泵的工作原理大致可以分为以下 4 种情况来分析：

(1) 当泵刚刚开始工作，而泵的出口压力尚未建立起来时，或者当外部载荷较小而系统的油压很低，活塞4上的作用力还不足以克服调压弹簧9的作用力时，定子2在调压弹簧9的作用下处于最右边的位置，即泵处于最大偏心和最大输出流量的状态。

(2) 当泵的出口压力达到工作压力 p 时，在系统压力作用下，活塞4克服了调压弹簧9的作用力向左推动定子套，使定子2在活塞4和调压弹簧9的共同作用下处于某一个相对平衡的工作位置，定子的偏心距及输出流量都处于一个相对平衡的状态。

(3) 当外部载荷有变化时，引起的系统压力变化会导致泵的供油量做相应的变化调整：当外载增大引起系统压力升高时，定子2会在活塞4的作用下向左移动，导致了偏心距减小，流量减小，液压执行元件的移动速度会相应的减慢；当外载减小时，会引起定子向右移动，移动速度将相应加快。

(4) 当泵的出口压力由于系统的超载或过载而超过调压弹簧9和调压螺钉10所调定的最高限定压力 p_B 时，调压弹簧9将处于最大压缩状态，活塞4将定子2压到最左位置，此时的定子偏心距为零（或接近于零），泵将停止向外供油，从而防止了出口压力的继续升高，起到了安全保护的作用。

由于这种泵的最高输出压力可以通过调压弹簧9和调压螺钉10来加以控制，所以称为限压式泵。又因为这种泵的反馈控制是作用到定子套的外部，所以也称为外反馈式限压泵。

2. 限压式变量叶片泵的工作特性

限压式变量叶片泵工作特性曲线如图3.18所示，当工作压力 p 小于预先调定的最小限定压力时，液压作用力不能克服弹簧9的作用力，这时定子的偏心距保持最大，泵的输出流量 q_A 将保持最大值。又因供油压力的增大将使泵的泄漏流量 q 也增加，所以泵的实际输出流量 q 略有减少，如图3.18中工作曲线的 AB 段。

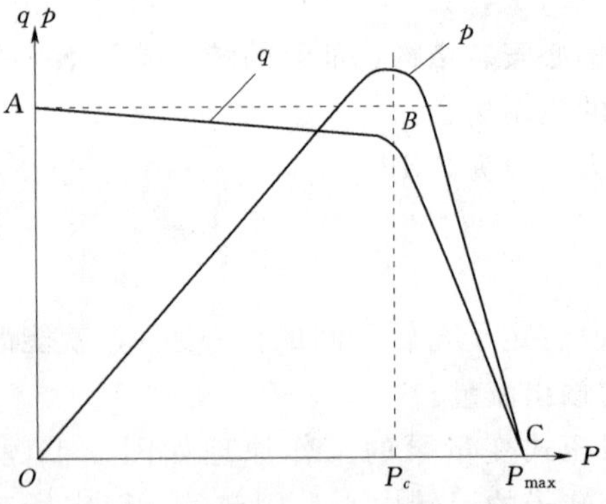

图3.18　限压式变量叶片泵的特性曲线

当工作压力 p 超过最小限定压力时，液压作用力大于弹簧9的作用力，此时弹簧9开始压缩，定子向偏心量减小的方向移动，使泵的输出流量减小，压力愈高，弹簧压缩量愈大，偏心量愈小，输出流量愈小，在弹簧9的有效弹性变形范围内，流量与系统工作压力的关系基本呈特性曲线 BC 段所示的线形变化规律。

调节调压螺钉10可以改变最高调定压力 p_B 的大小，这时特性曲线的 BC 段将左右平移；而改变调压弹簧的刚度，可以改变 BC 段的斜率，弹簧越“软”，BC 段越陡。

调节流量调节螺钉5，可以调节最大偏心距（初始偏心量）的大小，从而改变泵的最大输出流量 q_A，使特性曲线 AB 段上下平移。

3. 限压式变量叶片泵的应用

限压式变量叶片泵结构复杂，轮廓尺寸大，相对运动的机件多，泄漏较大，同时，转子轴上承受较大的不平衡径向液压力，噪声也较大，容积效率和机械效率都没有定量叶片泵高。而从另外一方面看，在泵的工作压力条件下，它能按外载和压力的波动来自动调节流量，节省了能源，减少了油液的发热，对机械动作和变化的外载具有一定的自适应调整性。

限压式变量叶片泵对那些要实现空行程快速移动和工作行程慢速进给（慢速移动）的液压驱动是一种较合适的动力源，一般快速行程需要快的移动速度和大的工作流量，而负载压力较低，这正好对应了特性曲线的 AB 起始段，而工作进给时需要较高压力，同时移动速度较低，所需流量减少，对应了特性曲线的 BC 段。因此，这种泵特别适用于那些要求执行元件有快速、慢速和保压阶段的中、低压系统，有利于节能和简化回路。

3.3.4 双联叶片泵和双级叶片泵

1. 双联叶片泵

双联叶片泵是由两个相互独立的叶片泵装在同一根驱动轴上所组成的。两个泵的外部油路互相独立。两个泵可以共用同一个进油口，但它们的压油口是各自独立的。两个泵可以装在同一个壳体里，也可以各自单独设置外壳。如图 3.19（a）所示的是两个泵共用同一个壳体，但出油口各自独立的双联泵，它们由驱动轴 7 共同带动。图 3.19（b）所示的是它的符号。

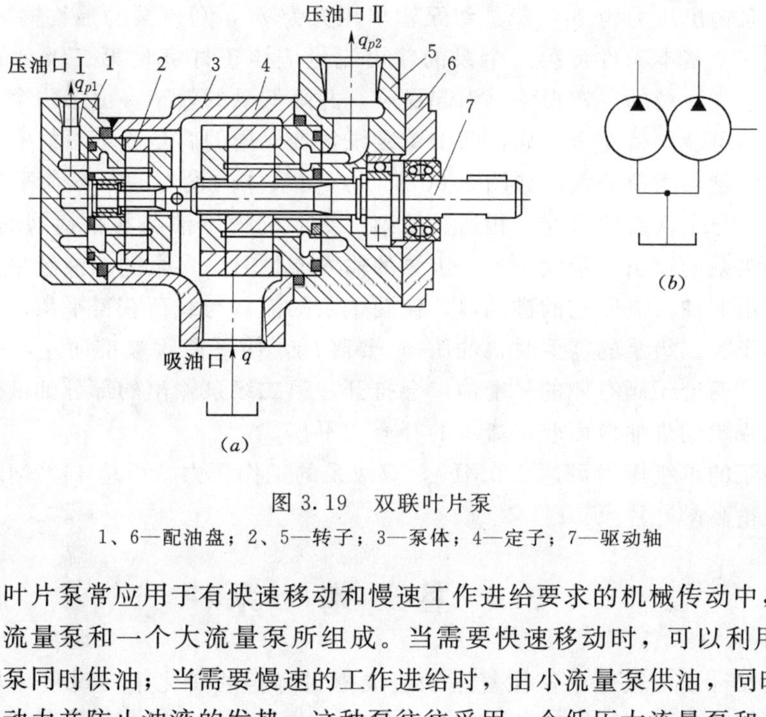

图 3.19 双联叶片泵

1、6—配油盘；2、5—转子；3—泵体；4—定子；7—驱动轴

这种双联叶片泵常应用于有快速移动和慢速工作进给要求的机械传动中，这时的双联泵常由一个小流量泵和一个大流量泵所组成。当需要快速移动时，可以利用大流量泵供油，或者两个泵同时供油；当需要慢速的工作进给时，由小流量泵供油，同时使大流量泵卸荷，以节省动力并防止油液的发热。这种泵往往采用一个低压大流量泵和一个高压小流量泵的双联结构。

2. 双级叶片泵

双级叶片泵是指同一根驱动轴上安装的两个泵串联成为前、后两级的油路关系，即前一个泵的出油口就是后一个泵的进油口，两个叶片泵装在一个泵体内并在油路上相互串接。

双级叶片泵的工作原理如图 3.20 所示，两个单级叶片泵的转子装在同一根传动轴上，当传动轴回转时就带动两个转子一起转动。第一级泵经吸油管从油箱吸油，输出的油液直接送入第二级泵的吸油口，第二级泵的输出油液经管路送往工作系统，从而形成了前、后两级的供油关系。

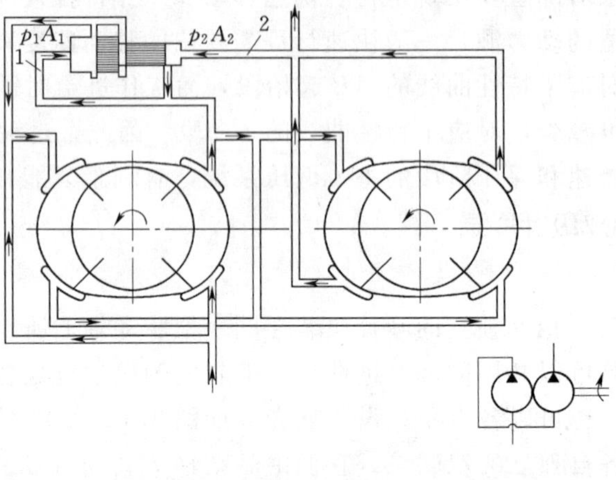

图 3.20　双级叶片泵的工作原理

设第一级泵输出压力为 p_1，第二级泵输出压力为 p_2，则该泵的最终输出压力为 p_1+p_2。但这需要一个基本条件：第一个泵的输出流量应该正好满足第二级泵的输入流量的需要，否则会造成油液的空穴现象，引起噪声，并降低泵的效率。由于两个泵的定子内壁曲线和宽度等不可能做得完全一样，两个单级泵每转一周的容量就不可能完全相等。为了平衡两个泵的流量与载荷关系，如图 3.20 所示，在泵体内设有一个载荷平衡阀，使第一级泵的油液输出与平衡阀的大端 1 相通，使第二级泵的输出油路与平衡阀的小端 2 相通，这样，当第一级泵的输出流量大于第二级泵的输入流量时，多余的油液经平衡阀的大端顶开平衡阀，并由泄油口流回它的进油口，使两个泵的流量与载荷获得平衡；如果第一级泵的输出流量小于第二级泵的需要时，油压 p_1 要降低，使平衡阀被推向左，平衡阀的一级泄油口会关闭，而处于阀右侧的平衡油口会打开，第二级泵输出的部分油液从管路 2 经该阀口流回第二级泵的进油口而获得流量的补充和平衡。

一般这种泵的单级压力可达 7.0MPa，双级泵的工作压力就可达 14.0MPa。这种泵一般应用于压力稍高的叶片泵。

3.4　柱　塞　泵

柱塞泵是靠柱塞在缸体中作往复运动造成密封容积的变化来实现吸油与压油的液压泵，与齿轮泵和叶片泵相比，这种泵有许多优点。首先，构成密封容积的零件为圆柱形的柱塞和缸孔，加工方便，可得到较高的配合精度，密封性能好，泵的内泄漏很小，在高压条件下工作具有较高的容积效率，柱塞泵所容许的工作压力高，这是柱塞泵的最大特点；第二，只需改变柱塞的工作行程就能改变流量，易于实现变量；第三，柱塞泵中的主要零件均受压应力作用，材料强度性能可得到充分利用。

由于柱塞泵的结构紧凑，工作压力高、效率高，流量调节方便，故在需要高压、大流量、大功率的系统中和流量需要调节的场合，如在龙门刨床、拉床、液压机、工程机械、矿山冶金机械、船舶等设备中，得到应用。

柱塞泵按柱塞相对于驱动轴位置的排列方向的不同，可分为径向柱塞泵和轴向柱塞泵两大类。

3.4.1 径向柱塞泵

径向柱塞泵的工作原理如图 3.21 所示，柱塞 1 径向排列装在缸体 2 中，缸体由原动机带动连同柱塞 1 一起旋转，所以缸体 2 一般称为转子，柱塞 1 在离心力（或压力油）的作用下抵紧定子 4 的内壁，当转子按图示方向回转时，由于定子和转子之间有偏心距 e，柱塞绕经上半周时要向外伸出，则柱塞底部的容积会逐渐增大，形成部分真空，因此便经过衬套 3（衬套 3 是压紧在转子内，并和转子一起回转）上的油孔从配油轴 5 的吸油口 b 吸油；当柱塞转到下半周时，定子内壁将柱塞向里推，柱塞底部的容积逐渐减小，向配油轴的压油口 c 压油，当转子回转一周时，每个柱塞底部的密封容积完成一次吸压油，转子连续运转，即完成压吸油工作。

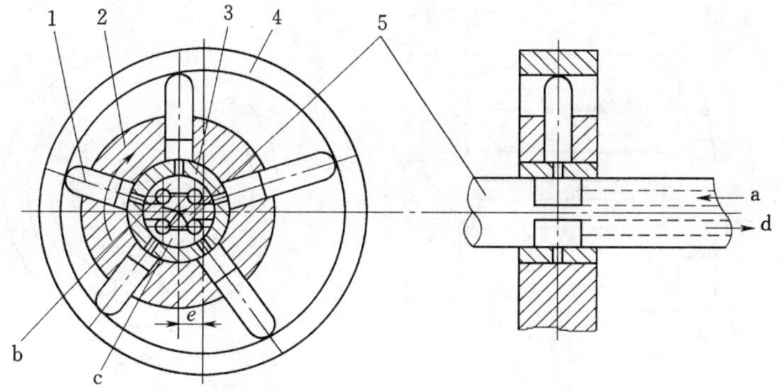

图 3.21　径向柱塞泵的工作原理

1—柱塞；2—缸体；3—衬套；4—定子；5—配油轴

配油轴 5 是固定不动的，油液从配油轴上半部的两个进油孔 a 流入，从下半部两个油压油孔 d 压出。为了实现配油，配油轴在与相衬套 3 接触的部位开有上下两个缺口，从而形成吸油口 b 和压油口 c，而留下的部分则形成封油区。封油区的宽度能封住衬套上的吸压油孔，以防吸油口和压油口相连通。

径向柱塞泵的输出流量受偏心距 e 大小的控制，若偏心距 e 做成可调的（一般是使定子作水平移动以调节偏心距），泵就成为变量泵，偏心的方向改变，进油口和压油口也随之互相变换，这就形成了双向变量泵。

径向柱塞泵的柱塞是沿转子的径向分布的，所以，泵的外形结构尺寸大，且由于配油结构较复杂，自吸能力较差，配油轴的径向作用力不平衡，易单向弯曲并加剧磨损，因此限制了径向柱塞泵的转速和压力的提高，目前径向柱塞泵的应用较少。

3.4.2 轴向柱塞泵

轴向柱塞泵是将多个柱塞配置在一个转子（缸体）的圆周上，并使柱塞轴线与转子轴线相互平行的一种泵。它避免了由于柱塞径向分布所带来的泵的径向尺寸大的缺点，并且其配流结构简单，没有径向力不平衡的问题，所允许的压力和转速都较高，所以得到了较广泛的应用。

1. 轴向柱塞泵

为了构成柱塞的往复运动条件，轴向柱塞泵都具有倾斜结构，所以，轴向柱塞泵根据其倾斜结构的不同分为斜盘式（直轴式）和斜轴式（摆缸式）两种形式。图 3.22 所示为斜盘式轴向柱塞泵的工作原理，这种泵主体由缸体 1、配油盘 2、柱塞 3 和斜盘 4 组成。几个柱塞沿圆周均匀分布在缸体内。斜盘轴线与缸体轴线倾斜一角度，柱塞靠机械装置或在低压油（图中为弹簧）作用下压紧在斜盘上，配油盘 2 和斜盘 4 固定不转，当原动机通过传动轴使缸体转动时，由于斜盘的作用，迫使柱塞在缸体内作往复运动，并通过配油盘的配油窗口进行吸油和压油。

如图 3.22 所示，当柱塞运动到下半圆范围（π～2π）内时，柱塞将逐渐向缸套外伸出，柱塞底部的密封工作容积将增大，通过配油盘的吸油窗口进行吸油；而在 0～π 范围内时，柱塞被斜盘推入缸体，使密封容积逐渐减小，通过配油盘的压油窗口压油。缸体每转一周，每个柱塞各完成吸油、压油一次。

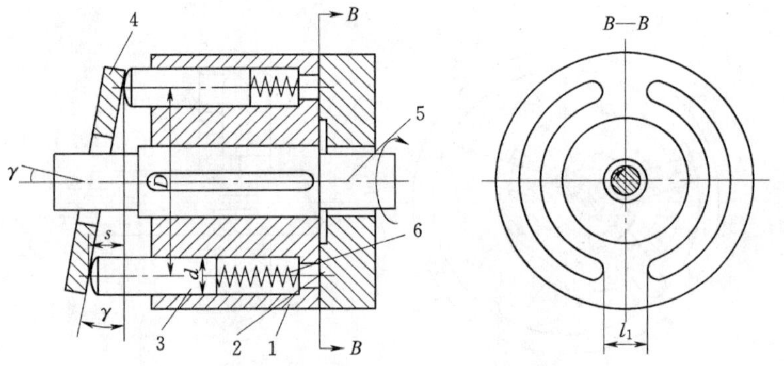

图 3.22　轴向柱塞泵的工作原理

1—缸体；2—配油盘；3—柱塞；4—斜盘；5—传动轴；6—弹簧

改变斜盘倾角，就能改变柱塞行程的长度，即改变液压泵的排量，改变斜盘倾角的方向，就能改变吸油和压油的方向，从而使泵成为双向变量泵。

配油盘上吸油窗口和压油窗口之间的密封区宽度 l 应稍大于柱塞缸体底部通油孔宽度 l_1。但不能相差太大，否则会发生困油现象。一般在两配油窗口的两端部开有小三角槽，以减小冲击和噪声。

2. 斜盘式轴向柱塞泵的一般结构

如图 3.23 所示为一种斜盘式轴向柱塞泵的结构图，它由右边的主体结构和左边的变量调整机构所组成。

其主体部分由装在中间泵体 16 内的缸体 10、柱塞 17、斜盘 4 和配流盘 13 所组成，缸体 10 由传动轴 12 带动进行旋转。在缸体的各个轴向柱塞孔内各装有柱塞 17，柱塞头部与滑履 1 采用球面配合，而外面加以铆合，使柱塞和滑履既不会脱落，又使配合球面间能相对运动；使回程盘 2 和柱塞滑履一同转动时，在排油过程中借助斜盘 4 推动柱塞作轴向运动；弹簧 11 通过钢球 8 推压回程盘 2，以便在吸油时依靠回程盘、钢球和弹簧所组成的回程装置将滑履 1 紧紧压在斜盘 4 的表面上滑动，这样就可以使泵具有自吸能力。在滑履 1 与斜盘 4 相接触的部位有一油室，它通过柱塞 17 中间的小孔与缸体 10 中的工作腔相连，以便使压力油进入油室后在滑履与斜盘的接触面间形成一层油膜，起到静压支承的作用，使滑履作用在斜盘上的力大大减小，磨损也减小。传动轴 12 通过其左端的花键来

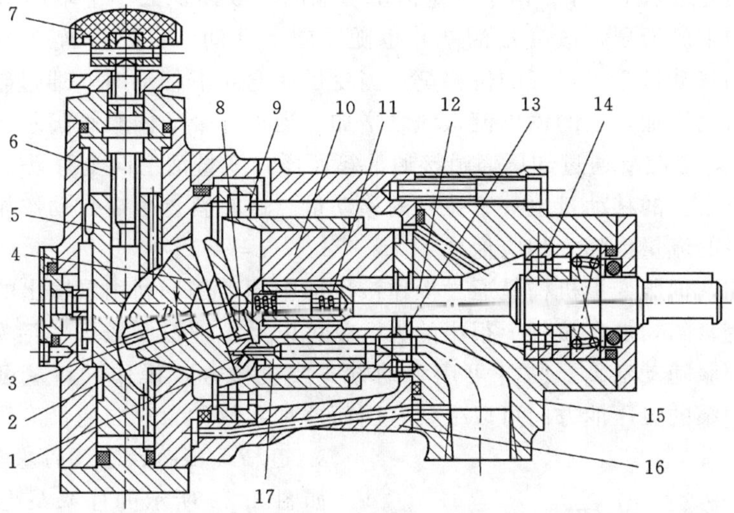

图 3.23 斜盘式轴向柱塞泵

1—滑履；2—回程盘；3—销轴；4—斜盘；5—变量活塞；6—螺杆；7—手轮；8—钢球；9—大轴承；10—缸体；11—中心弹簧；12—传动轴；13—配流盘；14—前轴承；15—前泵体；16—中间泵体；17—柱塞

带动缸体 10 进行旋转，柱塞在随缸体旋转的同时在缸体中作往复运动。缸体中柱塞底部的密封工作容积是通过配流盘 13 与泵的进出口相通的。随着传动轴的转动，液压泵就连续地吸油和排油。

缸体 10 通过大轴承 9 支承在中间泵体上，这样斜盘 4 通过柱塞作用在缸体上的径向分力可以由大轴承承受，使传动轴 12 不受弯矩，并改善了缸体的受力状态，从而保证缸体端面与配流盘更好地接触。

左边的变量调整机构用来进行输出流量的调节。在变量轴向柱塞泵中都设置有专门的变量调整机构，可以用来改变斜盘倾角的大小，以调节泵的流量。

轴向柱塞泵的变量控制形式一般有手动控制和液压伺服控制两种。如图 3.23 所示为手动变量控制机构，其工作原理为：转动手轮 7，使螺杆 6 转动，可以使变量活塞 5 做上下移动，从而带动插入变量活塞 5 下端的斜盘 4 绕着外壳上的圆弧面进行摆动，使斜盘 4 的倾斜角度发生改变，达到了手动控制输出流量的目的。

如图 3.24 所示为一种液压伺服变量控制机构，其控制机构由壳体 5 和随动活塞 4 所组成。其基本工作原理为：泵输出的压力油由通道经单向阀 a 进入变量机构壳体 5 的下腔 d，液压力作用在变量活塞 4 的下端。当与伺服阀阀芯 1 相连接的拉杆不动时（图示状态），变量活塞 4 的上腔 g 处于封闭状态，变量活塞不动，斜盘 3 在某一相应的位置上。当使拉杆向下移动时，推动阀芯 1 一起向下移动，d 腔

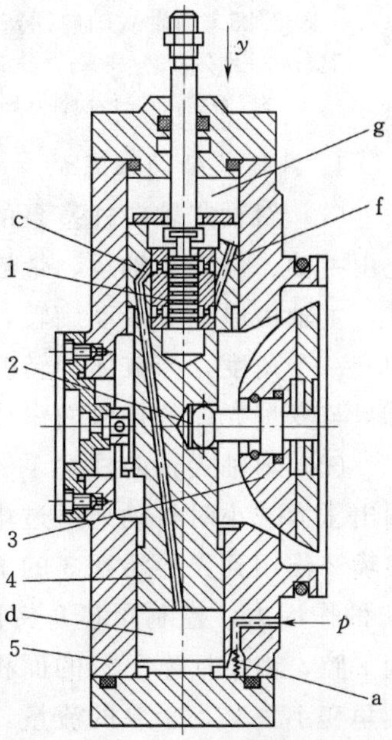

图 3.24 液压伺服变量机构

1—阀芯；2—铰链；3—斜盘；4—活塞；5—壳体

的压力油经通道e进入上腔g。由于变量活塞上端的有效面积大于下端的有效面积，向下的液压力大于向上的液压，故变量活塞4也随之向下移动，直到将通道e的油口封闭为止。变量活塞的移动量等于拉杆的位移量。当变量活塞向下移动时，通过轴销带动斜盘3摆动，斜盘倾斜角增加，泵的输出流入随之增加；当拉杆带动伺服阀阀芯向上运动时，阀芯将通道f打开，上腔g通过卸压通道接通油箱而压，变量活塞向上移动，直到阀芯将卸压通道关闭为止。它的移动量也等于拉杆的移动量。这时斜盘也被带动作相应的摆动，使倾斜角减小，泵的流量也随之相应地减小。

由上述可知，伺服变量机构是通过操作液压伺服阀动作，利用泵输出的压力油来推动变量活塞实现变量的，加在拉杆上很小的力，就可以灵敏地控制较大的活塞4，所以变量活塞4被称为伺服随动活塞。拉杆可用手动方式或机械方式操作，斜盘可以倾斜±18°，故在工作过程中泵的吸压油方向可以变换，因而这种泵就称为双向变量液压泵。

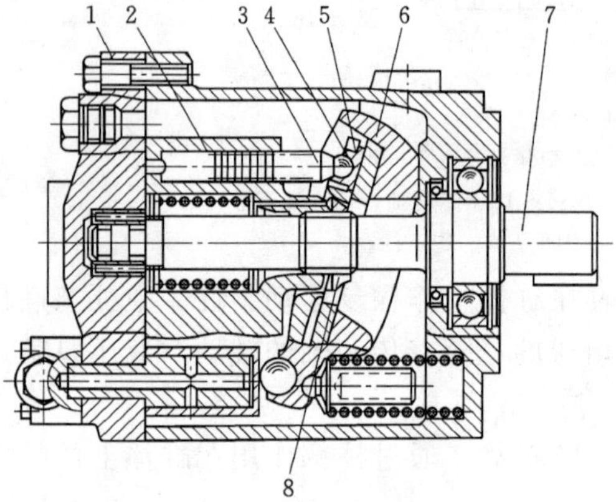

图3.25　通轴式轴向柱塞泵的结构

1—后盖；2—缸体；3—柱塞；4—滑履；5—回程盘；6—斜盘；7—传动轴；8—球铰

3. 通轴式轴向柱塞泵的基本结构

如图3.23所示的柱塞泵也称为非通轴式轴向柱塞泵，其主要缺点之一是要采用大型滚柱轴承来承受斜盘4施加给缸体的巨大径向分力，轴承的寿命较低，且转速不高，噪声大，成本高。为此，近年来发展了一种通轴式向柱塞泵，如图3.25所示为它的典型结构。其工作原理和非通轴式基本相同。不同之处主要在于：通轴泵的主轴直接采用了如图3.25所示的两端支承，使斜盘通过柱塞作用在缸体上的径向分力可以直接由主轴来承受，因而取消了缸体外缘的大轴承，使通轴泵的转速得以提高。

4. 斜轴式轴向柱塞泵

(1) 斜轴式轴向柱塞泵的结构。如图3.26所示为斜轴式单向变量泵的一种典型结构，它由主轴、泵壳、轴承、带连杆的柱塞、中心轴、缸体、配流盘和变量机构等主要部分组成。主轴由原动机带动旋转，并通过连杆、柱塞带动缸体旋转。由于缸体轴线与转动轴线相交一个角度，当缸体旋转时，柱塞在缸体内作往复运动，并通过配流盘吸油和压油。配流盘与变量壳体的接触面做成弧形，通过一个拨销将配流盘与变量机构连接起来。

(2) 斜轴式轴向柱塞泵的自动补偿原理。这种泵通过右边的自动补偿调整机构可以在输出压力减小时自动地通过增加流量来补偿和调整压力。当负载压力升高时，压力油通过喷嘴2作用到先导活塞3的上端，并推动导杆4和控制阀芯9，由于此推力大于调节弹簧11的作用力，控制阀芯9将向下移动，使压力油通过阀套10的径向孔进入变量活塞13的下腔，由于活塞下端的面积大而上端面积小，活塞13将向上移动，从而带动缸体16使摆角变小，减小了泵的流量，实现了变量的目的。与此同时，套在导杆上的大小弹簧也受到压力，该压力通过导杆作用于先导活塞上，使先导活塞下端受到的力与上端的液压力相平衡，导杆对控制阀芯的压力减小，使控制阀芯上移直到阀套径向孔被关闭，于是变量活塞就固定在某一个位置上。反之，当负载压力减小时，调节弹簧通过作用力控制阀芯、导

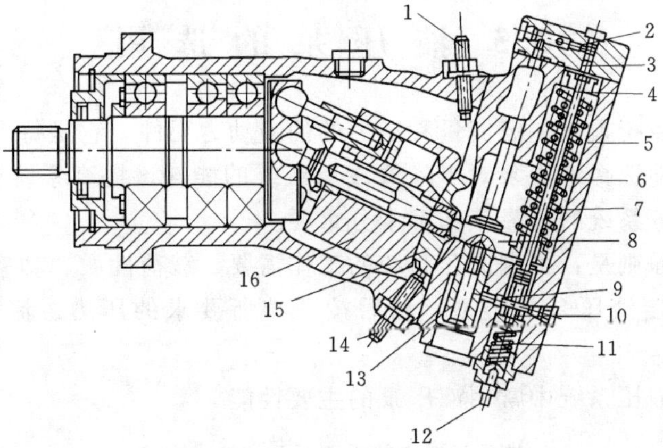

图 3.26 斜轴式柱塞泵

1—最小摆角限位螺钉；2—喷嘴；3—先导活塞；4—导杆；5—后盖；6—小弹簧；7—大弹簧；8—拨销；9—控制阀芯；10—阀套；11—调节弹簧；12—调节螺钉；13—活塞；14—最大摆角限位螺钉；15—配流盘；16—缸体

杆传到活塞上的压力大于先导活塞上端的压力时，控制阀芯在调节弹簧的作用下向上移动，将变量活塞大腔的控制油与低压腔沟通，变量活塞小端压力高而大端压力低，变量活塞又在液压力的差值作用下向下移动，通过拨销使缸体与主轴之间的摆角增大，流量增大。同时，大小弹簧对先导活塞的压力减小，先导活塞在上面压力的作用下又推动导杆和控制阀芯下移，直到与调节弹簧力相平衡，这时变量活塞又在某一位置处于新的平衡状态。因此，这种变量方式是使流量随着压力的变化而自动作相应的变化，可以大致保持流量与压力的乘积不变，即恒功率变量。

(3) 斜轴式轴向柱塞泵的特点。与斜盘式泵相比较，这类泵的最大特点是变量范围大，这种斜轴式泵由于柱塞和缸体所受的径向作用力较小，泵的强度较高，允许的倾角较大，所以变量范围较大。一般斜盘式泵的最大倾角为20°左右，而斜轴式泵的最大倾角可达40°。另一方面，由于其结构较复杂，外形尺寸和重量均较大，由于它靠摆动缸体来改变流量，故其体积和变量机构的惯量较大，变量机构动作的响应速度较低。

5. 轴向柱塞泵的结构特点

轴向柱塞泵的优点是：结构紧凑，径向尺寸小，惯性小，容积效率高，目前最高压力可达40MPa，甚至更高，一般用于工程机械、压力机等高压系统中。但其轴向尺寸较大，轴向作用力也较大，结构比较复杂。表3.3为斜盘式轴向柱塞泵技术参数。

表 3.3 **斜盘式轴向柱塞泵技术参数**

基本型号	排量 (mL/r)	压力 (MPa)		转速 (r/min)		变量形式	生产厂家
		额定	最高	额定	最高		
2.5 * CY14 - 1B	3.49	31.5	40	3000		手动变量	①②③④⑤⑥⑦
ZB * 40	40	21	28	1500	2500	ZBSV（手动伺服）	⑧⑨
PVB5	10.55		21		1800	恒压控制	②

注 生产厂家代号：①—上海高压油泵厂；②—邵阳液压件厂；③—启东高压油泵厂；④—天津高压油泵厂；⑤—上海液压件三厂；⑥—沈阳液压机厂；⑦—江阴液压成套设备厂；⑧—上海液压泵厂；⑨—湖南液压件厂。

3.5 液压泵的选用

液压泵是液压系统提供一定流量和压力的油液动力元件，它是每个液压系统不可缺少的核心元件，合理地选择液压泵对于降低液压系统的能耗，提高系统的效率，降低噪声，改善工作性能和保证系统的可靠工作都十分重要。

选择液压泵的原则是：根据液压系统的工作需要、载荷性质、功率大小和对工作性能的其他要求，先确定液压泵的类型，然后按系统所要求的压力、流量大小确定其规格型号。

表3.5列出了液压系统中常用液压泵的主要性能。

表3.5　　液压系统中常用液压泵的性能比较

性　能	外啮合齿轮泵	双作用叶片泵	限压式变量叶片泵	径向柱塞泵	轴向柱塞泵	螺杆泵
输出压力	低压	中压	中压	高压	高压	低压
流量调节	不能	不能	能	能	能	不能
效率	低	较高	较高	高	高	较高
输出流量脉动	很大	很小	一般	一般	一般	最小
自吸特性	好	较差	较差	差	差	好
对油的污染敏感性	不敏感	较敏感	较敏感	很敏感	很敏感	不敏感
噪声	大	小	较大	大	大	最小

一般来说，由于各类液压泵各自突出的特点，其结构、功用和转动方式各不相同，因此应根据不同的使用场合选择合适的液压泵。一般在机床液压系统中，往往选用双作用叶片泵和限压式变量叶片泵，而在筑路机械、港口机械以及小型工程机械中往往选择抗污染能力较强的齿轮泵，在负载大、功率大的场合往往选择柱塞泵。

任务实施：

(1) 实施条件：轴向柱塞泵、单双作用叶片泵、齿轮泵。

(2) 实施说明：

1) 通过拆装，掌握液压泵内每个零部件构造，了解其加工工艺要求。

2) 分析影响液压泵正常工作及容积效率的因素，了解易产生故障的部件并分析其原因。

3) 如何解决液压泵的困油问题，从结构上加以分析。

4) 通过实物分析液压泵的工作三要素。

5) 了解如何认识液压泵的铭牌、型号等内容。

6) 掌握液压泵的职能符号及选型要求等。

7) 掌握拆装油泵的方法和拆装要点。

(3) 实施内容：拆装齿轮泵；拆装单双作用叶片泵；拆装轴向柱塞泵。

习　题

3.1　什么是齿轮泵的困油现象？这有什么危害？应怎样消除？

3.2　某液压泵的输出压力为 5MPa，排量为 10mL/r，机械效率为 0.95，容积效率为 0.9，当转速为 1200r/min 时，泵的输出功率和驱动泵的电动机功率各为多少？

3.3　已知轴向柱塞泵的额定压力为 $p=16\text{MPa}$，额定流量 $Q=330\text{L/min}$，设液压泵的总效率为 $\eta=0.9$，机械效率为 $\eta_m=0.93$。求：

(1) 驱动泵所需的额定功率。

(2) 计算泵的泄漏流量。

3.4　一个液压齿轮泵的齿轮模数 $m=4\text{mm}$，齿数 $Z=9$，齿宽 $B=18\text{mm}$，在额定压力下，转速 $n=2000\text{r/min}$ 时，泵的实际输出流量 $Q=30\text{L/min}$，求泵的容积效率。

学习情境4　液压缸的结构分析

学习目标： 液压缸的主要类型及典型结构；单杆双作用液压缸的工作特点和运动速度以及推力的计算；差动液压缸的工作特点和运动速度以及推力的计算；液压缸常见故障及其排除方法。

学习任务： 差动液压缸的工作原理及其计算；液压缸常见故障及其排除方法。

液压缸既是液压传动系统中常用的执行元件，也是一种实现能量转换的元件，它可以将油液的压力能转换为机械能，从而实现执行机构的往复直线运动或摆动，输出力或扭矩。

4.1　液压缸的分类和特点

液压缸按其结构形式，分为直线运动液压缸（如活塞缸、柱塞缸等）和摆动缸。直线运动液压缸可实现往复直线运动，输出推力（或拉力）和线速度。摆动缸可实现小于360°的往复摆动，输出转矩和角速度。按照作用方式不同，分为单作用式和双作用式。

下面分别介绍几种常用的液压缸。

4.1.1　活塞式液压缸

活塞式液压缸根据其使用要求不同可分为双杆式和单杆式两种。

1. 双杆式活塞缸

双杆式活塞缸是活塞两端都有一根直径相等的活塞杆伸出。根据安装方式不同可分为缸筒固定式和活塞杆固定式两种。如图 4.1（*a*）所示为缸筒固定式的双杆活塞缸。它的进、出油口布置在缸筒两端，活塞通过活塞杆带动工作台移动，当活塞的有效行程为 1 时，整个工作台的运动范围为 31，所以机床占地面积大，一般适用于小型机床。当工作台行程要求较长时，可采用如图 4.1（*b*）所示的活塞杆固定的形式，缸体与工作台相连，活塞杆通过支架固定在机床上，动力由缸体传出。这种安装形式中，工作台的移动范围只等于液压缸有效行程 1 的两倍，因此占地面积小。进、出油口可以设置在固定不动的空心

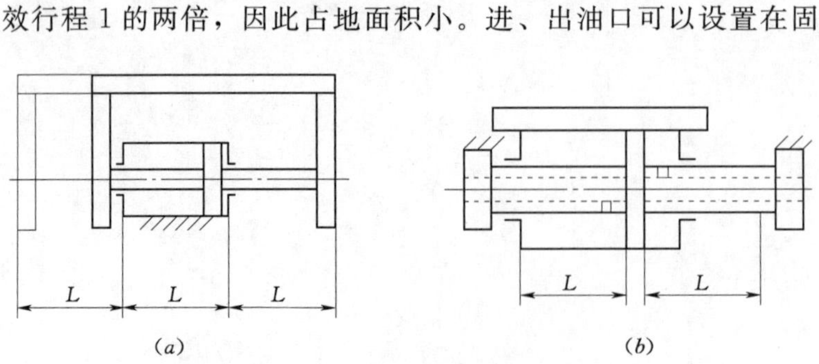

图 4.1　双杆活塞缸

的活塞杆的两端，但必须使用软管连接。

由于双杆活塞缸两端的活塞杆直径通常是相等的，因此它左、右两腔的有效面积也相等。当分别向左、右腔输入相同压力和相同流量的油液时，液压缸左、右两个方向的推力和速度相等。活塞的直径为 D，活塞杆的直径为 d，液压缸进、出油腔的压力为 p_1 和 p_2，输入流量为 q，双杆活塞缸的推力 F 和速度 v 为

$$F=A(p_1-p_2)=\pi(D^2-d^2)(p_1-p_2)/4 \tag{4-1}$$

$$v=q/A=4q/\pi(D^2-d^2) \tag{4-2}$$

式中：d 为活塞杆直径；D 为活塞直径；p_1、p_2 为液压缸进、出油腔的工作压力；q 为输入液压缸的流量。

双杆活塞缸在工作时，设计成一个活塞杆是受拉的，而另一个活塞杆不受力，因此这种液压缸的活塞杆可以做得细些。

2. 单杆式活塞缸

如图 4.2 所示，活塞只有一端带活塞杆，单杆活塞缸也有缸体固定和活塞杆固定两种形式，但它们的工作台移动范围都是活塞有效行程的两倍。

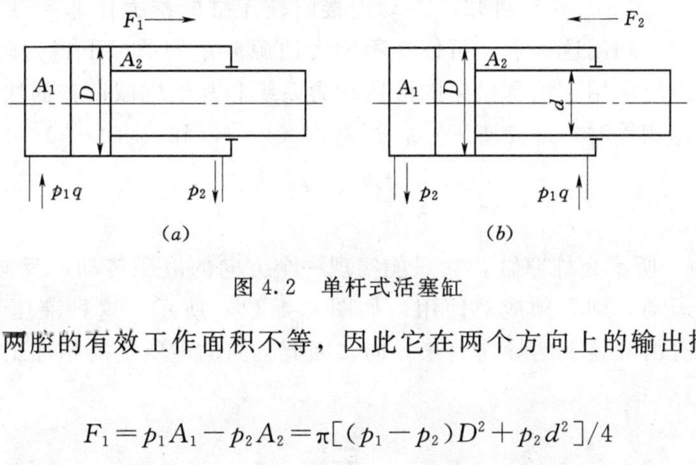

图 4.2 单杆式活塞缸

由于液压缸两腔的有效工作面积不等，因此它在两个方向上的输出推力和速度也不等，其值分别为

$$F_1=p_1A_1-p_2A_2=\pi[(p_1-p_2)D^2+p_2d^2]/4 \tag{4-3}$$

$$v_1=q/A_1=4q/\pi D^2 \tag{4-4}$$

$$F_2=p_1A_2-p_2A_1=\pi[(p_1-p_2)D^2-p_1d^2]/4 \tag{4-5}$$

$$v_2=q/A_2=4q/\pi(D^2-d^2) \tag{4-6}$$

式中：d 为活塞杆直径；D 为活塞直径；p_1 为液压缸的工作压力；q 为输入液压缸的流量。

由式（4-3）～式（4-6）可知，由于 $A_1>A_2$，所以 $F_1>F_2$，$v_1<v_2$。如果把两个方向上的输出速度 v_2 和 v_1 的比值称为速度比，记作 λ，则

$$\lambda=v_2/v_1=1/[1-(d/D)^2] \tag{4-7}$$

因此，活塞杆直径越小，λ 越接近于 1，活塞两个方向的速度差值也就越小。如果活塞杆较粗，活塞两个方向运动的速度差值就较大，可用于快速退回运动。在已知 D 和 λ 的情况下，可以较方便地确定 d。

3. 差动油缸

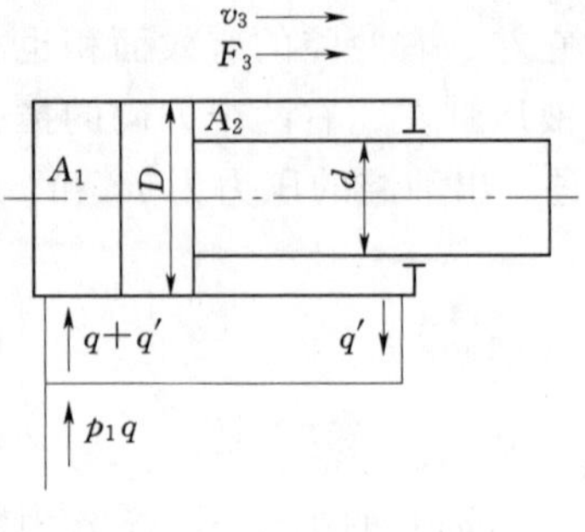

图 4.3 差动缸

如果向单杆活塞缸的左、右两腔用油管连通并同时通入高压油，即差动连接，如图 4.3 所示。作差动连接的单出杆液压缸称为差动液压缸，开始工作时差动缸左、右两腔的油液压力相同，但是由于左腔（无杆腔）的有效面积大于右腔（有杆腔）的有效面积，故活塞向右运动，同时使右腔中排出的油液（流量为 q'）也进入左腔，加大了流入左腔的流量（$q+q'$），从而也加快了活塞移动的速度。实际上活塞在运动时，由于差动连接时两腔间的管路中有压力损失，所以右腔中油液的压力稍大于左腔油液压力，而这个差值一般都较小，可以忽略不计，则差动连接时活塞推力 F_3 和运动速度 v_3 为

$$F_3=p_1(A_1-A_2)=\pi d^2 p_1/4 \tag{4-8}$$

$$v_3=\frac{q+q'}{A_1}=\frac{4q}{\pi d^2} \tag{4-9}$$

式中：d 为活塞杆直径；p_1 为液压缸的工作压力；q 为泵输出流量。

由式（4-8）、式（4-9）可知，差动连接时液压缸的推力比非差动连接时小，速度比非差动连接时大，利用这一点，可使在不加大油源流量的情况下得到较快的运动速度，这种连接方式被广泛应用于组合机床的液压动力系统和其他机械设备的快速运动中。如果要求机床往返快速相等时，即使 $v_1=v_2$，则由式（4-6）和式（4-9）可得

$$D=\sqrt{2}d \tag{4-10}$$

4.1.2 柱塞缸

如图 4.4（a）所示为柱塞缸，它只能实现一个方向的液压传动，反向运动要靠外力。若需要实现双向运动，则必须成对使用，如图 4.4（b）所示。这种液压缸中的柱塞和缸筒不接触，运动时由缸盖上的导向套来导向，因此缸筒的内壁不需精加工，它特别适用于行程较长的场合。

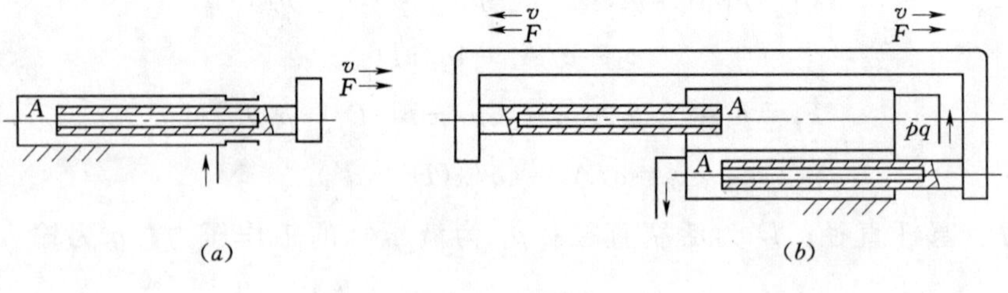

图 4.4 柱塞缸

柱塞缸输出的推力和速度各为

$$F=pA=\pi d^2 p/4 \tag{4-11}$$

$$v=\frac{q}{A_1}=\frac{4q}{\pi d^2} \tag{4-12}$$

式中：d 为柱塞直径；p 为输入柱塞缸的压力；q 为输入柱塞缸的流量。

4.1.3 其他液压缸

1. 增压液压缸

增压液压缸又称增压器，它利用活塞和柱塞有效面积的不同使液压系统中的局部区域获得高压。它有单作用和双作用两种形式，单作用增压缸的工作原理如图 4.6（a）所示。输入活塞缸的液体压力为 p_1，活塞直径为 D，柱塞直径为 d，柱塞缸中输出的液体压力为高压，其值为

$$p_2=p_1\left(\frac{D}{d}\right)^2=Kp_1 \tag{4-13}$$

其中，$K=D^2/d^2$，称为增压比，它代表其增压程度。

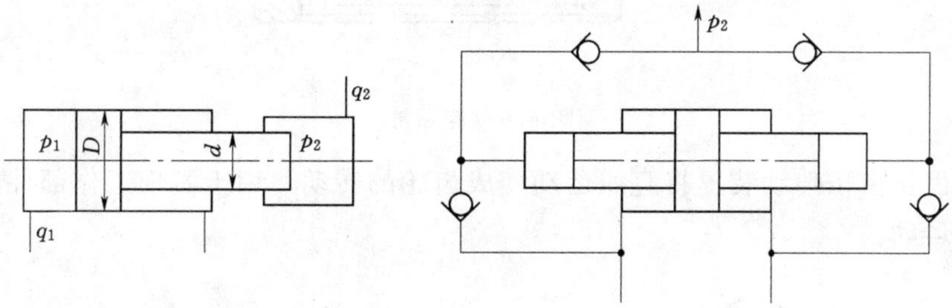

（a）　（b）

图 4.5　增压缸

显然增压能力是在降低有效能量的基础上得到的，也就是说增压缸仅仅是增大输出的压力，并不能增大输出的能量。

单作用增压缸在柱塞运动到终点时，不能再输出高压液体，需要将活塞退回到左端位置，再向右行时才又输出高压液体，为了克服这一缺点，可采用双作用增压缸，如图 4.5（b）所示，由两个高压端连续向系统供油。

在液压系统中，若整个系统需要低压，而局部需要高压，为节省一个高压泵，则可使用增压缸。

2. 伸缩缸

伸缩缸由两个或多个活塞缸套装而成，前一级活塞缸的活塞杆内孔是后一级活塞缸的缸筒，伸出时可获得很长的工作行程，缩回时可保持很小的结构尺寸。典型伸缩缸叠合后的长度在其伸出长度的 20%～40%变化。所以，当安装空间受限制而应用场合又需要长行程时，伸缩缸是最佳的解决方案。

伸缩缸可以是如图 4.6（a）所示的单作用式，也可以是如图 4.6（b）所示的双作用式，前者靠外力回程，后者靠液压回程。如图 4.6（c）所示的是双作用式伸缩缸结构示意图。

伸缩缸的外伸动作是逐级进行的。先是最大直径的缸筒以最低的油液压力开始外伸，当到达行程终点后，稍小直径的缸筒开始外伸，直径最小的末级最后伸出。随着工作级数变大，外伸缸筒直径越来越小，输出推力逐渐减小，工作速度逐渐加大。

3. 齿轮缸

齿轮缸由两个柱塞缸和一套齿条传动装置组成，如图 4.7 所示。压力油推动柱塞的直

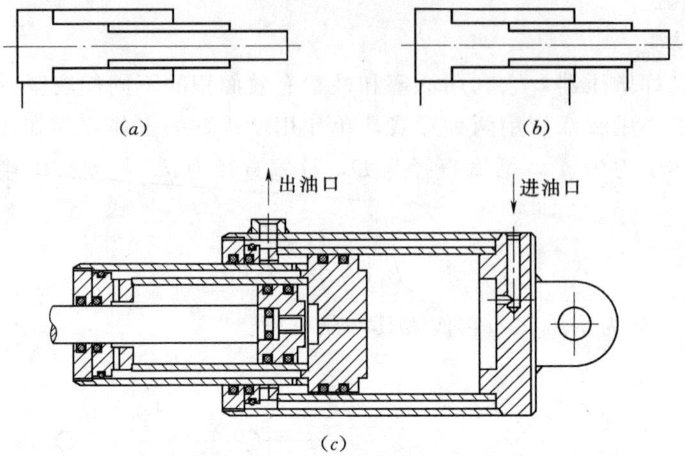

图 4.6　伸缩缸

线运动，经齿轮齿条传动装置将直线运动变成齿轮的转动，用于实现工作部件的往复摆动或间歇进给运动。

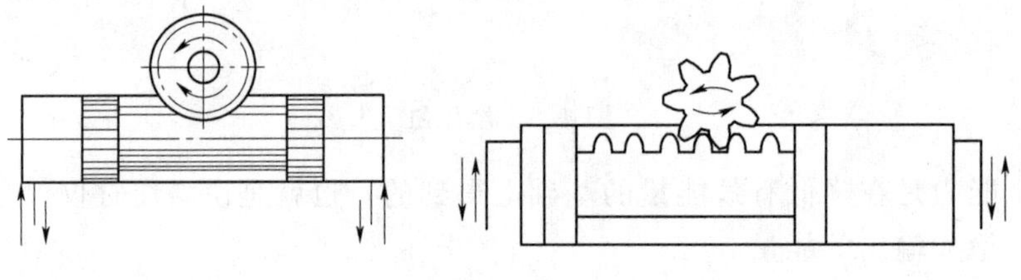

图 4.7　齿轮缸

4.2　液压缸的结构

4.2.1　液压缸的典型结构举例

如图 4.8 所示的是一个较常用的双作用单活塞杆液压缸。它是由缸底 1、缸筒 11、缸盖 15、活塞 8、活塞杆 12、导向套 13 和密封装置等零件组成。缸筒一端与缸底焊接，另

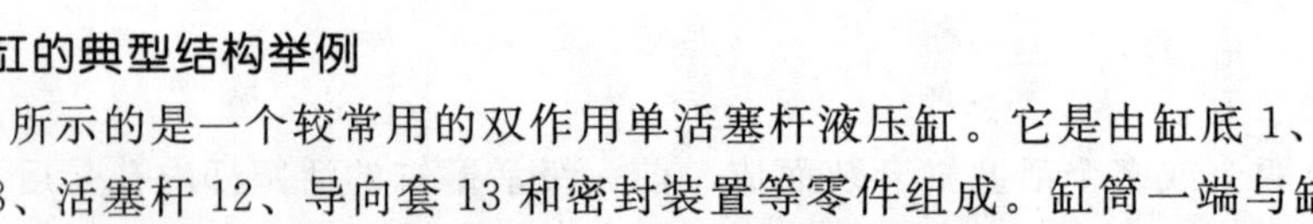

图 4.8　双作用单活塞杆液压缸

1—缸底；2—缓冲柱塞；3—弹簧卡圈；4—挡环；5—半环；6、10、14、16—密封圈；7、17—挡圈；8—活塞；9—支撑环；11—缸筒；12—活塞杆；13—导向套；15—缸盖；18—锁紧螺钉；19—防尘圈；20—锁紧螺母；21—耳环；22—耳环衬套圈

一端缸盖与缸筒用螺钉连接，以便拆装检修，两端设有油口 A 和 B。活塞 8 与活塞杆 12 利用半环 5、挡环 4 和弹簧卡圈 3 组成的半环式结构连在一起。活塞与缸孔的密封采用的是一对 Y 形聚氨酯密封圈 6，由于活塞与缸孔有一定间隙，采用由尼龙 1010 制成的耐磨环（又叫支承环）9 定心导向。活塞杆 12 和活塞 8 的内孔由 O 形密封圈 10 密封。较长的导向套 13 则可保证活塞杆不偏离中心，导向套外径由 O 形圈 14 密封，而其内孔则由 Y 形密封圈 16 和防尘圈 19 分别防止油外漏和灰尘带入缸内。缸通过杆端销孔与外界连接，销孔内有尼龙衬套抗磨。

如图 4.9 所示为一空心双活塞杆式液压缸的结构。液压缸的左右两腔是通过油口 b 和 d 经活塞杆 1 和 15 的中心孔与左右径向孔 a 和 c 相通的。由于活塞杆固定在床身上，缸体 10 固定在工作台上，工作台当径向孔 c 接通压力油，径向孔 a 接通回油时向右移动；反之则向左移动。在这里，缸盖 18 和 24 是通过螺钉（图中未画出）与压板 11 和 20 相连，并经钢丝环 12 相连，左缸盖 24 空套在托架 3 孔内，可以自由伸缩。空心活塞杆的一端用堵头 2 堵死，并通过锥销 9 和 22 与活塞 8 相连。缸筒相对于活塞运动由左右两个导向套 6 和 19 导向。活塞与缸筒之间、缸盖与活塞杆之间以及缸盖与缸筒之间分别用 O 形密封圈 7、V 形密封圈 4、17 和纸垫 13、23 进行密封，以防止油液的内、外泄漏。缸筒在接近行程的左右终端时，径向孔 a 和 c 的开口逐渐减小，对移动部件起制动缓冲作用。为了排除液压缸中剩留的空气，缸盖上设置有排气孔 5 和 14，经导向套环槽的侧面孔道（图中未画出）引出与排气阀相连。

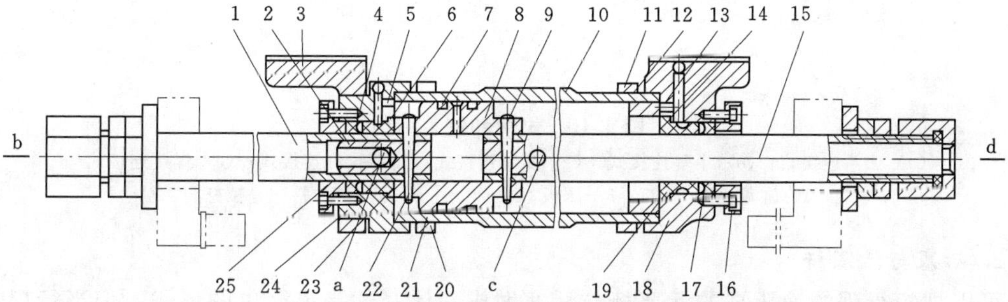

图 4.9 空心双活塞杆式液压缸的结构

1、15—活塞杆；2—堵头；3—托架；4、17—V 形密封圈；5、14—排气孔；6、19—导向套；7—O 形密封圈；8—活塞；9、22—锥销；10—缸体；11、20—压板；12、21—钢丝环；13、23—纸垫；16、25—压盖；18、24—缸盖

4.2.2 液压缸的组成

从上面所述的液压缸典型结构中可以看到，液压缸基本上由缸筒和缸盖、活塞与活塞杆、密封装置、缓冲装置和排气装置五部分组成，分述如下。

1. 缸筒和缸盖

一般来说，缸筒和缸盖的结构形式和其使用的材料有关。工作压力 $p<10$MPa 时，使用铸铁；$p<20$MPa 时，使用无缝钢管；$p>20$MPa 时，使用铸钢或锻钢。

如图 4.10 所示为缸筒和缸盖的常见结构形式。如图 4.10（*a*）所示为法兰连接式，结构简单，容易加工，也容易装拆，但外形尺寸和重量都较大，常用于铸铁制的缸筒上。如图 4.10（*b*）所示为半环连接式，它的缸筒外壁因开了环形槽而削弱了强度，为此有时要加厚缸壁，它容易加工和装拆，重量较轻，常用于无缝钢管或锻钢制的缸筒上。如图4.10（*c*）所示为螺纹连接式，它的缸筒端部结构复杂，外径加工时要求保证内外径同心，装拆要使用专用工具，它的外形尺寸和重量都较小，常用于无缝钢管或铸钢制的缸筒上。如图4.10（*d*）所示为拉杆连接式，结构的通用性大，容易加工和装拆，但外形尺寸较大，且较重。如图4.10（*e*）所示为焊接连接式，结构简单，尺寸小，但缸底处内径不易加工，且可能引起变形。

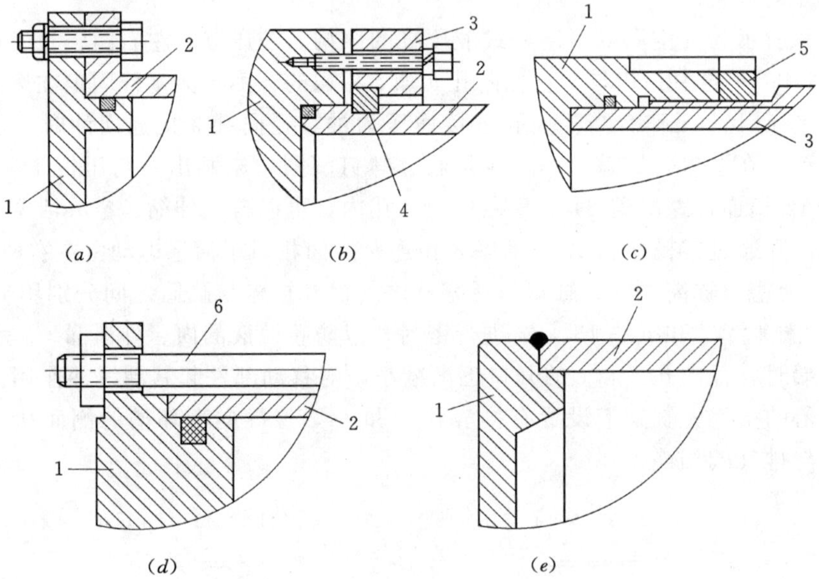

图4.10 缸筒和缸盖结构

（*a*）法兰连接式；（*b*）半环连接式；（*c*）螺纹连接式；（*d*）拉杆连接式；（*e*）焊接连接式

1—缸盖；2—缸筒；3—压板；4—半环；5—防松螺帽；6—拉杆

2. 活塞与活塞杆

可以把短行程的液压缸的活塞杆与活塞做成一体，这是最简单的形式。但当行程较长时，这种整体式活塞组件的加工较费事，所以常把活塞与活塞杆分开制造，然后连接成一体。如图4.11所示为几种常见的活塞与活塞杆的连接形式。

如图4.11（*a*）所示为活塞与活塞杆之间采用螺母连接，它适用负载较小，受力无冲击的液压缸中。螺纹连接虽然结构简单，安装方便可靠，但在活塞杆上车螺纹将削弱其强度。图4.11（*b*）和（*c*）所示为半环式连接方式。图4.11（*b*）中活塞杆上开有一个环形槽，槽内装有两个半环以夹紧活塞，半环由轴套套住，而轴套的轴向位置用弹簧卡圈来固定。图4.11（*c*）中的活塞杆，使用了两个半环，它们分别由两个密封圈座套住，半圆形的活塞安放在密封圈座的中间。半环连接一般用在高压大负荷的场合，特别是当工作设备有较大振动的情况下。图4.11（*d*）所示是一种径向锥销式连接结构，用锥销把活塞固连在活塞杆上。这种连接方式特别适用于双出杆式活塞，对于轻载的磨床更为适宜。

3. 密封装置

液压缸高压腔中的油液向低压腔泄漏称为内泄漏，液压缸中的油液向外部泄漏称为外

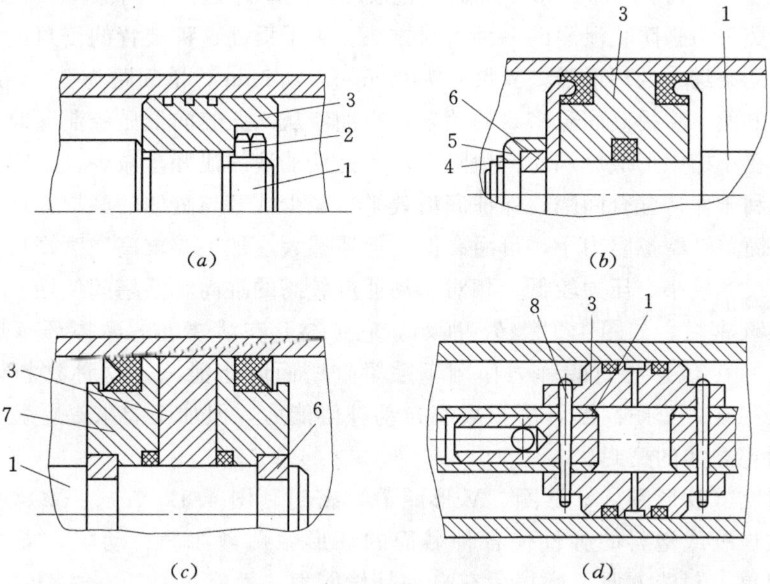

图 4.11 活塞与活塞杆的结构

(a) 螺纹连接；(b) 单半环连接；(c) 双半环连接；(d) 锥销连接

1—活塞杆；2—螺母；3—活塞；4—弹簧卡圈；5—轴套；6—半环；7—密封圈座；8—锥销

泄漏。由于液压缸存在内泄漏和外泄漏，使得液压缸的容积效率降低，从而影响液压缸的工作性能，严重时使系统压力上不去，甚至无法工作；并且外泄漏还会污染环境，因此为了防止泄漏的产生，液压缸中需要密封的地方必须采取相应的密封措施。液压缸中需要密封的部位有活塞、活塞杆和端盖等处。

设计和选用密封装置的基本要求是：密封装置应具有良好的密封性能，并随压力的增加能自动提高；动密封处运动阻力要小，密封装置要耐油抗腐蚀、耐磨、寿命长、制造简单、拆装方便。常用的密封装置如图 4.12 所示。

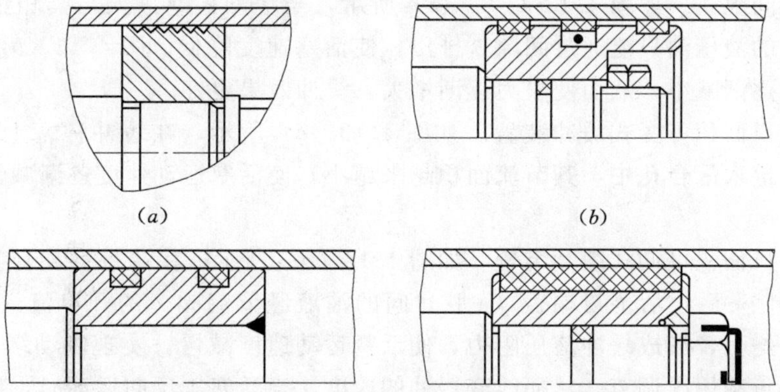

图 4.12 密封装置

(a) 间隙密封；(b) 摩擦环密封；(c) 密封圈密封；(d) 密封圈密封

(1) 间隙密封。如图 4.12 (*a*) 所示，它依靠两运动件配合面间保持一很小的间隙，使其产生液体摩擦阻力来防止泄漏的一种密封方法。为了提高这种装置的密封能力，常在活塞的表面上制出几条细小的环形槽，其尺寸为 0.5mm×0.5mm，槽间距为 3～4mm，这些环形槽的作用有两方面：①提高间隙密封的效果，当油液从高压腔向低压腔泄漏时，由于油路截面突然改变，在小槽中形成旋涡而产生阻力，于是使油液的泄漏量减少；②阻止活塞轴线的偏移，从而有利于保持配合间隙，保证润滑效果，减少活塞与缸壁的磨损，增强间隙密封性能。它的结构简单，摩擦阻力小，可耐高温，但泄漏大，加工要求高，磨损后无法恢复原有能力，只有在尺寸较小、压力较低、相对运动速度较高的缸筒和活塞间使用。

(2) 摩擦环密封。如图 4.12 (*b*) 所示，它依靠套在活塞上的摩擦环（尼龙或其他高分子材料制成）在 O 形密封圈弹力作用下贴紧缸壁而防止泄漏。这种材料效果较好，摩擦阻力较小且稳定，可耐高温，磨损后有自动补偿能力，但加工要求高，装拆较不便，适用于缸筒和活塞之间的密封。

(3) 密封圈（O 形圈、Y 形圈、V 形圈等）密封。图 4.12 (*c*)、(*d*) 所示为密封圈密封，它利用橡胶或塑料的弹性使各种截面的环形圈贴紧在静、动配合面之间来防止泄漏。它结构简单，制造方便，磨损后有自动补偿能力，性能可靠，在缸筒和活塞之间、缸盖和活塞杆之间、活塞和活塞杆之间、缸筒和缸盖之间都能使用。

(4) 防尘圈。对于活塞杆外伸部分来说，由于它很容易把脏物带入液压缸，使油液受污染，使密封件磨损，因此常需在活塞杆密封处增添防尘圈，并放在向着活塞杆外伸的一端。

4. 缓冲装置

液压缸一般都设置缓冲装置，特别是对大型、高速或要求高的液压缸，为了防止活塞在行程终点时和缸盖相互撞击，引起噪声、冲击，则必须设置缓冲装置。

缓冲装置的工作原理是利用活塞或缸筒在其走向行程终端时封住活塞和缸盖之间的部分油液，强迫它从小孔或细缝中挤出，以产生很大的阻力，使工作部件受到制动，逐渐减慢运动速度，达到避免活塞和缸盖相互撞击的目的。常见缓冲装置的结构有环状间隙式、节流口面积可变式和节流口面积可调式等，如图 4.13 所示。

(1) 环状间隙式。如图 4.13 (*a*)、(*b*) 所示，当缓冲柱塞进入与其相配的缸盖上的内孔时，孔中的液压油只能通过间隙 δ 排出，使活塞速度降低。图 4.13 (*b*) 活塞设计成锥形，使间隙逐渐减小，从而使阻力逐渐增大，缓冲效果更好。

(2) 节流口面积可变式缓冲装置。如图 4.13 (*c*) 所示，在缓冲柱塞上开有三角槽，随着柱塞逐渐进入配合孔中，其节流面积越来越小，使活塞运动速度逐渐减慢而实现制动缓冲作用。

(3) 节流口面积可调式缓冲装置。如图 4.13 (*d*) 所示，在端盖上装有节流阀，当缓冲凸台进入凹腔 c 后，活塞与端盖（a 腔）间的油液经节流阀 2 的开口流入 c 腔而排出，于是回油阻力增大，形成缓冲液压阻力，使活塞运动速度减慢，实现制动缓冲。节流阀 2 的开口可根据负载情况调节，从而改变缓冲的速度。当活塞 1 反向运动时，压力油由 c 腔经单向阀 3 进入 a 腔，使活塞迅速起动。

5. 排气装置

液压缸在安装过程中或长时间停放重新工作时，液压缸里和管道系统中会渗入空气，

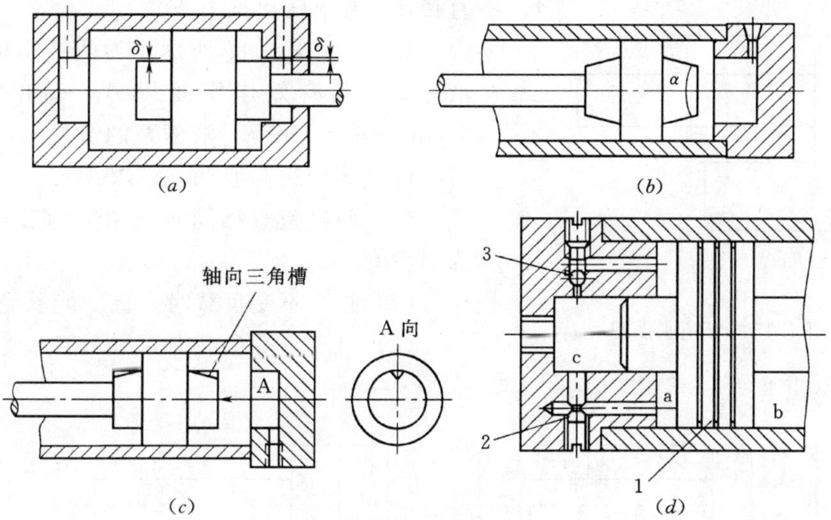

图 4.13 液压缸的缓冲装置

1—活塞；2—节流阀；3—单向阀

为了防止执行元件出现爬行、噪声和发热等不正常现象，需把缸中和系统中的空气排出。一般可在液压缸的最高处设置进出油口把气带走，也可在最高处设置如图 4.14（*a*）所示的排气孔或专门的排气阀，如图 4.14（*b*）、（*c*）所示。

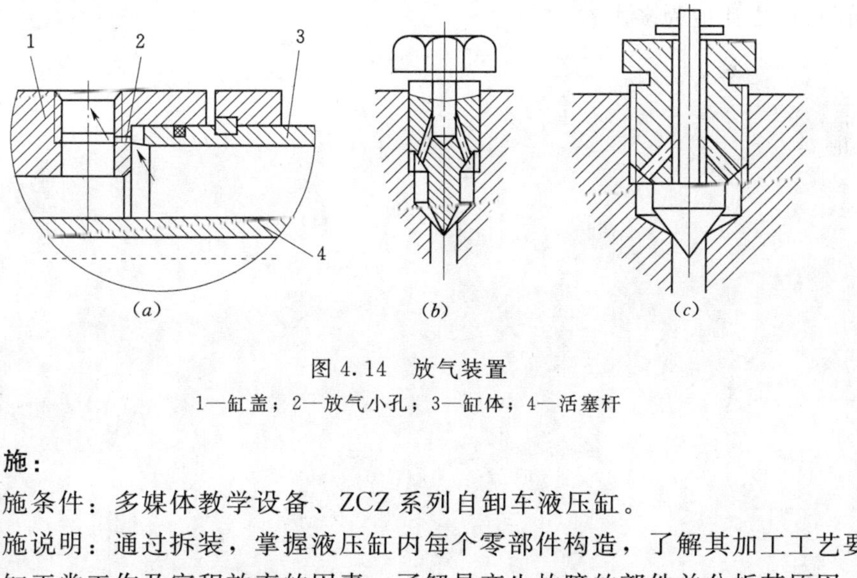

图 4.14 放气装置

1—缸盖；2—放气小孔；3—缸体；4—活塞杆

任务实施：

（1）实施条件：多媒体教学设备、ZCZ 系列自卸车液压缸。

（2）实施说明：通过拆装，掌握液压缸内每个零部件构造，了解其加工工艺要求；分析影响液压缸正常工作及容积效率的因素，了解易产生故障的部件并分析其原因；掌握拆装油缸的方法和拆装要点。

（3）实施内容：ZCZ 系列自卸车液压缸拆装实验。

习 题

4.1 差动连接液压缸如图 4.15 所示。已知进油流量 $q=30\text{L/min}$，进油压力 $p=4\text{MPa}$，要求活塞往复运动速度相等，均为 6m/min。试计算此液压缸筒内径 D 和活塞杆

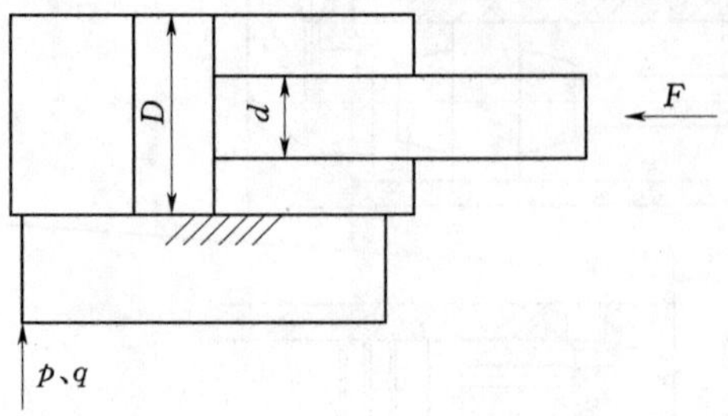

图 4.15　习题 4.1 图

直径 d，并求输出推力 F。

4.2　如图 4.16 所示，为两结构尺寸相同的液压缸，其有效作用面积 $A_1=100\text{cm}^2$，$A_2=80\text{cm}^2$，$p_1=1\text{MPa}$，液压泵的流量 $q_1=12\text{L/min}$，若不计摩擦损失和泄漏，试求：

（1）两缸负载相同时，两缸的负载和速度各为多少？

（2）缸 1 不受负载时，缸 2 能承受多少负载？

（3）缸 2 不受负载时，缸 1 能承受多少负载？

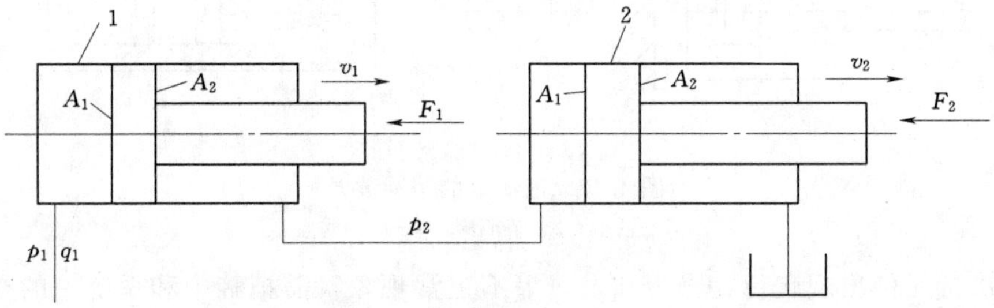

图 4.16　习题 4.2 图

4.3　某一差动液压缸，要求（1）$V_{快进}=V_{快退}$，（2）$V_{快进}=2V_{快退}$时，活塞面积 A_1 和活塞杆面积 A_2 之比应为多少？

学习情境 5　液压控制阀作用分析

学习目标： 三位阀的中位机能及电液换向阀的工作原理；先导式溢流阀的工作原理及溢流阀的应用；调速阀的工作原理及应用；液压控制元件的常见故障及其排除方法。

学习任务： 电流换向阀的工作原理；调速阀的工作原理。

液压控制阀在液压系统中被用来控制液流的压力、流量和方向，从而对执行元件的起动、停止、运动方向、速度、动作顺序和克服负载的能力进行调节与控制。

5.1　液压阀的概述

5.1.1　液压阀的基本结构与原理

液压阀的基本机构主要包括阀芯、阀体和驱动阀芯在阀体内作相对运动的装置。阀芯的主要形式有滑阀、锥阀和球阀；阀体上除有与阀芯配合的阀体孔外，还有外界油管的进出油口；驱动装置可以是手调机构，也可以是弹簧或电磁铁，有时还作用有液压力。液压阀正是利用阀芯在阀体内的相对运动来控制阀口的通断及开口大小，来实现压力、流量和方向控制的。

阀的进出油口一般用符号 A、B、P、T、O 表示。P 是与动力元件相通的油口，T 和 O 是与油箱相通的回油口。A、B 表示与执行元件相通的进出油口。

5.1.2　阀的分类

1. 根据结构形式分类

(1) 滑阀。如图 5.1 (*a*) 所示，阀芯为圆柱形，阀芯台肩的大小直径分别为 D 和 d，与进出油口对应的阀体上开有沉割槽，一般为全圆周。阀芯在阀体孔内做相对运动，开启或关闭阀口。

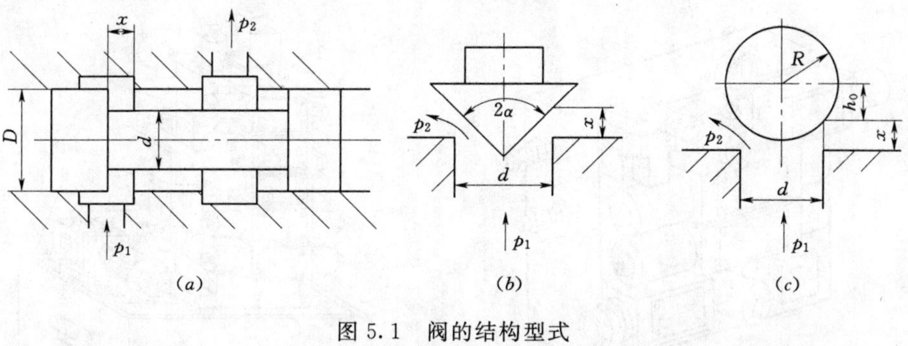

图 5.1　阀的结构型式

(*a*) 滑阀；(*b*) 锥阀；(*c*) 球阀

(2) 锥阀。如图 5.1 (*b*) 所示，锥阀阀芯半锥角 α 一般为 12°～20°，有时为 45°。阀口关闭时为线密封，不仅密封性能好，而且开启阀口时无“死区”，阀芯稍有位移即开启，动作灵敏。

（3）球阀。如图5.1（c）所示，球阀的性能与锥阀相同。

2. 根据用途不同分类

（1）方向控制阀。用来控制和改变液压系统中液流方向的阀类，如单向阀、液控单向阀、换向阀等。

（2）压力控制阀。用来控制或调节液压系统液流压力以及利用压力实现控制的阀类，如溢流阀、减压阀、顺序阀等。

（3）流量控制阀。用来控制或调节液压系统液流流量的阀类，如节流阀、调速阀、二通比例流量阀、溢流节流阀、三通比例流量阀等。

本章各阀的结构、原理就是按这种分类方法介绍的。

3. 根据控制方式不同分类

（1）定值或开关控制阀。被控制量为定值或阀口启闭控制液流通路的阀类，包括普通控制阀、插装阀和叠加阀。

（2）电液比例控制阀。被控制量与输入电信号成比例连续变化的阀类，包括普通比例阀和带内反馈的电液比例阀。

（3）伺服控制阀。被控制量与输入信号及反馈量成比例连续变化的阀类，包括机液伺服阀和电液伺服阀。

（4）数字控制阀。用数字信息直接控制阀口的启闭来控制液流的压力、流量、方向的阀类。

4. 根据安装连接型式不同分类

（1）管式连接。阀体进出油口由螺纹或法兰直接与油管连接，安装方式简单，但元件分散布置，装卸维修不大方便。

（2）板式连接。阀体进出油口通过连接板与油管连接，或安装在集成块侧面由集成块沟通阀与阀之间的油路，并外接液压泵、液压缸、油箱。这种连接形式，元件集中布置，操纵、调整、维修都比较方便。如实验室里的液压实验台一般是板式连接，如图5.2所示。

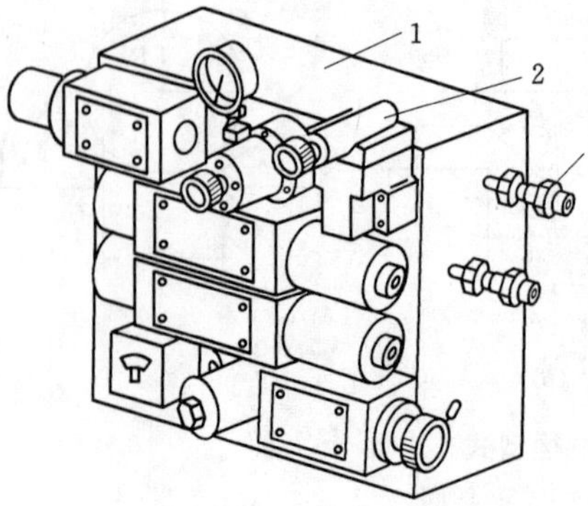

图5.2　板式连接

1—油路板；2—阀体；3—管接头

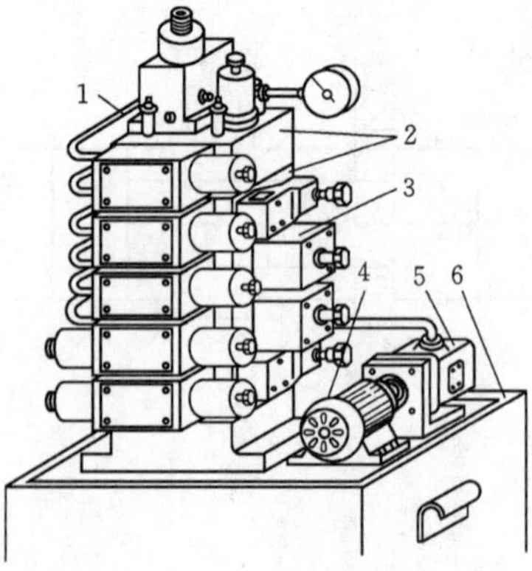

图5.3　集成连接

1—油管；2—集成块；3—阀；
4—电动机；5—液压泵；6—油箱

(3) 插装阀（集成连接）。根据不同功能将阀芯和阀套单独做成组件（插入件），插入专门设计的阀块组成回路，不仅结构紧凑，而且具有一定的互换性，如图 5.3 所示。

(4) 叠加阀。板式连接阀的一种发展形式，阀的上、下面为安装面，阀的进出油口分别在这两个面上。使用时，相同通径、功能各异的阀通过螺栓串联叠加安装在底板上，对外连接的进出油口由底板引出，如图 5.4 所示。

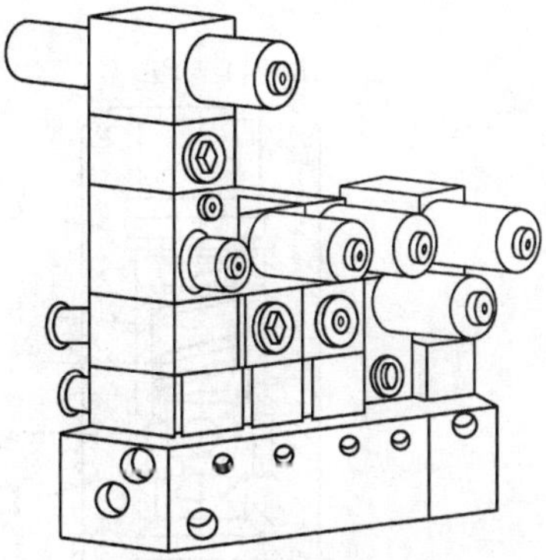

图 5.4 叠加连接

5.1.3 液压阀的性能参数

1. 公称通径

公称通径代表阀的通流能力大小，对应于阀的额定流量。与阀的进出油口连接的油管的规格应与阀的通径相一致。阀工作时的实际流量应小于或等于它的额定流量，最大不得大于额定流量的 1.1 倍。

2. 额定压力

液压控制阀长期工作所允许的最高压力。对压力控制阀，实际最高压力有时还与阀的调压范围有关；对换向阀，实际最高压力还可能受其功率极限的限制。

5.1.4 对液压阀的基本要求

(1) 动作灵敏、使用可靠、工作时冲击和振动要小，噪声要低。

(2) 阀口开启时，作为方向阀，液流的压力损失要小；作为压力阀，阀芯工作的稳定性要好。

(3) 所控制的参量（压力或流量）稳定，受外干扰时变化量要小。

(4) 结构紧凑，安装、调试、维护方便，通用性好。

5.2 方向控制阀

方向控制阀是控制液压系统中油液流动方向或液流的接通与断开，以实现执行元件的启动、停止，进行压力和速度变换的元件，分为单向阀和换向阀两类。

5.2.1 单向阀

单向阀有普通单向阀和液控单向阀两种。

1. 普通单向阀

普通单向阀简称单向阀，是一种只允许油液正向流动，不允许逆向倒流的阀。按进出油液流向的不同分为直通式［图 5.5 (*a*)］和直角式［图 5.5 (*b*)］两种结构，它由阀体、阀芯和弹簧等组成。当液流从进油口 P_1 流入时，油液压力克服弹簧阻力和阀体 1 与阀芯 2 之间的摩擦力，顶开带有锥端的阀芯（在流量较小时，为简化制造，也可用钢球作为阀芯），从出油口 P_2 流出。当液流反向从 P_2 流入时，油液压力使阀芯紧密地压在阀座上，故不能逆流。如图 5.5 (*c*) 所示的是单向阀的符号。

单向阀的开启压力是指正向导通时进口 P_1 和出口 P_2 的压力差。为使单向阀灵敏可

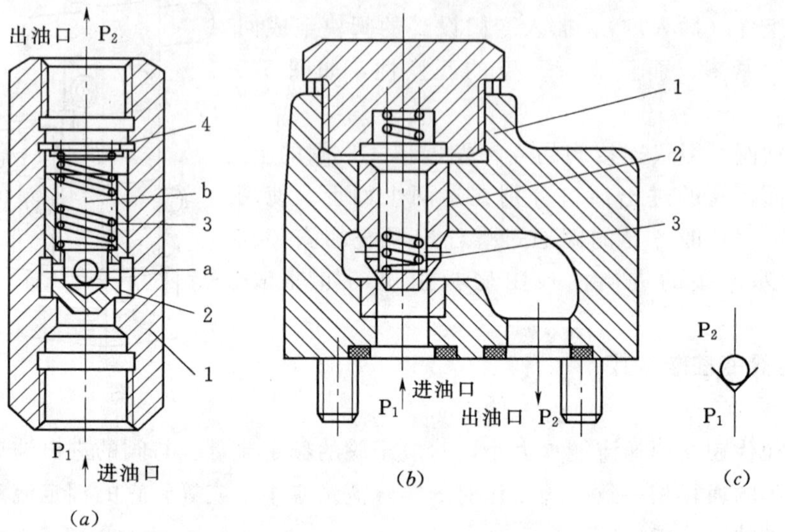

图 5.5　普通单向阀

1—阀体；2—阀芯；3—弹簧；4—挡圈

靠，压力损失较小，并具有可靠的密封性能，开启压力大小要合适，一般在 0.04MPa 左右。当利用单向阀作背压阀时，应换刚度较大的弹簧，使其正向导通时，开启压力较大，造成一定的背压，一般背压力在 0.2～0.6MPa。单向阀产品技术参数见表 5.1。

表 5.1　　**单向阀产品技术参数**

型　号	通　径 (mm)	压　力 (MPa)	流　量 (L/min)	生产单位
DF DIF	10 20 32 50 80	21～31.5	25～1200	榆次液压件厂 大连液压件厂 长江液压件厂二厂
S	6 8 10 15 20 25 30	31.5	10～260	德国力士乐公司 北京液压件厂

2. *液控单向阀*

如图 5.6 所示为液控单向阀。由图可知，液控单向阀在结构上比普通单向阀多一个控制油口 K、控制活塞 1 和顶杆 2。

当控制油口 K 处无压力油作用时，液控单向阀与普通单向阀工作相同，即压力油从 P_1 口进入时，可以从 P_2 口流出；反之，压力油从 P_2 口进入时不能从 P_1 口流出。当控制口 K 处通入压力油时，控制活塞 1 的左侧受压力作用，右侧 a 腔和泄油口（图中未示出）相通，活塞右移，通过顶杆 2 将阀芯 3 顶开，使油口 P_2 与 P_1 相通，油液流动方向可以自由改变。由此可见，液控单向阀比普通单向阀多了一种功能，即反向可控开启。液控单向阀的图形符号如图 5.6（*b*）所示。

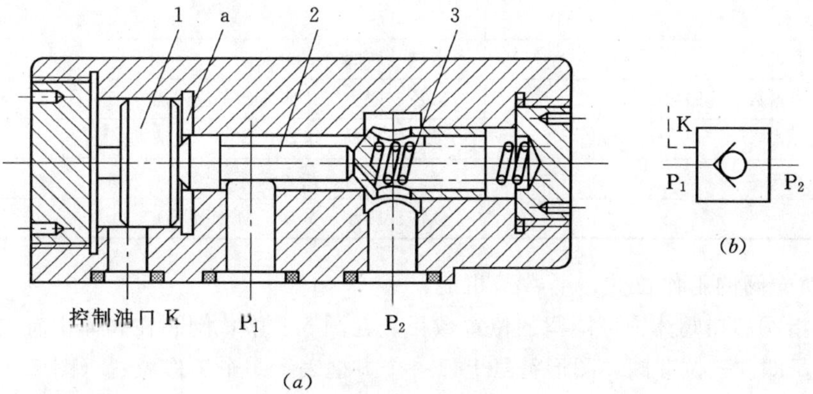

图 5.6 液控单向阀

1—活塞；2—顶杆；3—阀芯

液控单向阀产品技术参数见表 5.2。

表 5.2 液控单向阀产品技术参数

型号	通径 (mm)	压力 (MPa)	流量 (L/min)	生产单位
DFY	10 20 32 50 80	21	25～1200	榆次液压件厂 大连液压件厂
SV/SL	10 15 20 25 30	31.5	80～400	德国力士乐公司 北京液压件厂 上海立新液压件厂

5.2.2 换向阀

换向阀是利用阀芯和阀体间相对位置的改变，来控制油液的流动方向，接通或关闭油路，从而控制执行元件的启动、停止及换向。

5.2.2.1 换向阀的工作原理

如图 5.7 所示为换向阀的工作原理图，在图示状态下液压缸两腔均不通压力油，活塞处于停止状态。若使换向阀的阀芯左移，则阀体上的油口 P 和 A 相通，B 与 O 相通，压力油经 P、A 进入液压缸左腔，活塞右移，液压缸右腔油液经 B 回油箱。反之，若使阀芯右移，则 P 和 B 相通，A 与 O 相通，压力油经 P、B 进入液压缸右腔，液压缸左腔油液回油箱，活塞左移。

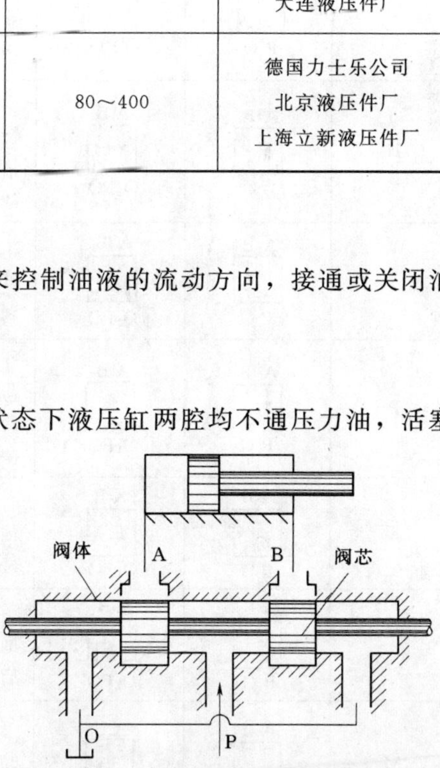

图 5.7 换向阀的工作原理

5.2.2.2 换向阀的分类

根据换向阀阀芯的运动形式、结构特点和控制方式不同可分成不同的类型，见表 5.3。

表 5.3　　换向阀的分类

分类方法	形式
按阀芯运动方式	滑阀、转阀
按阀的工作位置数和通路数	二位三通、二位四通、三位四通
按阀的操纵方式	手动、机动、电动、液动、电液动
按阀的安装方式	管式、板式、法兰式等
按阀的机能	O型、H型、Y型、M型等

5.2.2.3　换向阀的工作位数、通数及机能

位数是指阀芯在阀体中可停留的位置数目。在图5.7中，阀芯在阀体中有左、中、右三个停留位置，即“三位”阀。图形符号上以一个方框表示一个工作位置（图5.8及图5.9）。

通数是指换向阀上油口的数目。在图5.7中，有A、B、P、O（O是通油箱，只算一个油口）四个油口即称四通阀，见表5.4的图形符号。图形符号上一个方框内的箭头或堵塞符号“⊥”与方框的相交点数，即油口的通数。箭头表示两油口连通，但不表示油液的流向，“⊥”表示该油口不通。

表 5.4　　三位换向阀的中位机能

机能形式	中间位置符号		作用、机能特点
	三位四通	三位五通	
O	A B 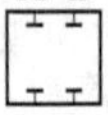 P O	A B 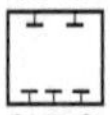 O_1PO_2	在中间位置时，油口全闭，油不流动。液压缸锁紧，液压泵不卸荷，并联的液压缸（或液压马达）运动不受影响。由于液压缸充满油，从静止到启动较平稳；在换向过程中，由于运动惯性引起的冲击较大，换向点重复位置较精确
H	A B 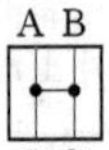 P O	A B 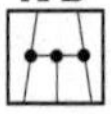 O_1PO_2	在中间位置时，油口全开，液压泵卸荷，液压缸成浮动式。其他执行元件（液压缸或液压马达）不能并联使用。由于液压缸油液流回油箱，从静止到启动有冲击。在换向过程中，由于油口互通，故换向较“O”型平稳，但冲出量较大
Y	A B 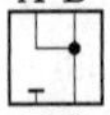 P O	A B  O_1PO_2	在中间位置时，进油口关闭，液压缸浮动，液压泵不卸荷。可并联其他执行元件，其运动不受影响。由于液压缸油液流回油箱，从静止到启动有冲击。换向过程的性能处于“O”与“H”型之间
P	A B 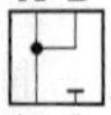 P O	A B 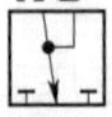 O_1PO_2	在中间位置时，回油口关闭，泵口和两液压缸口连通，液压泵不卸荷，可并联其他执行元件。从静止到启动较平稳。换向过程中液压缸两腔均通压力油，换向时最平稳，冲出量比“H”型小，应用较广，差动液压缸不能停止
K	A B 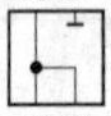 P O	A B  O_1PO_2	在中间位置时，关闭一个液压缸口，用于液压泵卸荷。不能并联其他执行元件。从静止到启动较平稳。换向过程有冲击（比“O”型好），换向点重复精度高
J	A B 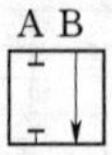 P O	A B 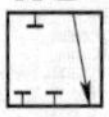 O_1PO_2	在中间位置时，泵口与液压缸相应接口不通，液压缸的一个接口与回油口相通，液压泵不卸荷，可与其他执行元件并联使用。从静止到启动有冲击，换向过程也有冲击
M	A B 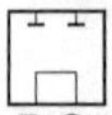 P O	A B 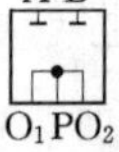 O_1PO_2	在中间位置时，液压泵卸荷，不能并联其他执行元件，从静止到启动较平稳。换向时，与“O”型性能相同。可用于立式或锁紧的系统中

换向阀的机能是换向阀处于中间位置或原始位置时阀中各油口的连通方式。中位机能不同，阀对系统的控制性能也不同。表 5.4 为常用三位换向阀的中位机能及特点。

5.2.2.4 几种常用的换向阀

1. 机动换向阀

机动换向阀又称行程阀。它必须安装在液压缸附近，由运动部件上安装的挡块或凸轮压下阀芯使阀换位。如图 5.8 所示为二位四通机动换向阀的结构原理及符号。机动换向阀通常是弹簧复位式的二位阀。其结构简单，动作可靠，换向位置精度高，通过改变挡块的迎角 α 和凸轮外形，可使阀芯获得合适的换位速度，以减少换向冲击。

机动换向阀的规格型号参见有关产品样本。

2. 电磁换向阀

电磁换向阀是利用电磁铁吸力操纵阀芯换位的换向阀。如图 5.9 所示为三位四通电磁换向阀的结构原理图及其符号。阀的两端各有一个电磁铁和一个对中弹簧，阀芯在常态时处于中位。当右端电磁铁通电吸合时，衔铁通过推杆将阀芯推至左端，换向阀就在右位工作；反之，左端电磁铁通电吸合时，换向阀就在左位工作。

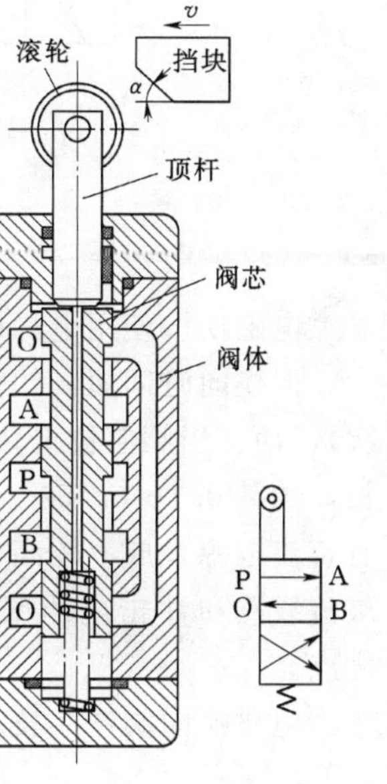

图 5.8 机动换向阀

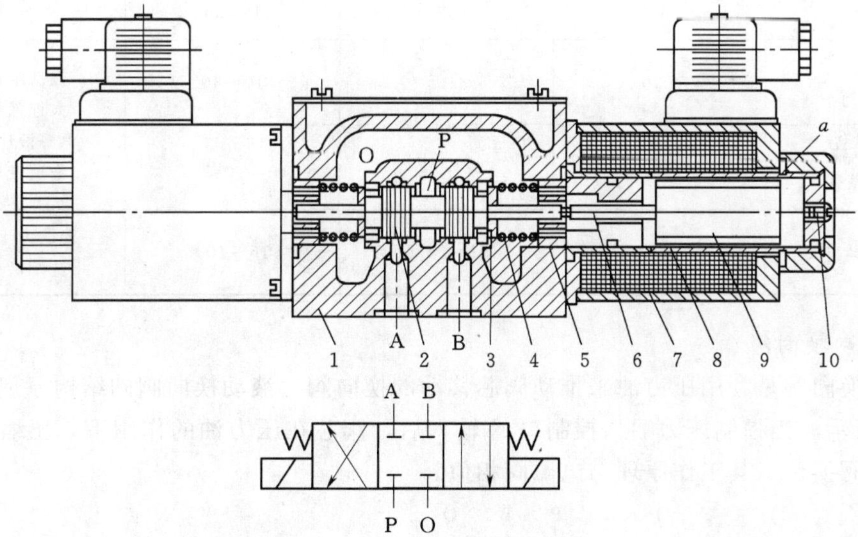

图 5.9 电磁换向阀

1—阀体；2—阀芯；3—弹簧座；4—弹簧；5—挡块；6—推杆；7—线圈；8—密封导磁套；9—衔铁；10—防气螺钉

如图 5.10 所示的是两位四通电磁换向阀的符号，图 5.10（*a*）所示的是弹簧复位式，图 5.10（*b*）所示的是双电磁铁钢球定位式，该阀在电磁铁断电时仍能保持通电时的状态，具有“记忆”功能。因此不但节约了能源，延长了电磁铁的使用寿命，而且不会因为电源因故中断引起系统失灵或出现事故，常用于自动化机械及自动线上。

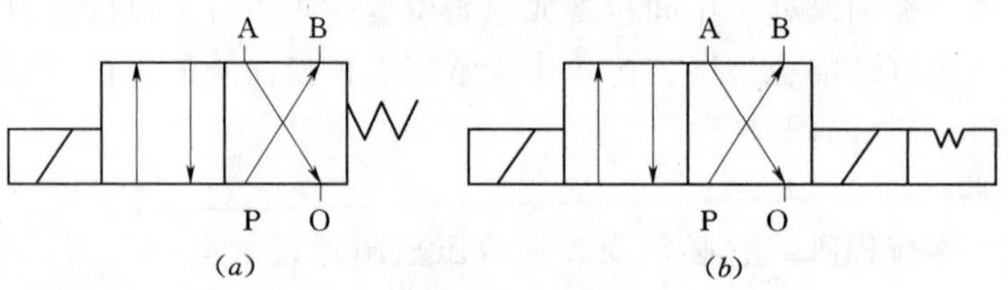

图 5.10　二位四通电磁换向阀的符号

(a) 弹簧复位式；(b) 双电磁铁钢球定位式

电磁铁按使用电源的不同，可分为交流和直流两种。交流电磁铁使用方便，启动力大，但换向时间短，约需 0.01～0.07s，换向冲击大，噪声大，换向频率低（每分钟约 30 次），而且当阀芯被卡住或电压低等原因吸合不上时，易烧坏线圈。直流电磁铁换向时间长，约需 0.1～0.15s，换向冲击小，换向频率高达每分钟 240 次，工作可靠性高，但需有直流电源，成本较高。此外，还有一种本整型（本机整流型）电磁铁，其上附有二极管整流线路和冲击电压吸收装置，能把接入的交流电整流后自用，因而兼有前述两者的优点。

电磁换向阀产品技术参数见表 5.5。

表 5.5　电磁换向阀产品技术参数

型　号	通径 (mm)	压力 (MPa)	流量 (L/min)	生 产 单 位
联合设计 H 系列	6 10	31.5	10～40	榆次液压件厂 大连液压件厂 上海液压件一厂 南通液压件厂
联合设计 B、C 系列	6 10	21.14	7～30	
WE	5 6 10	21～31.5	16～100	德国力士乐公司 沈阳液压件厂

3. 液动换向阀

液动换向阀是利用压力油来推动阀芯移动的换向阀。液动换向阀的结构原理及符号如图 5.11 所示。当控制压力油从控制口 K 输入后，阀芯在压力油的作用下，压缩弹簧产生移动，使阀换位。其工作原理与电磁阀相似。

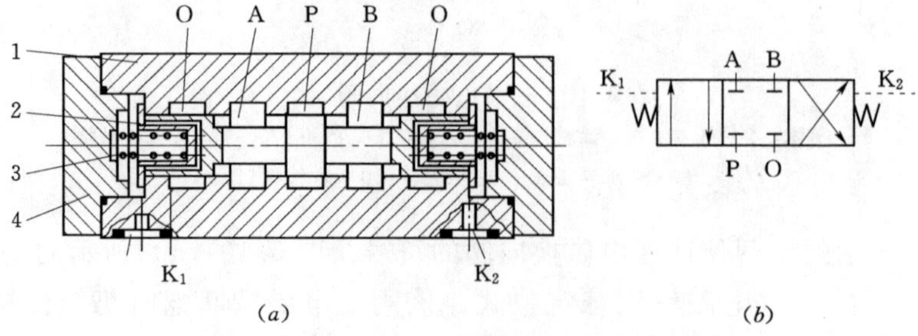

图 5.11　液动换向阀

1—阀体；2—阀芯；3—弹簧；4—端盖

4. 电液换向阀

电磁换向阀布置灵活，易于实现自动化，但电磁铁吸力有限，难于切换大的流量；而液动换向阀一般较少单独使用，需用一个小换向阀来改变控制油的流向，故标准元件通常将电磁阀与液动阀组合在一起组成电液换向阀。电磁阀（称先导阀）用于改变控制油的流动方向，从而导致液动阀（称主阀）换向，改变主油路的通路状态。

如图5.12所示为电液换向阀的结构原理及符号。其中，图5.12（*a*）所示为两端带主阀芯行程调节机构的结构图。工作原理可结合图5.12（*b*）带双点划线方框的组合阀图形符号加以说明。常态时，先导阀和主阀都处于中位，控制油路和主油路均不进油。当左端电磁铁通电时，先导阀处于左位工作，控制油自P′经先导阀作用在主阀左腔K_1，使主阀换向处于左位工作，主阀右端油腔K_2经先导阀回油至油箱，此时，主油路P与B、A与O相通。反之，当先导阀左电磁铁断电，右电磁铁通电时，则主油路油口换接，此时，P与A、B与O相通，实现了换向。如图5.12（*d*）所示为电液换向阀的简化符号。在回路中常以简化符号表示。

下面介绍电液换向阀控制油的进油和回油方式及阀的附加装置。

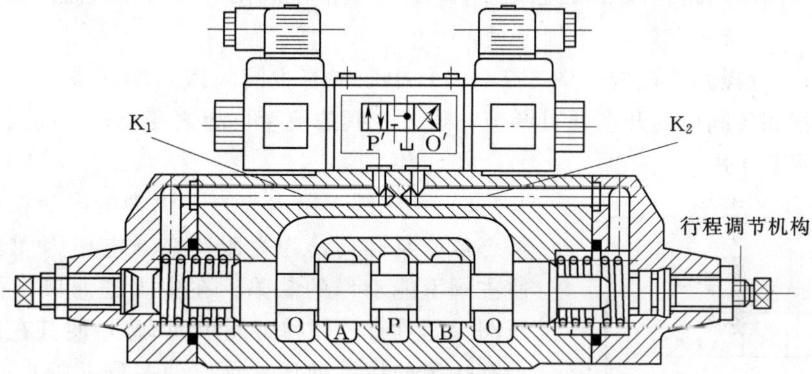

（*a*）

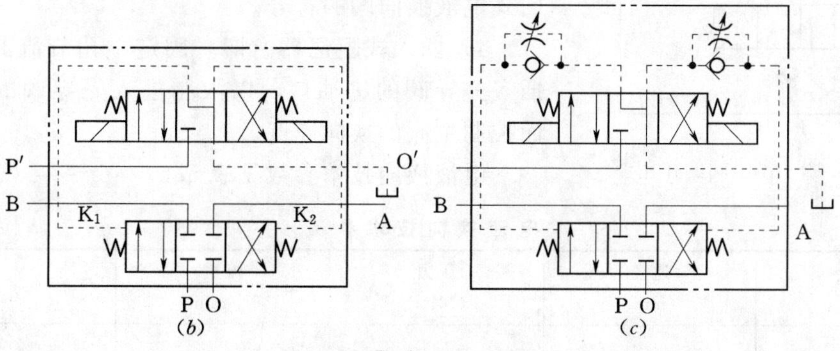

（*b*）　　（*c*）

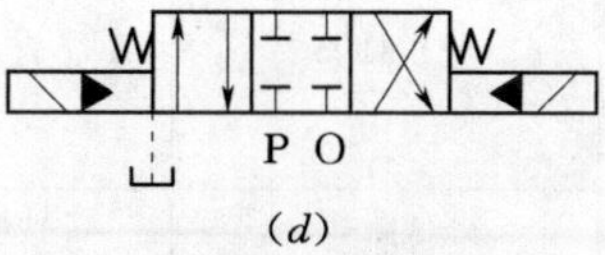

（*d*）

图5.12　电液换向阀

(1) 控制油的进油和回油方式。若进入先导阀的压力油（即控制油）来自主阀的P腔，这种控制油的进油方式称内部控制，即电磁阀的进油口与主阀的P腔是沟通的。其优点是油路简单，但因泵的工作压力通常较高，故控制部分能耗大，只适用于电液换向阀较少的系统。若进入先导电磁阀的压力油引自主阀P腔以外的油路，如专用的低压泵或系统的某一部分，这种控制油的进油方式称为外部控制。若先导电磁阀的回油口单独接油箱，这种控制油的回油方式称为外部回油。若先导阀的回油口与主阀的O腔相通，则称为内部回油。内回式的优点是无需单设回油管路，但先导阀允许背压较小，主回油路的背压必须小于它才能采用，而外回式不受此限制。由此可见，先导阀的进油和回油可以有外控外回、外控内回、内控外回、内控内回四种方式。如图5.12所示为外控外回式。

(2) 电液换向阀供选用的附加装置主要如下。

1) 换向时间调节器。又称阻尼调节器，是一叠加式单向节流阀，可叠放在先导阀与主阀之间。如图5.12 (*c*) 所示为装有双阻尼调节器的电液换向阀的符号。

左电磁铁通电后，控制油经左单向阀抵主阀芯左控制腔，右控制腔回油需经右节流阀才能通过先导阀回油箱。调节节流阀开口，即可调节主阀换向时间，从而消除执行元件的换向冲击。

2) 主阀芯行程调节机构。图5.12 (*a*) 中，调节主阀阀盖两端的螺钉，则主阀芯换位移动的行程和各阀口的开度便可调节，通过主阀的流量也随之变化，因而对执行元件有粗略的速度调节作用。

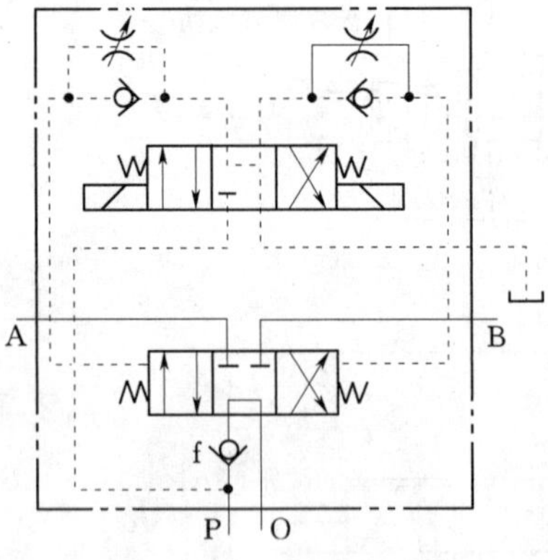

图5.13　预压阀的作用

3) 预压阀。以内控方式供油的电液换向阀，若在常态位使泵卸荷，为克服阀在通电后因无控制油压而使主阀不能动作的缺陷，在主阀进油口中插装一个预压阀（即具有较硬弹簧的单向阀），使其在卸荷状态下仍有一定的控制油压，足以使主阀芯换向。如图5.13所示为一具有M型中位机能、装有预压阀f的内控外回式电液换向阀的符号。

4) 插入式阻尼器。即一固定小孔节流器，必要时插入先导阀的进油口，以限制进入先导阀的流量，从而控制主阀的换向速度。

电液换向技术参数见表5.6。

表5.6　电液换向技术参数

型　号	通径 (mm)	压力 (MPa)	流量 (L/min)	生产单位
联合设计 E Y D	16 20 32 50 65 80	21 31.5	75～1250	①②③
WEH	16 25 32	31.5	170～1100	④⑤⑥⑦

注　生产厂家代号：①—榆次液压件厂；②—邵阳液压件厂；③—上海液压件一厂；④—德国力士乐公司；⑤—北京液压件厂；⑥—上海立新液压件厂；⑦—沈阳液压件厂。

5. 手动换向阀

手动换向阀是用手动杠杆操纵阀芯换位的换向阀。如图 5.14 所示的是手动换向阀的符号。按换向定位方式的不同，分为钢球定位式［图 5.14（*a*）］和弹簧复位式［图 5.14（*b*）］两种。当操纵手柄的外力取消后，前者因钢球卡在定位沟槽中，可保持阀芯处于换向位置，后者则在弹簧力作用下使阀芯自动回复到初始位置。

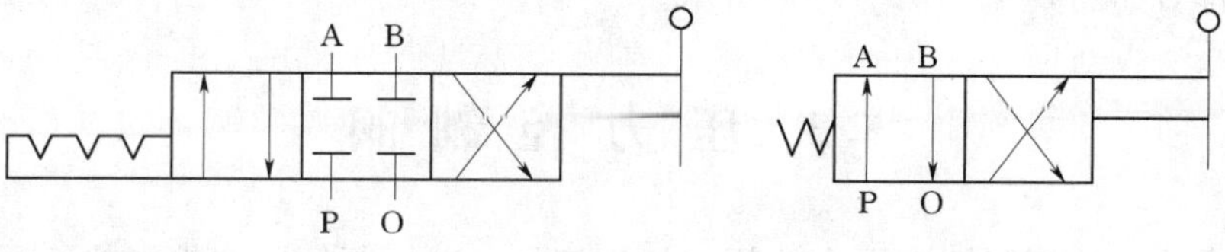

图 5.14 手动换向阀的符号

手动换向阀结构简单，动作可靠，有的还可以人为地控制阀口的大小，从而控制执行元件的运动速度。但由于需要人工操纵，故只适用于间歇动作而且要求人工控制的场合。在使用时必须将定位装置或弹簧腔的泄漏油排除，否则由于漏油的积聚而产生阻力影响阀的操纵，甚至不能实现换向动作。如推土机、汽车起重机、叉车等油路的控制都是手动换向的。

6. 转阀式换向阀

通过手动或机动使阀芯旋转换位，实现改变油路状态的换向阀。如图 5.15（*a*）所示

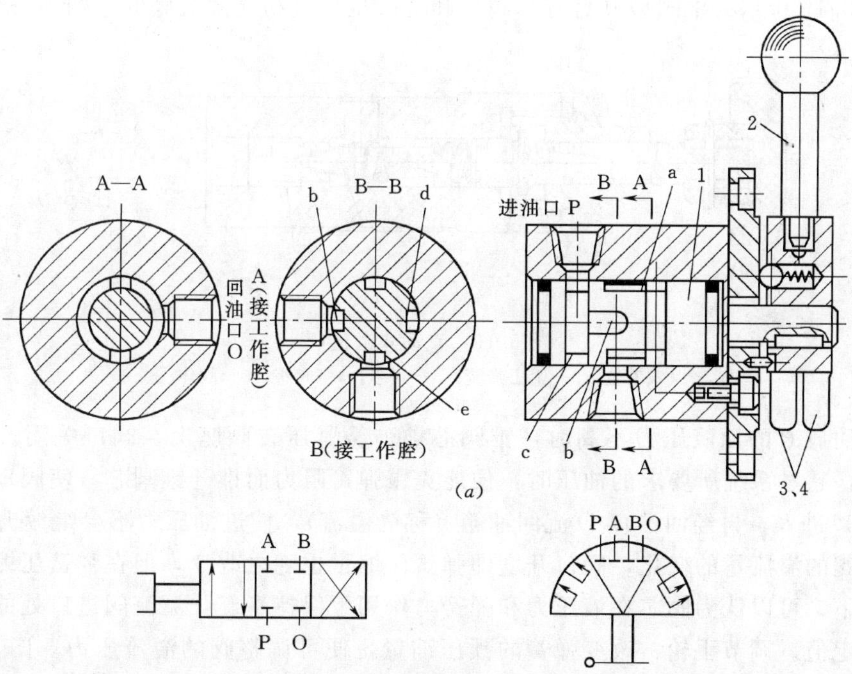

图 5.15 转阀式换向阀

1—阀芯；2—手柄；3、4—挡块拨动杆

的是三位四通O型转阀的结构及符号。在图示位置时，P通过环槽c和阀芯上的轴向槽b与A相通，B通过阀芯上的轴向槽e和环槽a与O相通。若将手柄2顺时针方向转动90°，则P通过槽c和d与B相通，A通过槽e和a与O相通。如果将手柄转动45°至中位，则4个油口全部关闭。通过挡块拨杆3、4可使转阀机动换向。由于转阀密封性差，径向力不易平衡及结构尺寸受到限制，一般多用于压力较低、流量较小的场合。转阀式换向阀的图形符号如图5.15（*b*）、（*c*）所示。

5.3　压力控制阀

在液压系统中，控制油液压力的阀（如溢流阀、减压阀等）和控制执行元件及电气元件等在某一调定的压力下动作的阀（如顺序阀、压力继电器等）统称为压力控制阀。这类阀都是利用作用在阀芯上的液体压力和作用在阀芯另一端上的弹簧力相平衡的原理来工作的。

5.3.1　溢流阀

溢流阀有多种用途，主要是用来溢去系统中的多余油液，使泵的供油压力得到调整，并通过阀的作用保持所需供油压力维持恒定。溢流阀分为直动式和先导式两种，前者用于低压，后者用于中、高压。

5.3.1.1　直动式溢流阀

如图5.16所示为锥阀型（另有球阀型和滑阀型）直动式溢流阀的结构和符号。

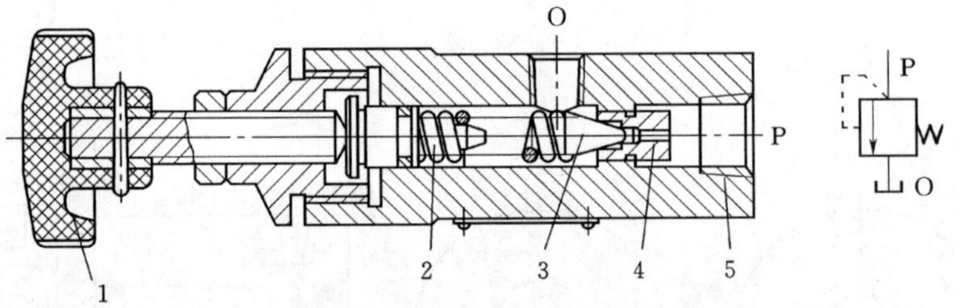

图5.16　直动式溢流阀

1—手轮；2—调压弹簧；3—阀芯；4—阀座；5—阀体

当进油口P的油液压力不高时，锥阀芯被弹簧紧压在阀座上，阀口关闭。当进油口压力升高，超过系统所要求的油压时，便能克服弹簧阻力而推开锥阀芯，使阀口打开，油液便从P口进入，再经回油口O流回油箱（称为溢流），使进油压力不会继续升高。虽然随着溢流阀的溢流量的变化，阀口开度即弹簧压缩量也随之改变，但在弹簧压缩量变化很小的情况下，可以认为阀芯在液压力和弹簧力作用下保持平衡，溢流阀进口处的压力基本保持为恒定值。调节手轮，改变弹簧的预压缩量，便可调整阀的溢流压力。图5.16中的右边是直动式溢流阀的符号。该阀可以作远程调压或作为溢流阀、顺序阀、减压阀的先导阀，更换弹簧可以改变被调节阀的压力调节范围。

5.3.1.2　先导式溢流阀

如图5.17所示，它由先导阀和主阀两部分组成。先导阀实质是一个小规格的直动式溢流阀，而主阀阀芯是一个具有阻尼小孔的圆柱筒。油液从进油口 P 进入，经阻尼孔 e 到达主阀弹簧腔，然后经先导阀上的 c 孔和 d 孔作用在先导阀的阀芯上（一般外控口 K 是堵塞的）。当进油压力不高时，液压力不能克服先导阀的弹簧阻力，先导阀口关闭，阀内无油液流动。这时，主阀芯因上下腔液压力相同，故被主阀弹簧压在阀座上，主阀口也关闭。当进油压力升高到先导阀弹簧的调定压力（也就是超过所要求的工作压力）时，先导阀口打开，主阀弹簧腔的油液流过先导阀口，并经阀体上的通道及回油口 O 流回油箱。这时，油液流过阻尼小孔产生压力损失，使主阀芯两端形成了压力差。主阀芯在此压力差作用下克服弹簧阻力向上移动，使进、回油口连通，达到了溢流稳压的目的。调节先导阀手轮，便能调节溢流压力。更换不同刚度的调压弹簧，便能得到不同的调压范围。图 5.17 中的左边是先导式溢流阀的符号。

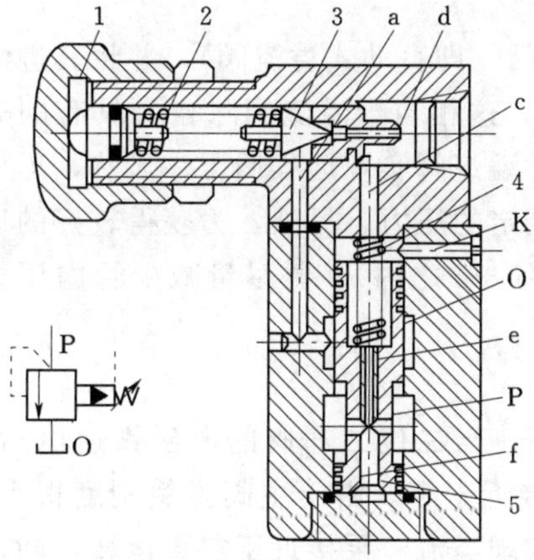

图 5.17　YF 型先导式溢流阀

1—调压手轮；2—弹簧；3—先导阀芯；4—主阀弹簧；5—主阀芯

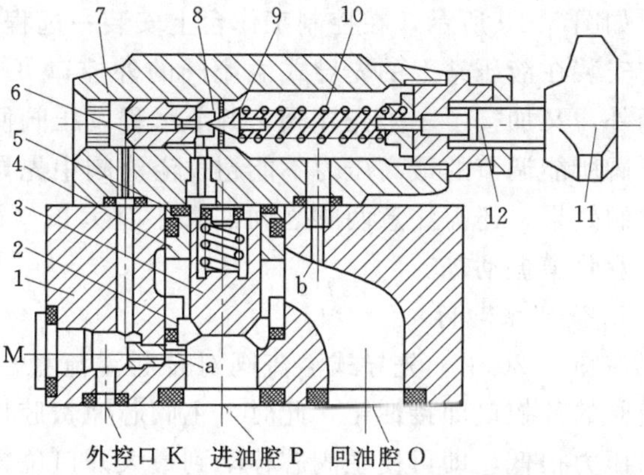

图 5.18　Y_2 先导式溢流阀

1—阀体；2—主阀座；3—主阀芯；4—主阀套；5—弹簧；6—防震套；7—先导阀体；8—先导阀座；9—先导阀芯；10—调压弹簧；11—手轮；12—调节螺钉

根据上述分析可知，通过先导阀的流量（称泄漏量）只占全部流量的极小部分，绝大部分油液经主阀溢回油箱。即通过先导阀控制和调节溢流压力，通过主阀溢流。由于先导阀只通过泄漏油，阀口直径较小。即使压力很高时，作用于锥阀上的推力也不很大。因此，调压弹簧可以刚度小一些，使得调节轻便。同时，因主阀芯两端均受液压作用，主阀弹簧也只需很小的刚度，所以溢流量变化引起弹簧压缩量变化时，进油口的压力变化不大，故先导式溢流阀的稳定性高于直动式溢流阀，但先导式溢流阀属于二级阀，其灵敏度低于直动式溢流阀。

YF 阀要求主阀芯上部与阀盖中部活塞与阀体下部锥面与阀座三个部位同心，故称为三节同心式。它出现较早，加工精度和装配精度要求较高，响应速度和灵敏度较低。

图 5.18 所示的 Y_2 型先导溢流阀（力士乐型）也称为两节同心式，工艺性好，加工精度和装配精度容易保证，结构简单，通用性好，阀的稳定性较好。主阀为单向阀结构，过流面积大，流量大，噪声较小。

5.3.1.3　溢流阀在液压系统中的应用

1. 溢流稳压作用

在定量泵供油系统中，溢流阀能起到溢流稳压作用。如图 1.2 组合机床液压系统中的溢流阀，溢流阀和油泵并联。泵的供油一部分按速度要求由流量阀调节供给执行元件，多余油液经溢流阀流回油箱。而在溢流的同时稳定了泵的供油压力。

2. 实现过载保护

在变量泵供油系统中能实现过载保护作用。执行元件的速度由变量泵调节，不需溢流，油泵的压力可随负载变化，也不需稳压。但变量泵出口仍需并联溢流阀，其调定压力约为最大工作压力的 1.1倍。系统一旦过载，溢流阀立即开启，保障系统安全，所以此时的溢流阀也可称为安全阀。

3. 造成背压

将溢流阀安装在系统的回油路上，可对回油产生阻力，造成背压，从而提高执行元件运动的稳定性，或满足系统的某些工作要求。

4. 实现远程调压

如图 5.19 所示，在控制工作台上安装一远程调压阀（即直动式溢流阀），并将其进油口与安装在液压站上的先导式溢流阀的外控口 K 相连。这相当于溢流阀除自身具有的先导阀外，又加接了一个先导阀。调节远程调压阀便可对溢流阀实现远程调压。显然，远程调压阀所能调节的最高压力不能超过溢流阀中先导阀调定的压力。另外，为获得较好的远程控制效果，还需注意两阀之间油管不宜太长（最好在 3m 之内），并尽量减少管内压力损失及管道振动等。

5. 使油泵卸荷

在图 5.20 中，先导式溢流阀对泵起溢流稳压作用。当二位二通阀的电磁铁通电后，溢流阀的外控口即接油箱，此时，主阀芯弹簧腔压力接近于零。由于主阀弹簧刚度很小，进口压力很低，即可使主阀芯移动到最大开口位置，实现溢流。泵接近于空载运转，即泵处于卸荷状态。

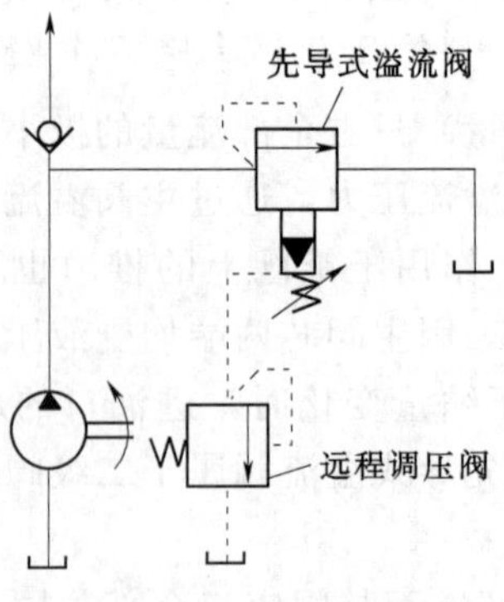

图 5.19　远程调压

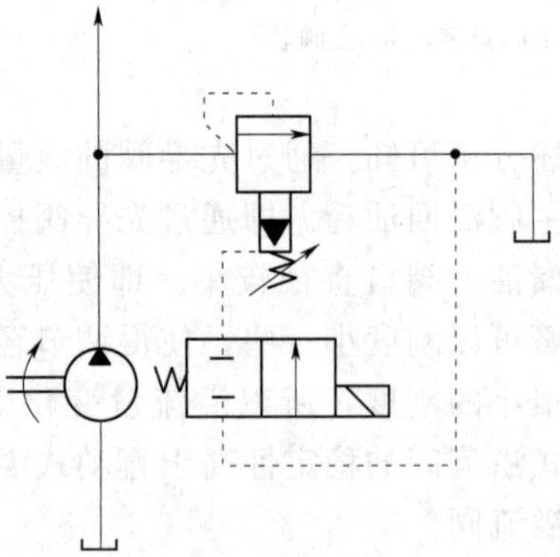

图 5.20　溢流阀使油泵卸荷

6. 溢流阀的组合阀

常用的有电磁溢流阀和卸荷溢流阀两种：

（1）电磁溢流阀。电磁溢流阀是由溢流阀和串联在该阀外控口的电磁换向阀所构成的组合阀。其中，电磁阀可以是二位二通、二位四通或三位四通阀，并具有不同的机能，由此形成了电磁溢流阀的多种结构与功能。图 5.21 仅列出其中两种形式。图 5.21（*a*）所示的电磁溢流阀可代替图 5.20 中两阀的作用。图 5.21（*b*）所示的电磁溢流阀则兼有使泵卸荷和二级调压的作用。将 P 口与泵的出口相接，A、B 口分别与两个远程调压阀（各调定不同的压力）相接。当三位四通阀两端的电磁铁分别通电时，即可实现二级调压；当两电磁铁皆不通电时，则泵卸荷。

（2）卸荷溢流阀。卸荷溢流阀是由溢流阀和单向阀所构成的组合阀。如图 5.22 所示，在应用时将 P 口接油泵，P_1 口接系统。当 P_1 口的压力低于溢流阀的调定压力时，溢流阀关闭，油泵向系统供油；当 P_1 口的压力达到溢流阀的调定压力时，在控制油的压力作用下，溢流阀的阀口开启使油泵卸荷。图中单向阀的作用是隔离高、低压油路。

溢流阀产品技术参数见表 5.7。

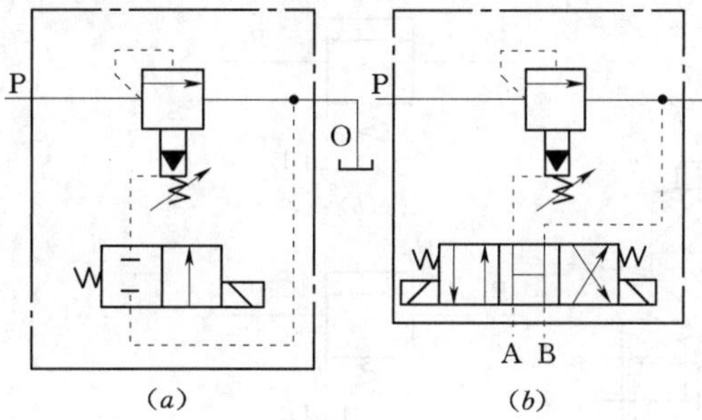

图 5.21 电磁溢流阀的图形符号

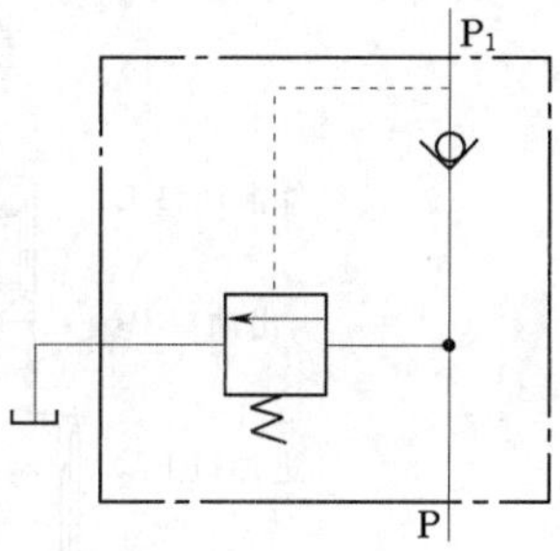

图 5.22 卸荷溢流阀的符号

表 5.7 **溢流阀产品技术参数**

型 号	通 径 (mm)	调压力范围 (MPa)	流量范围 (L/min)	生产单位
YF	8 10 20 32 50 80	0.6～31.5	2～1200	榆次液压件厂 大连液压件厂 南通液压件厂
Y2	6 10 20 32 50 65 80	0.6～31.5	2～1250	上海立新液压件二厂

5.3.2 顺序阀

顺序阀在液压系统中犹如自动开关。它以进口压力油（内控式）或外来压力油（外控式）的压力为信号，当信号压力达到调定值时，阀口开启，使所在油路自动接通，故结构和溢流阀类同，且也有直动式和先导式之分。它和溢流阀的主要区别在于：溢流阀出口通油箱，压力为零；而顺序阀出口通向有压力的油路（作卸荷阀除外），其压力数值由出口负载决定。

图 5.23（*a*）为直动式顺序阀。外控口 K 用螺塞堵住，外泄油口 L 通油箱。压力油从进油口 P_1（两个）通入，经阀体上的孔道 a 和端盖上的阻尼孔 b 流到控制活塞底部，当其推力能克服阀芯上调压弹簧的阻力时，阀芯上升，使进、出油口 P_1 和 P_2 连通。经阀芯与阀体间的缝隙进入弹簧腔的泄油从外泄口 L 泄入油箱。此种油口连通情况称为内控外泄顺序阀，其符号如图 5.23（*b*）所示。如果将图 5.23（*a*）中的端盖旋转 90°或 180°，切断进油流往控制活塞下腔的通路，并去除外控口的螺塞，引入控制压力油，便称为外控外泄式顺序阀，如图 5.23（*c*）所示。若将阀盖旋转 90°，可使弹簧腔与出口 P_2 相连（图中

未剖出），并将外泄口L堵塞，便成为外控内泄式顺序阀，如图5.23（*d*）所示。它常用于使泵卸荷，故又称卸荷阀。

直动式顺序阀的最高工作压力可达14MPa，最高控制压力为7MPa。对性能要求较高的高压大流量系统，应采用先导式顺序阀。先导式顺序阀的结构与先导式溢流阀大体相似，其工作原理也基本相同，并同样有内控外泄、外控外泄和外控内泄等几种不同的控制泄油方式。

顺序阀产品技术参数见表5.8。

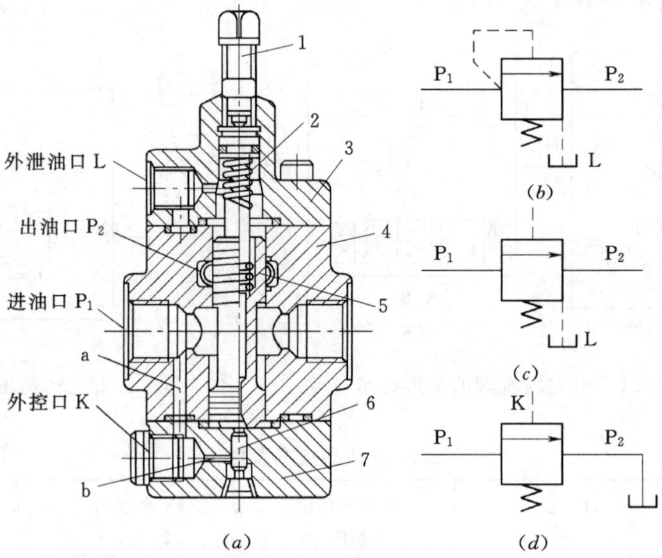

图5.23　直动式顺序阀及符号

1—调节螺钉；2—弹簧；3—阀盖；4—阀体；5—阀芯；6—控制活塞；7—端盖

表5.8　顺序阀产品技术参数

型　号	通径（mm）	流量范围（L/min）	最大压力（MPa）	最大控制压力（MPa）	生产单位
XF	10 20 32 50	20～300	14	7	①②③
DZ	5 6 10 25 32	15～450	31.5	21	④⑤⑥⑦

注　生产厂家代号：①—榆次液压件厂；②—长江液压件二厂；③—南通液压件厂；④—北京液压件厂；⑤—上海立新液压件二厂；⑥—沈阳液压件厂；⑦—天津液压件厂。

5.3.3　减压阀

减压阀主要用于降低系统某一支路的油液压力，使同一系统能有两个或多个不同压力的分支。例如，当系统中的夹紧或润滑支路需稳定的低压时，只需在该支路上串联一个减压阀即可。

减压阀同样有直动式和先导式之分，直动式较少单独使用，一般仅作为调速阀的组成部分使用。先导式则应用较多，它的典型结构及符号如图5.24所示。它能使出口压力降低并保持恒定，故称定值输出减压阀，简称减压阀。在图5.24中，压力油由阀的进油口

P_1 流入，经减压口 f 减压后由出口 P_2 流出。出口压力油经阀体与端盖上的通道及主阀芯内的阻尼孔 e 引到主阀芯的下腔和上腔，并以出口压力作用在先导锥阀芯上。当出口压力低于先导阀的调定压力时，先导阀芯关闭，主阀芯上、下两腔压力相等，主阀芯被弹簧压在最下端，减压口 f 开度为最大，压降最小，阀处于非工作状态，出口压力由负载决定。当出口压力达到先导阀的调定压力时，先导阀芯被打开，主阀弹簧腔的泄油便由泄油口 L 流往油箱。由于油液在主阀芯阻尼孔内流动，使主阀芯两端产生压力差，主阀芯便在此压力差作用下，克服弹簧阻力抬起，减压口 f 开度减小，压降增加，出口压力降低，直到等于先导阀的调定压力为止。若出口压力由于外界干扰而变动，减压阀将会自动调整减压口 f 开度来保持调定的出口压力数值基本不变。在减压阀出口油路的油液不再流动的情况下，由于先导阀泄油仍未停止，减压口仍有油液流动，阀仍然处于工作状态，出口压力也就保持调定数值不变。

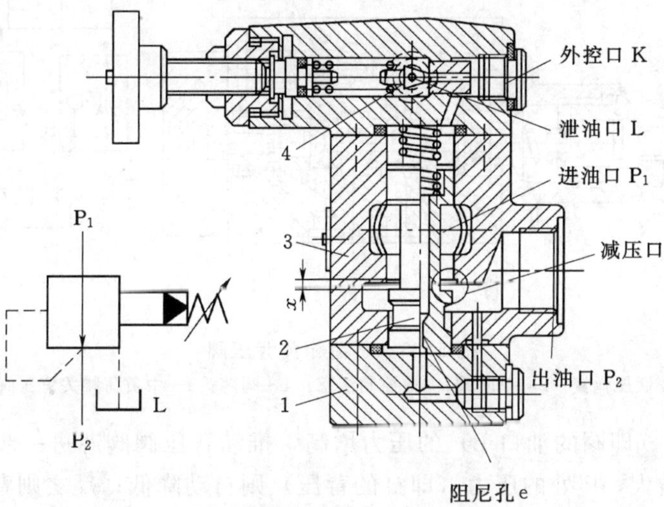

图 5.24 先导式减压阀

1—端盖；2—主阀芯；3—阀体；4—先导阀芯

减压阀与溢流阀、顺序阀相比较，主要特点是：控制阀口开闭的油液来自出油口，并使出口压力恒定，阀口常开，泄油单独接入油箱。

减压阀在夹紧油路、控制油路和润滑油路中应用较多。

减压阀产品技术参数见表 5.9。

表 5.9 减压阀产品技术参数

型 号	通 径 (mm)	调压范围 (MPa)	流量范围 (L/min)	生产单位
JF	10 20 32 50	0.7～14	20～300	①②③
DR	8 10 16 20 25 32	0.3～31.5	80～300	④⑤⑥⑦

注 生产厂家代号：①—榆次液压件厂；②—武汉液压件二厂；③—南通液压件厂；④—北京液压件厂；⑤—上海立新液压件二厂；⑥—沈阳液压件厂；⑦—天津液压件厂。

5.3.4　背压阀

回油（返回油箱的油液）的阻力称为背压，专门用于产生背压的阀统称背压阀。在单泵供油系统中，当采用电液换向阀或液动换向阀在常态位使泵卸荷时，在阀的进油路或回油路上设背压阀，使系统恢复工作时，泵的供油能有足够的控制压力切换液动阀。有些系统中设置背压阀，对于消除运动部件爬行，提高速度稳定性也大有好处。

溢流阀、顺序阀以及有刚性较大弹簧的单向阀等都可作背压阀用。这类阀一经调定，背压便是定值。但在有些场合希望背压是可变的，以减少功率损耗，提高承载能力。负荷相关背压阀（或称自调背压阀）便能实现这一要求。这种阀可使背压随负荷变化，实现负荷增大，背压自动减小；反之，负荷减小，背压自动增大的目的。如图5.25所示的是其结构和工作原理。

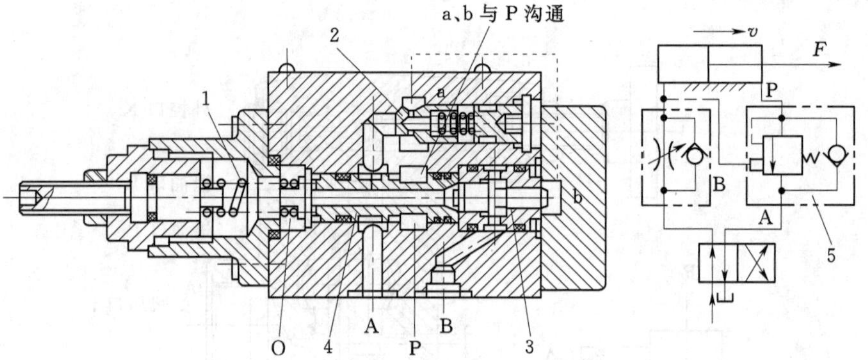

图5.25　负荷相关背压阀

1—调压弹簧；2—单向阀；3—控制活塞；4—阀芯；5—中负荷相关背压阀

液压缸无杆腔（即阀的油口B）的压力增高，推动背压阀阀芯进一步左移，使油口P和A之间的开度增大，P处的压力（即缸的背压）则自动降低；反之则背压自动升高。

5.3.5　压力继电器

压力继电器是一种液—电信号转换元件。当控制油的压力达到调定值时，便触动电气开关发出电信号，控制电气元件（如电机、电磁铁、电磁离合器等）动作，实现泵的加载或卸载、执行元件顺序动作、系统安全保护和元件动作联锁等。任何压力继电器都由压力—位移转换装置和微动开关两部分组成。按前者的结构分为柱塞式、弹簧管式、膜片式和波纹管式四类，其中柱塞式最为常用。

如图5.26所示为单柱塞式压力继电器的结构原理和符号。压力油从P口进入作用在柱塞底部，若其压力已达到弹簧的调定值时，便克服弹簧阻力和柱塞摩擦力，推动柱塞上升，通过顶杆触动微动开关发出电信号。限位挡块可在压力超

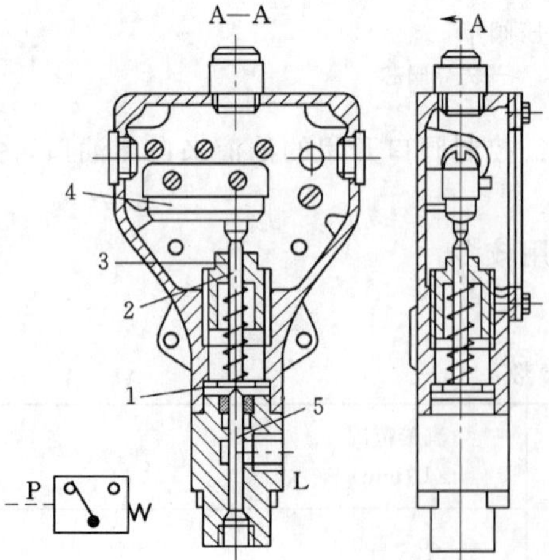

图5.26　单柱塞式压力继电器

1—限位挡块；2—顶杆；3—调节螺丝；4—微动开关；5—柱塞

载时保护微动开关。

压力继电器的性能主要有以下两项。

(1) 调压范围。即发出电信号的最低和最高工作压力间的范围。拧动调节螺丝，即可调整工作压力。

(2) 通断返回区间。压力继电器发出电信号时的压力称为开启压力，切断电信号时的压力称为闭合压力。开启时，柱塞、顶杆移动所受摩擦力方向与压力方向相反，闭合时则相同，故开启压力比闭合压力大。两者之差称为通断返回区间。通断返回区间应有足够的数值，否则压力波动时，压力继电器发出的电信号会时断时续。为此，有的产品在结构上可人为地调整摩擦力的大小，使通断返回区间的数值可调。

鉴于压力继电器的功能，要求压力继电器的灵敏度好，重复精度高。压力继电器产品技术参数见表5.10。

表5.10　　压力继电器产品技术参数

型　号	通　径 (mm)	调压范围 (MPa)	生产单位
PF	6 10 15	0.7～21	长江液压件厂
HED1	6 10	5～31.5	北京液压件厂

5.3.6 压力控制阀经常出现的故障

压力控制阀的共性是根据弹簧力与液压力相平衡的原理工作的，因此压力控制系统的常见故障及产生原因可归纳如下。

1. 压力调不上去

(1) 先导式溢流阀的主阀阻尼孔堵塞，滑阀在下端油压作用下，克服上腔的液压力和主阀弹簧力，使主阀上移，调压弹簧失去对主阀的控制作用，因此主阀在较低的压力下打开溢流口溢流。系统中，正常工作的压力阀，有时突然出现故障往往是这种原因。

(2) 溢流阀的调压弹簧太软、装错或漏装。

(3) 阀芯被毛刺或其他污物卡死于开口位置。

(4) 阀芯和阀座关闭不严，泄漏严重。

2. 压力过高，调不下来

(1) 安装时，阀的进出油口接错，没有压力油去推动阀芯移动，因此阀芯打不开。

(2) 阀芯被毛刺或污物卡死于关闭位置，主阀不能开启。

(3) 先先导阀前的阻尼孔堵塞，导致主阀不能开启。

3. 压力振摆大

(1) 阀芯与阀座接触不良。

(2) 阀芯在阀体内移动不灵活。

(3) 油液中混有空气。

(4) 阻尼孔直径过大，阻尼作用弱。

(5) 产生共振。

5.4　流量控制阀

流量控制阀是靠改变阀口过流面积的大小来调节通过阀口的流量，从而控制执行元件（液压缸或液压马达）的运动速度。

5.4.1　节流阀

如图5.27所示，压力油从进油口 P_1 进入，经节流口从出口 P_2 流出。节流口所在的阀芯锥部通常开有2个或4个三角槽（节流口还有其他形式）。调节手轮5，进、出油口之间通流面积发生变化，即可调节流量。其中，弹簧1用于顶紧阀芯保持阀口开度不变。此种结构的节流阀调节范围大，有较低的稳定流量，调节方便省力，但流量受温度影响较大。

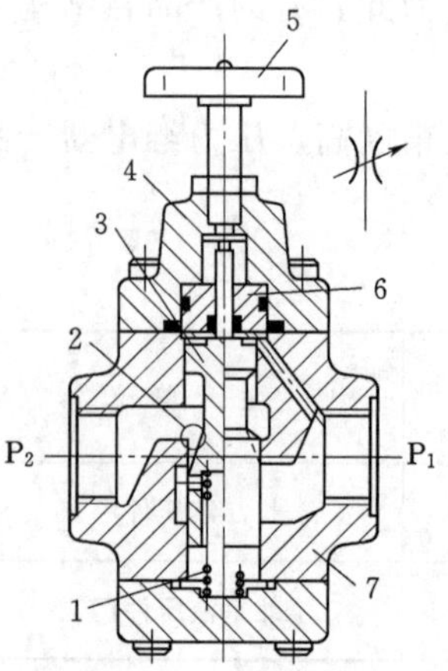

图5.27　节流阀

1—弹簧；2—节流口；3—阀芯；4—顶盖；5—手轮；6—导套；7—阀体

1. 节流阀的流量和影响流量稳定的因素

节流阀的输出流量与节流口的结构形式有关，实用的节流口都介于理想薄刃孔和细长孔之间，其流量特性可用小孔流量通用公式 $q=KA_T\Delta P^m$ 来描述，特性曲线如图5.28所示。我们希望节流阀阀口面积 A_T 一经调定，通过的流量 q 不变化，以使执行元件速度稳定。但实际上是做不到的，其主要原因如下：

（1）负载变化的影响。液压系统中的负载一般是变化的，它使执行元件的工作压力随之变化，从而导致节流阀前后压差 ΔP 变化，由小孔流量公式可见，流量也随之变化。一般薄刃孔 m 值最小，负载变化对流量的影响也最小，如图5.28中的曲线1所示。

（2）温度变化的影响。油温变化引起油的黏度变化，小孔流量公式中的系数 K 将发生变化，从而使流量变化。显然，节流孔越长影响越大，薄刃孔温度变化影响最小。

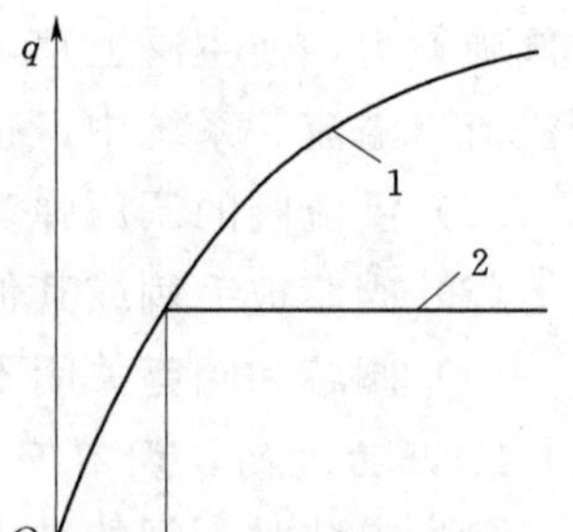

图5.28　流量阀的流量特性

2. 节流阀的阻塞和最小稳定流量

当节流阀开度很小时，流量会出现不稳定甚至断流的现象，称为节流阀的阻塞。这是因为节流口处高速的液流产生局部高温，致使油液氧化，生成胶质沉淀，甚至引起油中碳的燃烧产生灰烬。这些生成物和油中原有杂质结合，在节流口表面逐渐形成附着层，它不断堆积又不断被高速液流冲掉，流量就不断地发生波动。附着层堵死节流口时，便出现断流。因此，节流阀有一个能正常工作（无断流，且流量变化率不大于10％）的最小流量限制值，称为节流阀的最小稳定流量。轴向三角槽式节流口的最小稳定流量为30～50mL/min，薄刃孔则可达10～15mL/min。

在实际应用中，防止节流阀阻塞的措施如下：

（1）油液要精密过滤。实践证明，为除去铁质污染采用带磁性的滤油器效果更好。精度可达5～10μm，能显著改善阻塞现象。

(2) 节流阀两端压差要适当。压差大，节流口能量损失大，温度高，同流量时过流面积小，易引起阻塞。因此一般取 $\Delta p=0.2\sim0.3\text{MPa}$。

中、高压节流阀产品技术参数见表 5.11。

表 5.11 中、高压节流阀产品技术参数

型号	通径 (mm)	最大工作压力 (MPa)	额定流量 (L/min)	生产单位
L	10 20 32	31.5	25～190	①②③
DV	6 8 10 12 16 20 25 30 40	35	14～375	④⑤⑥

注 生产厂家代号：①—榆次液压件厂；②—武汉液压件二厂；③—合肥液压件厂；④—北京液压件厂；⑤—上海立新液压件二厂；⑥—沈阳液压件厂。

5.4.2 调速阀

1. 调速阀

调速阀是由定差减压阀 1 与节流阀 2 串联而成的组合阀，如图 5.29 所示。节流阀用来调节通过的流量，定差减压阀则自动补偿负载变化的影响，使节流阀前后的压差为定值，消除了节流阀负载变化对流量的影响。定差减压阀与节流阀相串联，并使定差减压阀左右两腔分别与节流阀前后端沟通。设减压阀的进口压力为 p_1，出口压力为 p_2，通过节流阀后降为 p_3，p_3 的大小由液压缸负载 F 决定。当负载 F 变化时，p_3 和调速阀两端压差 p_1-p_3 随之变化，但节流阀两端压差 p_2-p_3 却不变。例如，F 增大使 p_3 增大，减压阀芯弹簧腔液压力增大，阀芯左移，开度 x 加大，减压作用减小，使 p_2 有所增加，结果压差 p_2-p_3 保持不变。反之亦然，从而使通过调速阀的流量保持恒定。

行程限位器用以限制减压口的开度，防止系统重新启动时，由于减压口过大，油液大量通过，使液压缸前冲（称为启动前冲现象），降低加工质量，甚至损坏机件。新开发的产品中有一种预控（或外控）调速阀，它在减压阀左腔中通入控制油，来防止减压口在未工作时开度过大。从调速阀的结构上看，减压阀和节流阀一般垂直安置，节流阀部分有流量调节手轮，而减压阀部分可附有行程限位器。

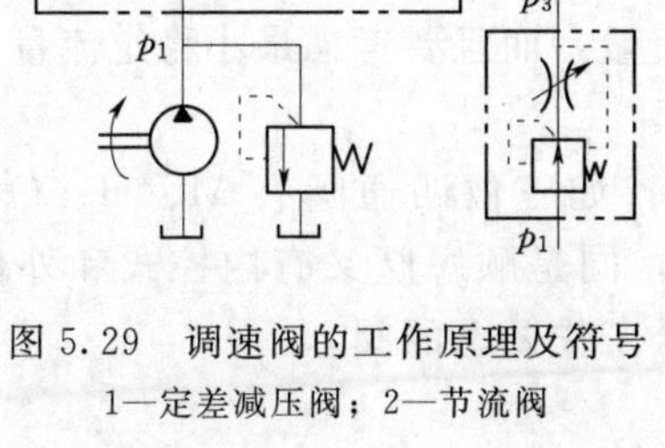

图 5.29 调速阀的工作原理及符号

1—定差减压阀；2—节流阀

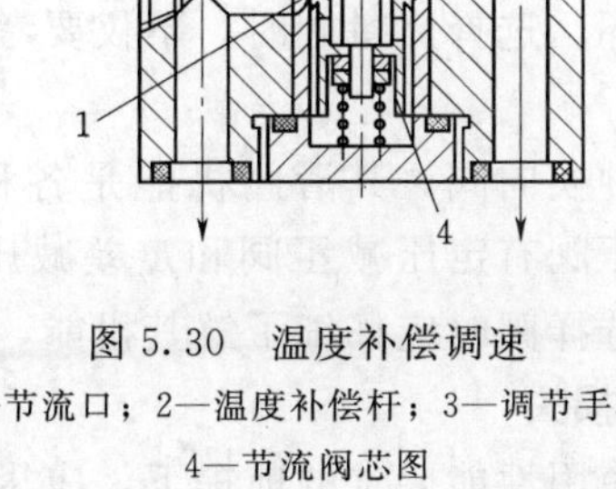

图 5.30 温度补偿调速

1—节流口；2—温度补偿杆；3—调节手轮；4—节流阀芯图

2. 温度补偿调速阀

调速阀消除了负载变化对流量的影响，但温度变化的影响依然存在。因此为解决温度变化对流量的影响，在对速度稳定性要求高的系统中需采用温度补偿调速阀。温度补偿调速阀与普通调速阀的结构基本相似，所不同的是前者在节流阀的阀芯上连接一根温度补偿杆，如图5.30所示。当温度升高时，引起流量增大，但由于补偿杆是由温度膨胀系数很大的聚氯乙烯塑料制成的，也随温度升高而增长，使阀口减小，反之则开大，故能维持流量基本不变（在20～60℃范围内流量变化不超过10%）。

3. 调速阀的流量特性和最小压差

调速阀的流量特性曲线如图5.28中的曲线2所示。由图5.28可见，调速阀当其前后两端压差超过最小值Δp_{min}后，流量是稳定的。而在Δp_{min}以内，流量随压差的变化而变化，其变化规律与节流阀相同。这是因为在压差较低时，调速阀中的定差减压阀阀口全开，处于非工作状态，只剩下节流阀在起作用，故此段曲线与节流阀曲线相一致。调速阀的最小压差$\Delta p_{min}\approx$1MPa（中低压阀约为0.5MPa）。系统设计时应使调速阀的工作压差略大于此值。中、高压调速阀产品技术参数见表5.12。

表5.12　中、高压调速阀产品技术参数

型　号	通　径 (mm)	最大工作压力 (MPa)	额定流量 (L/min)	生产单位
QF	10 20 32	14	42～240	①②③④⑤
Q	8 10 20 25 32	31.5	25～200	⑥

注　生产厂家代号：①—榆次液压件厂；②—武汉液压件二厂；③—大连液压件厂；④—沈阳液压件厂；⑤—南通液压件厂；⑥—上海液压件二厂。

5.5　液压控制阀的选用

选用阀类元件时，应先根据生产和使用等方面的条件确定系统中阀的类型及结构形式（如位数、通路数、动力源形式等），还应考虑额定压力、流量、安装形式、操纵方式、结构特点和经济性等因素。

5.5.1　压力和流量范围

流经阀的最大压力和流量是选择阀规格的两个主要参数。因为阀的压力和流量范围必须满足使用要求，否则将引起阀的工作失常。为此要求阀的额定压力应略大于最大压力，但最多不得超过10%。阀的额定流量应大于最大流量，必要时允许通过阀的最大流量超过其额定流量的20%，但也不宜过大，以免引起油液发热、噪声、压力损失增大和阀的工作性能变坏。选择流量阀时，不仅要考虑最大流量，而且要考虑最小稳定流量。

5.5.2　机能

同是一种换向阀，其滑阀机能是各种各样的，如三位四通阀有M、H、O、P等之分。同是减压阀有定压减压阀和定差减压阀之分，同是顺序阀又有内控式和外控式之分等。因此，选择阀时应仔细了解其机能，选出符合工作要求的阀。

5.5.3　压力损失

在满足使用性能要求的前提下，应尽量选择压力损失较小的阀，以提高系统效率。

5.5.4 连接形式

连接形式指阀与管路之间的连接形式，有以下五种。

1. 管式连接（也称螺纹连接）

油管与阀体用螺纹接头相连。其特点是连接最简单，重量最轻，但不紧凑，配管复杂，容易产生振动和漏油，装卸维护不便。一般元件少、回路简单，试制性系统以及装卸机械上主要采用这种形式。

2. 板式连接

板式连接有三种方法。

（1）将阀安装在连接板上，通过座板上的螺纹孔用管接头和管子彼此相连，实质仍属于管式连接。其特点是阀的拆装不影响管路，并可将阀集中布置，但空间尺寸及重量较大。

（2）用油路板安装连接，阀集中安装在油路板上，板上各阀之间通过根据油路设计要求而制出的油道来连通。其特点是结构紧凑，换阀容易，阀间连接通道短，动作反应快，振动和漏油少。但油路板需按液压系统专门制造，不能通用，故成本较高，不便于系统改进。

（3）用油路块安装和连接，属于油路块集成。它是将阀固定在油路块的前面、后面及右侧面上，左侧面通过管接头和管子连接执行元件。块上制出的油道使阀与阀之间按一定要求连通。通常每块构成一种基本回路，块与块之间有进油、回油、控制油等公用通道。使用时按要求选用基本油路块在座板上叠积安装，然后用拉杆紧固。其特点是"三化"程度高，设计时按要求选择适当的基本油路块叠积即可组成液压系统，而且对原系统改进比较容易实现。此外，油道短而粗，压力损失小，振动和漏油减少，成本较低，但重量较大，尺寸大时加工比较困难。

3. 法兰式连接

在油管端部焊接法兰盘，通过螺钉与阀体相连。其特点是连接强度高，工作可靠。一般用于油管直径较大的场合。

4. 叠加式连接

将阀体都做成标准尺寸的长方形，使用时将所用的阀在座板上叠积，然后用拉杆紧固。这种连接方式从根本上消除了阀与阀之间的连接管路。因此组成的系统更简单紧凑，"三化"程度高，系统组装方便灵活，且便于油路的改进。

5. 插装式连接

插装阀本身没有阀体，而是将阀套与阀芯构成的单独组件，靠阀套与阀块中的孔相配合，然后用螺纹或盖板把它固定在阀块中，再通过阀块内的通道把各插装阀连接起来，组成集成的液压系统。此时阀块即是插装阀的阀体，又是系统的连接通道。

5.5.5 其他注意问题

（1）尽量选择标准定型的产品，除非不得已时才自行设计专用控制阀等元件。

（2）应注意差动液压缸由于面积差形成不同回油量对控制阀正常工作的影响。

（3）应注意阀的操纵方式、结构特点、性能及价格等。例如，用于保护系统的安全阀，要求反应灵敏，压力超调量小；对换向速度要求快的系统一般选用交流型电磁阀，反之可采用直流型电磁阀。

5.6 自动控制阀和阀的集成化配置

在液压传动与控制系统中，常用的液压控制阀可满足一般的工作需要。但随着生产的发展，对液压系统的传动与控制提出了新的要求。特别是随着计算机的普及与应用而出现了一些新型的液压控制元件。下面介绍近30年来出现的常用新型液压控制元件。

5.6.1 电液比例控制阀

电液比例控制阀简称比例阀。由于常用液压控制阀的特点是手动调节和开关控制，阀输出的参数在阀处于工作状态下是不可调节的。但在实际应用中，许多液压系统要求流量和压力能连续地或按比例地随输入信号的变化而变化。已有的液压伺服系统虽然能满足要求，但结构复杂，成本高，对污染敏感，维修困难，不便普遍使用。电液比例阀较好地解决了这一问题。

目前的比例阀一般有两大类：一类是由电液伺服阀简化结构，降低精度发展起来的；另一类是以直流比例电磁铁（力马达）取代普通液压阀的手调装置或普通电磁铁发展起来的。下面介绍后者，它是比例阀的主流，与普通液压阀可以互换。

直流比例电磁铁为电—机械比例转换器，它将电信号按比例地转换为力或位移。液压阀则能将力或位移连续地或按比例地调节输出油液的参量，如压力、流量的大小和液流方向等。因此，作为比例阀可分为电液比例溢流阀、电液比例调速阀、电液比例换向阀和电液比例复合阀等。作为电液比例复合阀可以是比例阀之间或比例阀与其他元件之间的复合。例如，比例阀与变量泵组成的比例复合泵，能按比例地输出流量；比例方向阀与液压缸组成的比例复合缸，能实现位移和速度的比例控制等。下面对前三类比例阀作简要介绍。

1. 电液比例溢流阀

用比例电磁铁取代直动式溢流阀的手调装置，便成为直动式比例溢流阀，如图5.31所示。比例电磁铁的推杆通过弹簧座对调压弹簧施加推力。随着输入电信号强度的变化，比例电磁铁的电磁力将随之变化，从而改变调压弹簧的压缩量，使顶开锥阀的压力随输入信号的变化而变化。若输入信号是连续地、按比例地或按一定程序变化，则比例溢流阀所调节的系统压力也连续地、按比例地或按一定的程序进行变化。因此比例溢流阀多用于系统的多级调压或实现连续的压力控制。把直动式比例溢流阀作先导阀与其他普通的压力阀的主阀相配，便可组成先导式比例溢流阀、比例顺序阀和比例减压阀。

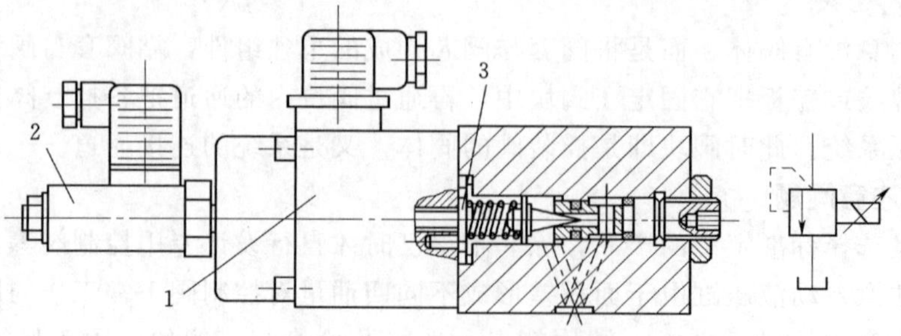

图5.31 直动式比例溢流阀

1—比例电磁铁；2—位移传感器；3—弹簧座

2. 电液比例换向阀

用比例电磁铁取代电磁换向阀中的普通电磁铁，便构成直动式比例换向阀，如图5.32所示。由于使用了比例电磁铁，阀芯不仅可以换位，而且换位的行程可以连续地或按比例地变化，因而连通油口间的通流面积也可以连续地或按比例地变化，所以比例换向阀不仅能控制执行元件的运动方向，而且能控制其速度。

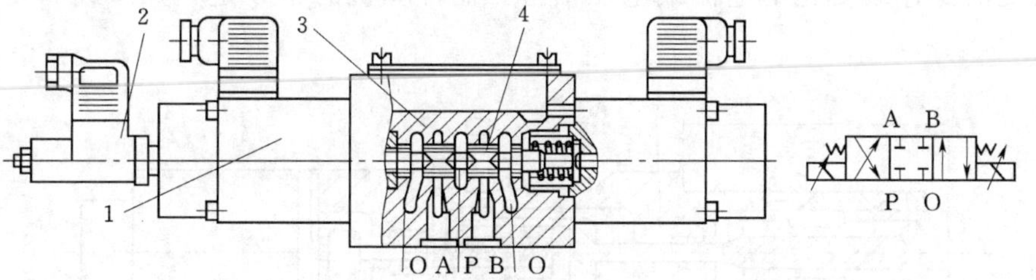

图5.32　直动式比例换向阀

1—比例电磁铁；2—位移传感器；3—阀体；4—阀芯

3. 电液比例调速阀

用比例电磁铁取代节流阀或调速阀的手调装置，以输入电信号控制节流口开度，便可连续地或按比例地远程控制其输出流量，实现执行部件的速度调节。图5.33所示的是电液比例调速阀的结构原理及符号。图中的节流阀芯由比例电磁铁的推杆操纵，输入的电信号不同，则电磁力不同，推杆受力不同，与阀芯左端弹簧力平衡后，便有不同的节流口开度。由于定差减压阀已保证了节流口前后压差为定值，所以一定的输入电流就对应一定的输出流量，不同的输入信号变化，就对应着不同的输出流量变化。

在图5.31和图5.32中，比例电磁铁前端都附有位移传感器（或称差动变压器），这种电磁铁称为行程控制比例电磁铁。位移传感器能准确地测定电磁铁的行程，并向放大器发出电反馈信号。电放大器将输入信号和反馈信号加以比较后，再向电磁铁发出纠正信号以补偿误差。这样便能消除液动力等干扰因素，保持准确的阀芯位置或节流口面积。这是比例阀进入成熟阶段的标志。

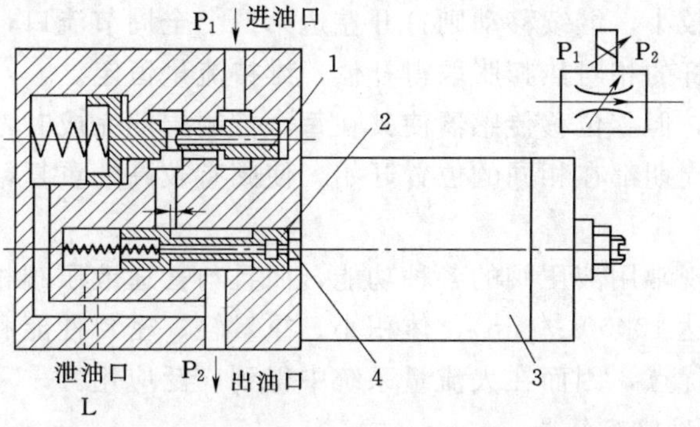

图5.33　电液比例调速阀

1—定差减压阀；2—节流阀阀芯；3—比例电磁铁推杆操纵装置

电液比例控制阀能简单地实现遥控和连续地、按比例地控制液压系统的力和速度，并能简化液压系统，节省液压元件。由于采用各种更加完善的反馈装置和优化设计，比例阀的动态性能虽仍低于伺服阀，但静态性能已大致相同，而且价格却低廉得多，是一种很有发展前途的液压控制元件。

5.6.2　电液数字控制阀

电液数字控制阀简称数字阀，它是随着计算机应用的发展而出现的新型液压控制元件。采用计算机对电液系统进行控制是今后技术发展的必然趋势。但是，电液比例阀和伺服阀能接受的是连续变化的电流或电压信号，而计算机的指令是“开”或“关”的数字信息。

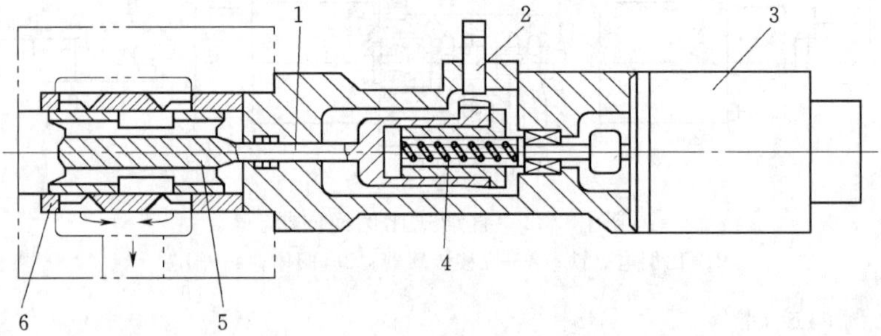

图 5.34　数字流量阀

1—连杆；2—传感器；3—步进电机；4—滚珠丝杆；5—阀芯；6—阀套

虽然接受计算机数字控制的方法很多，但目前较成熟的是增量式数字控制，即用步进电机驱动的数字阀。现已生产的数字阀有数字流量阀、数字压力阀和数字方向流量阀等系列产品。

数字阀的工作原理是：计算机每发出一个脉冲信号，经放大后输给步进电机。而步进电机每接受一个脉冲便转动一定角度。步进电机的转动又通过凸轮或丝杠等机构转换成直线位移量，从而推动阀芯或压缩弹簧，实现液压阀对方向、流量或压力的控制。下面以如图 5.34 所示的增量式数字流量阀为例，具体说明数字阀的工作原理。当计算机发出信号后，步进电机转动，通过滚珠丝杠转化为轴向位移，通过连杆带动节流阀阀芯移动，使节流口变大或者变小，实现了流量控制。该阀有两个节流口，阀芯移动时，首先打开右边的非全周节流口，流量较小；继续移动则打开左边第二个全周节流口，流量较大。该阀的流量由阀芯、阀套及连杆的相对热膨胀取得补偿，维持流量恒定。

该阀无反馈功能，但零位移传感器使其在每个控制周期完成时，阀芯都回到零位。这样就保证了每个工作周期都在相同的位置开始，使阀有较高的重复精度。

5.6.3　插装阀

插装阀不仅能实现常用液压阀的各种功能，而且与普通液压阀相比，具有主阀结构简单、通流能力大（可达 10000L/min）、体积小、重量轻、密封性能和动态性能好、易于集成、实现一阀多用等优点，因而在大流量系统中得到广泛应用。

1. 插装阀的结构原理及符号

如图 5.35 所示，它由控制盖板、插装单元（由阀套、弹簧、阀芯及密封件组成）、插装块体和先导元件（置于控制盖板上，图中没有画出）组成。由于这种阀的插装单元在回路中主要起控制通、断作用，故又称为二通插装阀。控制盖板将插装单元封装在插装块体内，并沟通先导阀和插装单元（又称主阀）。通过主阀阀芯的启闭，可对主油路的通断起控制作用。使用不同的先导阀，可构成压力控制、方向控制或流量控制，并可组成复合控制。将若干个不同控制功能的二通插装阀组装在一个或多个插装块体内便组成液压回路。

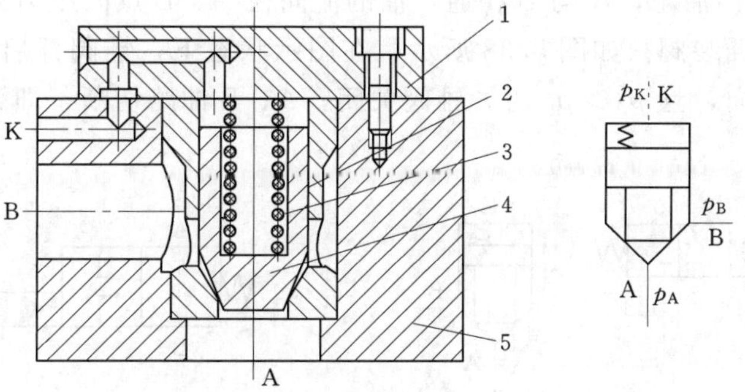

图 5.35　插装阀

1—控制盖板；2—阀套；3—弹簧；4—阀芯；5—插装块体

就工作原理而言，二通插装阀相当于一个液控单向阀。A 和 B 为主油路仅有的两个工作油口（称为二通阀），K 为控制油口。改变控制油口的压力，即可控制 A、B 油口的通断。当控制口无液压作用时，阀芯下部的液压力超过弹簧力，阀芯被顶开，A 与 B 相通，至于液流的方向，视 A、B 口的压力大小而定。反之，控制口有液压作用，$p_K \geqslant p_A$，$p_K \geqslant p_D$ 时，才能保证 A 口与 B 口之间关闭。这样，就起逻辑元件的“非”门作用，故也称为逻辑阀。

插装阀按控制油的来源可分为两类：第一类为外控式插装阀，控制油由单独动力源供给，其压力与 A、B 口的压力变化无关，多用于油路的方向控制；第二类为内控式插装阀，控制油引自阀的 A 或 B 口，并分为阀芯带阻尼孔与不带阻尼孔两种，应用比较广泛。

2. 方向控制插装阀

有单向阀和换向阀两种。

（1）单向插装阀。如图 5.36 所示，将 K 口与 A 或 B 连通，即成为单向阀。连通方法不同，其导通方向也不同。前者 $p_A > p_B$ 时，锥阀关闭，A 与 B 不通；$p_B > p_A$ 且达到开启压力时，锥阀打开，油从 B 流向 A。后者可类似分析得出结论。

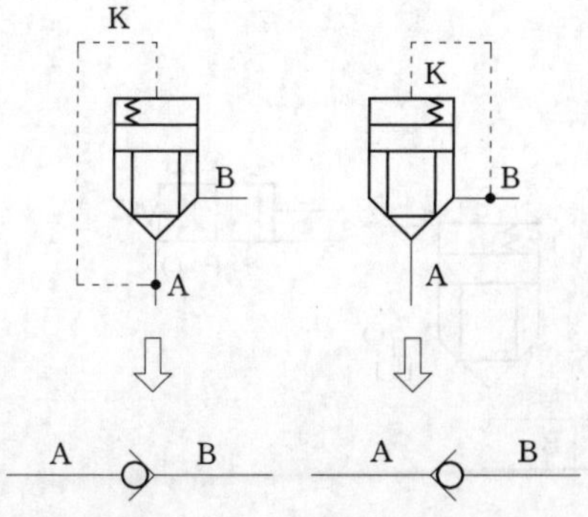

图 5.36　单向插装阀

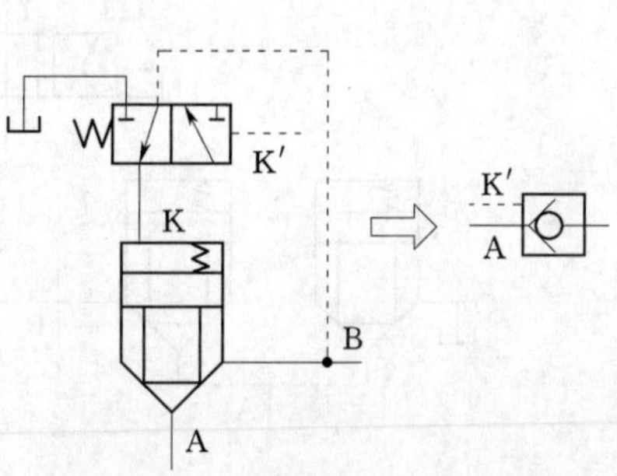

图 5.37　液控单向插装阀

(2) 液控单向插装阀。如果在控制盖板上接一个二位三通液动换向阀来变换K口的压力，即成为液控单向阀，如图5.37所示。若K′处无液压作用，则处于图示位置，$p_A>p_B$时，A、B导通，A流向B；$p_B>p_A$，A、B不通。若K′处有液压作用，则二位三通液控阀换向，使K口接油箱，A与B相通，油的流向视A、B点的压力大小而定。

(3) 二位二通插装阀。如图5.38所示，在图示状态下，锥阀开启，A与B相通。若电磁换向阀通电换向，且$p_A>p_B$时，锥阀关闭，A、B油路切断，即为二位二通阀。

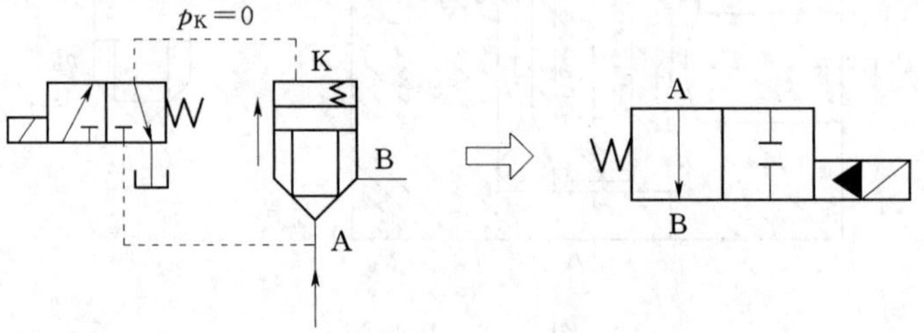

图5.38　二位二通插装阀

(4) 二位三通插装阀。如图5.39所示，在图示状态下，左面的锥阀打开，右面的锥阀关闭，即A、O相通，P、A不通。电磁阀通电时，P、A相通，A、O不通，即为二位三通阀。

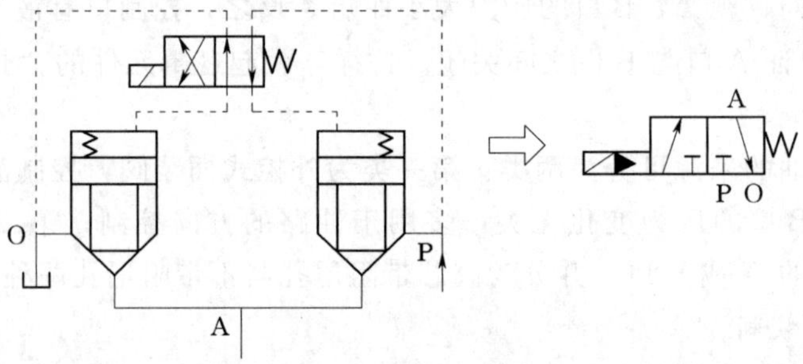

图5.39　二位三通插装阀

(5) 二位四通插装阀。如图5.40所示，在图示状态，左1及右2锥阀打开，实现A、O相通，B、P相通。当电磁阀通电时，左2及右1锥阀打开，实现A、P相通，B、O相通，即为二位四通阀。

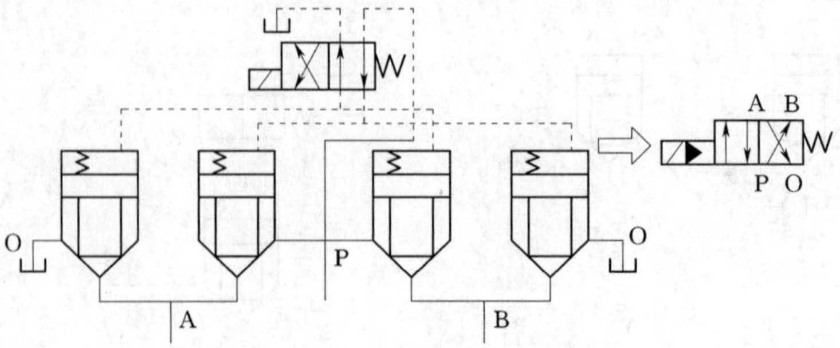

图5.40　二位四通插装阀

（6）三位四通插装阀。如图 5.41 所示，在图示状态，4 个锥阀全关闭，A、B、P、O 不相通。当左边电磁铁通电时，左 2 及右 1 锥阀打开，实现 A、P 相通，B、O 相通。当右边电磁铁通电时，左 1 及右 2 锥阀打开；实现 A、O 相通，B、P 相通，即为三位四通阀。如果用多个先导阀和多个主阀相配，可构成复杂位通组合的二通插装换向阀，这是普通换向阀做不到的。

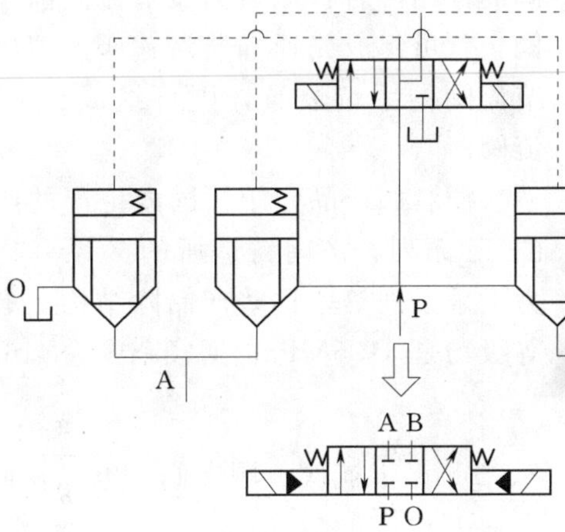

图 5.41　三位四通插装阀

3. 压力控制插装阀

在插装阀的控制口配上不同的先导压力阀，便可得到各种不同类型的压力控制阀。图 5.42（*a*）所示为用直动式溢流阀作先导阀来控制主阀用作溢流阀的原理图。A 腔压力油经阻尼小孔进入控制腔和先导阀，并将 B 口与油箱相通。这样锥阀的开启压力可由先导阀来调节，其原理与先导式溢流阀相同。如果在图 5.42（*a*）中，当 B 腔不接油箱而接负载时，即为顺序阀。在图 5.42（*b*）中，若二位二通电磁换向阀通电，则作为卸荷阀用。图 5.42（*c*）所示为减压阀原理图，主阀芯采用常开的滑阀式阀芯，B 为进油口，A 为出油口。A 腔压力经阻尼小孔后通控制腔和先导阀，其工作原理和普通先导图 5.42 压力控制插装阀式减压阀相同。

图 5.42　压力控制插装阀

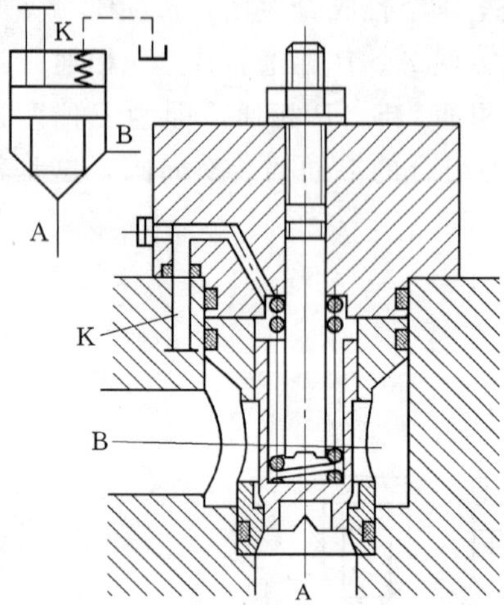

图 5.43　流量控制插装阀

此外，若以比例溢流阀作先导阀，代替图中的直动式溢流阀，则可构成二通插装电液比例溢流阀。

4. 流量控制插装阀

如图 5.43 所示，在插装阀的控制盖板上增加阀芯行程调节器，以调节阀芯开度，则锥阀可起流量控制阀的作用。若在二通插装节流阀前串联一个定差减压阀，就可组成二通插装调速阀。若用比例电磁铁取代节流阀的手调装置，则可组成二通插装电液比例节流阀。

插装阀产品介绍：国内生产的产品有上海 704 所的 TJ 系列、济南铸造所的 Z 系列、北京液压件厂的力士乐系列等，这些产品除结构上有所区别外，压力等级均是 31.5MPa，通径范围为 $\phi16 \sim \phi160$。

任务实施：

(1) 实施条件：多媒体教学设备、YF 型溢流阀、顺序阀、电磁换向阀、单向阀、节流阀等。

(2) 实施说明：

1) 掌握液压力 P 与弹簧力 F 之间的平衡关系，理解液压发的阀芯开启与闭合的过程。

2) 了解调压弹簧与复位弹簧的作用及性质。

3) YF 溢流阀调压的好处。

4) 了解每个零部件的作用、结构及工艺原理。

5) 掌握阀类元件的职能符号及其工作原理。

6) 了解各类阀铭牌、型号。

7) 了解阀类元件常见故障及处理措施。

8) 了解阀类元件在液压系统中的作用。

(3) 实施内容：YF 型溢流阀、顺序阀、电磁换向阀、单向阀、节流阀拆装实验。

习　　题

5.1　溢流阀的作用如何？直动型溢流阀是怎样进行工作的？若进出油口反接了，会出现什么情况？

5.2　溢流阀和减压阀有何不同？

5.3　图 5.44 所示的两阀组中，溢流阀的调定压力 $p_A = 4\text{MPa}$，$p_B = 3\text{MPa}$，$p_C = 5\text{MPa}$，试求压力表读数是多少？

5.4　如图 5.45 所示 1、2、3 的调定压力分别为 5MPa、4MPa 和 3MPa，问换向阀 4 在左、中、右时，泵的出口压力分别是多少？（系统负载无限大。）

5.5　当溢流阀如图 5.46 所示时，压力表 A 在下列情况时的读数应为多少？(1) 卸荷时；(2) 溢流阀溢流时；(3) 系统压力低于溢流阀开启压力时。

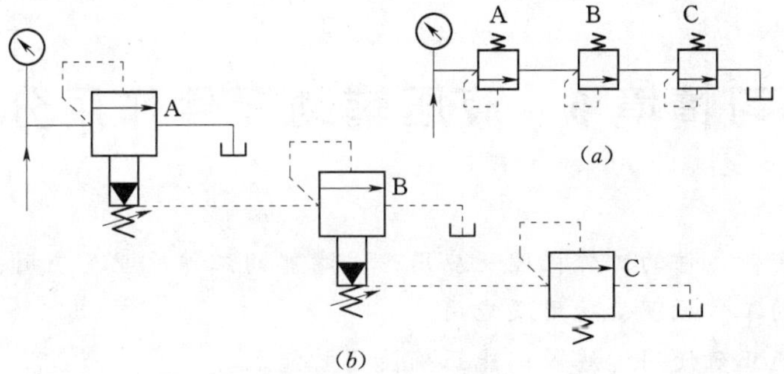

图 5.44　习题 5.3 图

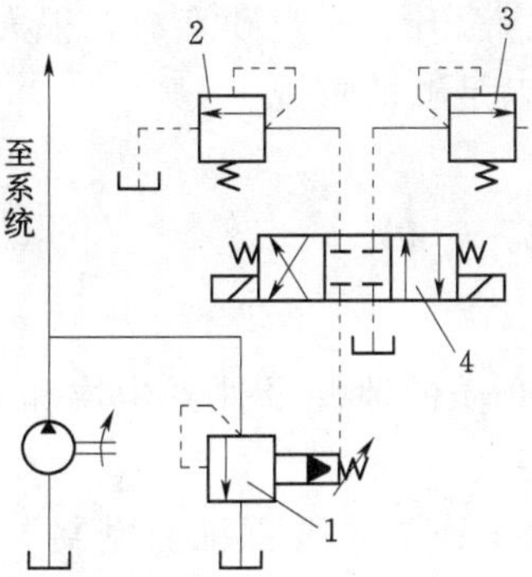

图 5.45　习题 5.4 图

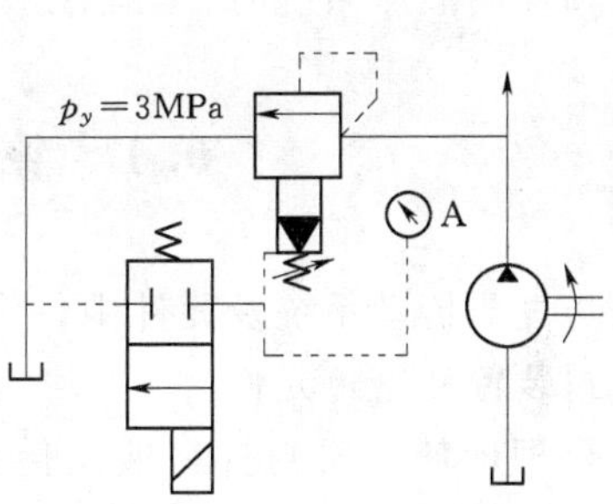

图 5.46　习题 5.5 图

5.6　如图 5.47 所示，当溢流阀的调定压力分别为 $p_A=3$MPa，$p_B=1.4$MPa，$p_C=2$MPa。试求系统的外负载趋于无限大时，泵输出的压力为多少？如果将溢流阀的远程控制口堵塞，泵输出的压力为多少？

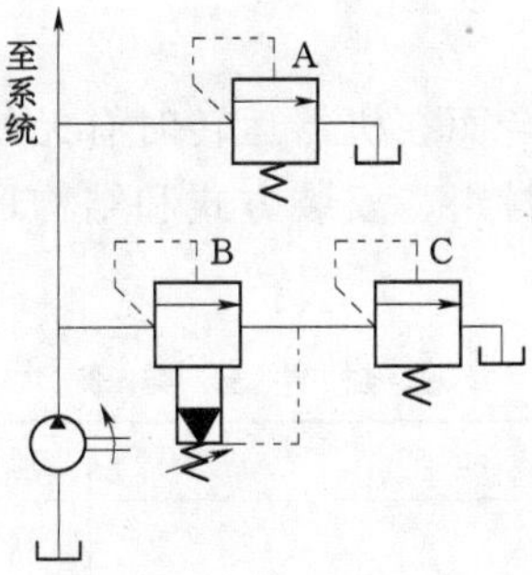

图 5.47　习题 5.6 图

学习情境 6　液压辅助元件作用分析

学习目标： 密封元件的工作机理及应用；过滤器的工作原理及应用；油箱功用及油箱的设计；蓄能器的工作原理、功用及应用。

学习任务： 能正确使用过滤器；能正确使用蓄能器。

液压系统中的辅助元件主要包括密封元件、过滤器、油箱、热交换器、蓄能器、油管、管接头等。这些元件对液压系统的性能、效率、温升、噪声和寿命有很大的影响。因此，在选择和使用液压系统时，对辅助元件必须予以足够的重视。

6.1　密　封　元　件

在液压与气压传动系统及元件中，为防止工作介质的泄漏及外界尘埃和异物的侵入，必须设置密封装置和密封元件。

正确、合理地使用密封件是液压传动系统正常工作的重要保证。密封装置的可靠性和使用寿命，是衡量系统好坏的一个重要指标。但需要指出的是，密封不是越严越好，如果在某些有相对运动部位密封过度，虽然可以防止泄漏，但也会造成密封部位的剧烈磨损，缩短密封装置的使用寿命，增大元件间的运动摩擦阻力，降低系统的机械效率等。

6.1.1　密封的分类及基本原理

1. 密封的分类

通常根据两个需要密封的耦合面在机器运转时有无相对运动，把密封分为动密封和静密封两大类。按照密封件的制造材料、安装方式和结构形式可进一步分成不同小类。具体划分见表 6.1。

表 6.1　　密封件分类表

分类		主要密封件
静密封	非金属静密封	O形橡胶密封圈
		橡胶垫片
		聚四氟乙烯生料带
	半金属静密封	组合密封垫圈
	金属静密封	金属密封垫圈
		空心金属O形密封垫圈
	液态静密封	密封胶

续表

分类			主要密封件
动密封	非接触式密封间隙密封		间隙、迷宫和阻尼等
	接触式密封	自封式压紧型密封	O形密封圈
			滑环组合O形密封圈
			异型密封圈
			其他
		自封式自紧型密封	Y形密封圈
			V形密封圈
			组合U形密封圈
			复合唇形密封圈
			双向组合唇形密封圈
		活塞环密封	金属活塞环
动密封	接触式密封	机械密封	机械密封件
		油封	油封件
		防尘密封	防尘圈

2. 密封的基本原理

除非接触式密封（间隙密封）外，都是利用密封件，使相邻两个耦合表面间的间隙控制在需要密封的介质能通过的最小间隙以下。

6.1.2 几种常见的密封元件

1. O形密封圈

O形密封圈是一种使用最广泛的密封件，其截面为圆形，如图6.1所示。其主要材料为合成橡胶，主要用于静密封及滑动密封，转动密封用得较少。

O形密封圈的截面直径在装入密封槽后一般压缩8%～25%。该压缩量使O形密封圈在工作介质没有压力或压力很低时，依靠自身的弹性变形密封接触面［图6.2（*c*）］。当工作介质压力较高时，在压力的作用下，O形密封圈被压到沟槽的另一侧［图6.2（*d*）］，此时密封接触面处的压力堵塞了介质泄漏的通道，起密封作用。如果工作介质的压力超过一定限度，O形圈将从密封槽的间隙中被挤出［图6.2（*e*）］而受到破坏，以致密封效果降低或失去密封作用。为避免挤出现象，必要时加密封挡圈。在使用时，对动密封工况，当介质压力大于10MPa时加挡圈；对静密封工况，当介质压力大于32MPa时加挡圈。O形密封圈单向受压，挡圈加在非受压侧，如图6.3（*a*）所示；O形密封圈双向受压，在O形密封圈两侧同时加挡圈，如图6.3（*b*）所示。挡圈材料常用聚四氟乙烯、尼龙等。采用挡圈后，会增加密封装置的摩擦阻力。

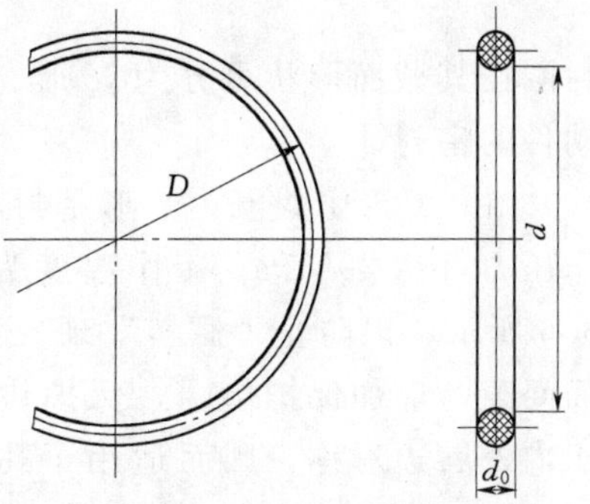

图6.1 O形密封圈

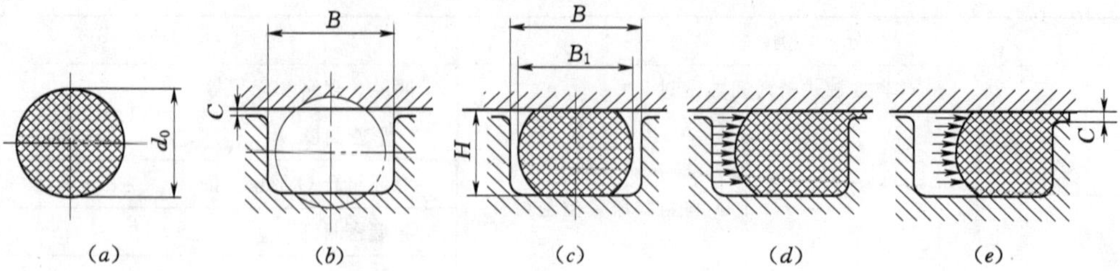

图 6.2　O 形密封圈的工作原理

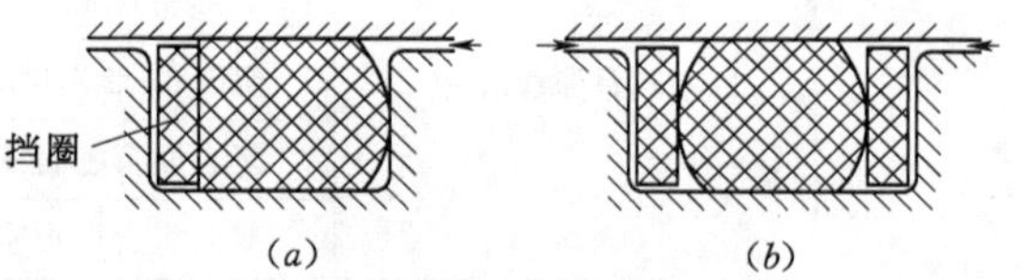

图 6.3　O 形密封圈的挡圈

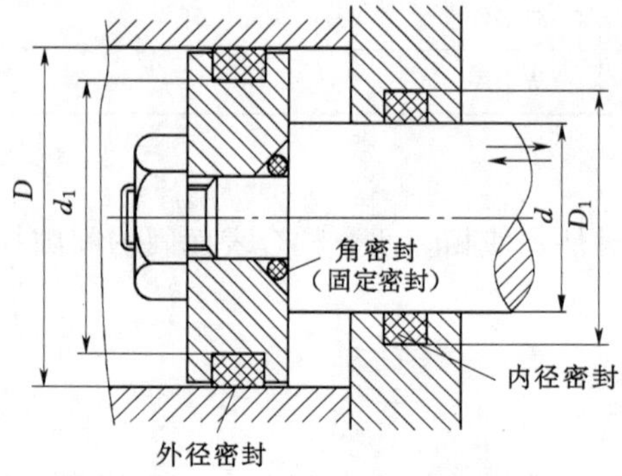

图 6.4　O 形密封圈用于角密封、端面密封、圆柱形内径和外径密封

当 O 形密封圈用于动密封时，可采用内径密封或外径密封；用于静密封时，可采用角密封，如图 6.4 所示。

O 形密封圈的尺寸系列及安装用沟槽形式、尺寸与公差及 O 形密封圈规格、使用范围的选择可查阅有关国家标准。

2. *唇形密封圈*

唇形密封圈是将密封圈的受压面制成某种唇形的密封件。工作时唇口对着有压力的一边，当介质压力等于零或很低时，靠预压缩密封。压力高时，靠介质压力的作用将唇边紧贴密封面，压力越高，贴得越紧，密封越好。唇形密封圈按其截面形状可分为 Y 形、Y_x 形、V 形、U 形、L 形和 J 形等，主要用于往复运动件的密封。

(1) Y 形密封圈。Y 形密封圈截面形状如图 6.5 所示。其主要材料为丁腈橡胶，工作压力可达 20MPa。工作温度为 −30～100℃。当压力波动大时，要加支承环，如图 6.6 所示，以防止“翻转”现象。当工作压力超过 20MPa 时，为防止密封圈挤入密封面间隙，应加保护垫圈，保护垫圈一般用聚四氟乙烯或夹布橡胶制成。Y 形密封圈由于内外唇边对称，因而适用于孔和轴的密封。孔用时按内径选取密封圈，轴用时按外径选取。由于一个 Y 形密封圈只能对一个方向的高压介质起密封作用，当两个方向交替出现高压时（如双作用缸），应安装两个 Y 形密封圈，它们的唇边分别对着各自的高压介质。

(2) Y_x 形密封圈。Y_x 形密封圈是一种截面高、宽比等于或大于 2 的 Y 形密封圈，如图 6.7 所示。主要材料为聚氨酯橡胶，工作温度为 −30～100℃。它克服了 Y 形密封圈易“翻转”的缺点，工作压力可达 31.5MPa。

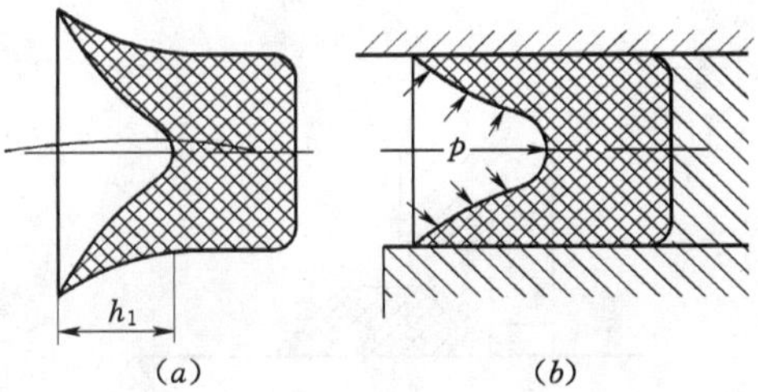

图 6.5 Y形密封圈的截面形状及密封原理

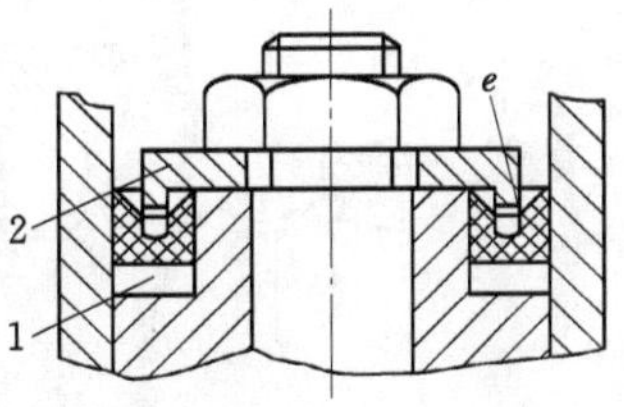

图 6.6 Y形密封圈的支承环和挡圈

1—挡圈；2—支承环

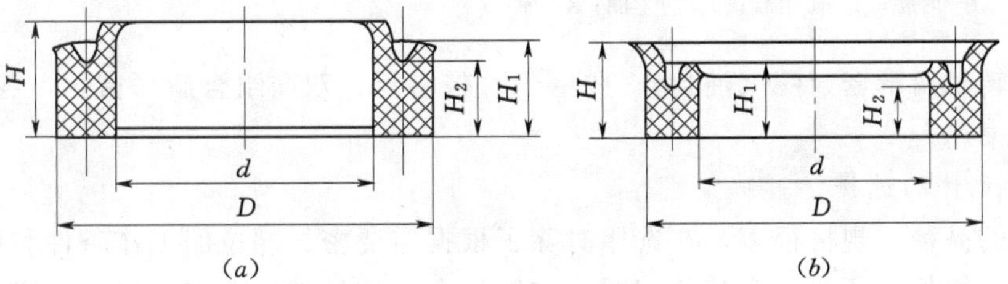

图 6.7 Y_x 形密封圈

(a) 孔用；(b) 轴用

(3) V形密封圈。V形密封圈是由压环、密封环和支承环组成。当密封压力高于10MPa时，可增加密封环的数量。安装时应注意方向，即开口面向高压介质。环的材料一般由橡胶或夹织物橡胶制成。主要用于活塞及活塞杆的往复运动密封，密封性能较Y形密封圈差，但可靠性好。密封环个数按工作压力选取。图6.8为V形密封圈示意图。

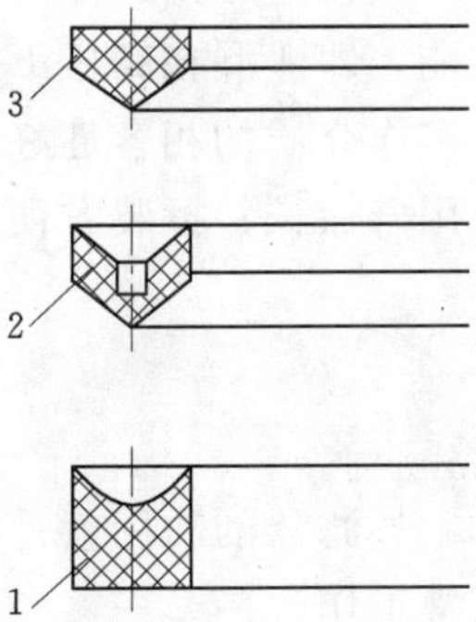

图 6.8 V形密封圈

1—压环；2—密封环；3—支承环

3. 防尘圈

在液压缸中，防尘圈被设置于活塞杆或柱塞密封外侧，用以防止在活塞杆或柱塞运动期间，外界尘埃、砂粒等异物侵入液压缸。避免引起密封圈、导向环和支承环等的损伤和早期磨损，并污染工作介质，导致液压元件损坏。

(1) 普通型防尘圈。普通型防尘圈呈舌形结构，如图6.9所示，分为有骨架式和无骨架式两种。普通型防尘圈只有一个防尘唇边，其支承部分的刚性较好，结构简单，装拆方便。制作材料一般为耐磨的丁腈橡胶或聚氨酯橡胶。防尘圈内唇受压时，具有密封作用，并在安装沟槽接触处形成静密封。普通型防尘圈的工作速度不大于1m/s，工作温度为－30～110℃，工作介质为石油基液压油和水包油乳化液。

(2) 旋转轴用防尘圈。旋转轴用防尘圈是一种用于旋转轴端面密封的防尘装置，其截面形状和安装情况如图6.10所示。防尘圈的密封唇缘紧贴轴颈表面，并随轴一起转动。由于离心力的作用，斜面上的尘土等异物均被抛离密封部位，从而起到防尘和密封的作用。这种防尘圈的特点是结构简单，装拆方便，防尘效果好，不受轴的偏心、振摆和跳动等影响，对轴无磨损。

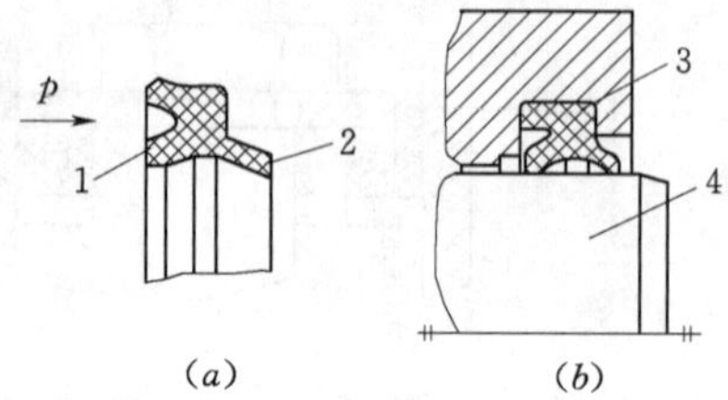

图 6.9　普通型防尘圈

(a) 截面；(b) 安装

1—内唇；2—防尘唇；3—防尘圈；4—轴

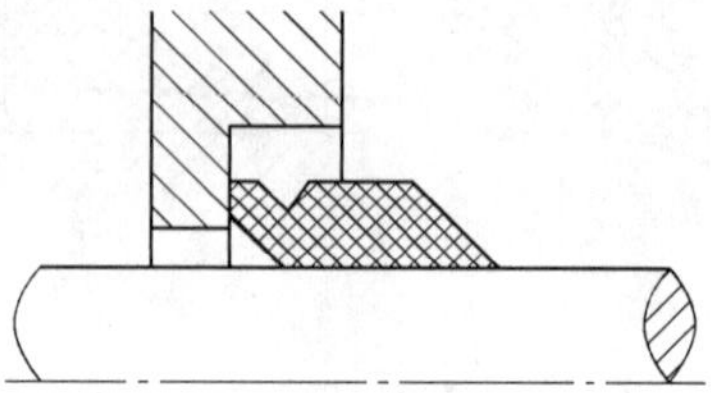

图 6.10　旋转轴用防尘圈的截面形状和安装

还有旋转轴唇形密封圈（油封）、胶密封、带密封、双向组合唇形密封，各有其特点，可查看相关书籍。

4. 密封元件的选择

密封件的品种、规格很多，在选用时除了根据需要密封部位的工作条件和要求选择相应的品种、规格外，还要注意其他问题，如工作介质的种类、工作温度（以密封部位的温度为基准）、压力的大小和波形、密封耦合面的滑移速度、"挤出"间隙的大小、密封件与耦合面的偏心程度、密封耦合面的粗糙度以及密封件与安装槽的形式、结构、尺寸、位置等。

按上述原则选定的密封元件应满足如下基本要求：在工作压力下，应具有良好的密封性能，即泄漏在高压下没有明显的增加；密封件长期在流体介质中工作，必须保证其材质与工作介质的相容性好；动密封装置的动、静摩擦阻力要小，摩擦因数要稳定；磨损小，使用寿命长；拆装方便，成本低等。

6.2 过　滤　器

过滤器的功用就是滤去油液中杂质，维护油液的清洁，防止油液污染，保证液压系统正常工作。

需要指出的是，过滤器的使用仅是减少液压介质污染的手段之一，要使液压介质污染降低到最低限度，还需要与其他清除污染手段相配合。过滤器的符号如图 6.11 所示。

6.2.1　过滤器的主要性能参数

主要性能参数有过滤精度、过滤比、过滤能力等。

1. 过滤精度

滤油器的过滤精度是指介质流经滤油器时滤芯能够滤除的最小杂质颗粒度的大小，以公称直径 d 表示，单位为mm。颗粒度越小，其过滤精度越高，一般分为四级：粗滤油器 $d \geqslant 0.1$mm，普通滤油器 $d \geqslant 0.01$mm，精滤油器 $d \geqslant 0.005$mm，特精滤油器 $d \geqslant 0.001$mm。

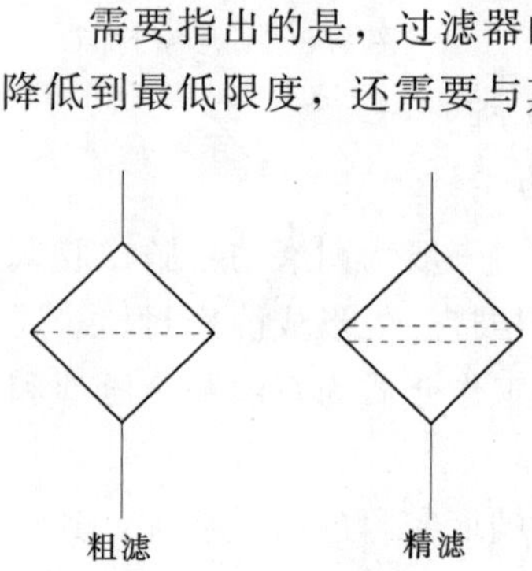

图 6.11　过滤器的符号

2. 过滤比

滤油器的作用也可用过滤比来表示，它是指滤油器上游油液单位容积中大于某一给定尺寸的颗粒数与下游油液单位容积中大于同一尺寸的颗粒数之比。国际标准 ISO4572 推荐过滤比的测试方法是：液压泵从油箱中吸油，油液通过被测滤油器，然后回油箱。同时在油箱中不断加入某种规格的污染物（试剂），测量滤油器入口与出口处污染物的数量，即得到过滤比。影响过滤比的因素很多，如污染物的颗粒度及尺寸分布、流量脉动及流量冲击等。过滤比越大，过滤器的过滤效果越好。

3. 过滤能力

滤油器的过滤能力是指在一定压差下允许通过滤油器的最大流量，一般用滤油器的有效过滤面积（滤芯上能通过油液的总面积）来表示。

6.2.2 过滤器的类型

过滤器按过滤材料的过滤原理来分，有表面型、深度型和磁性过滤器三种。

1. 表面型过滤器

表面型过滤器被滤除的微粒污物截留在滤芯元件油液上游一面，整个过滤作用是由一个几何面来实现的，就像丝网一样把污物阻留在其外表面。滤芯材料具有均匀的标定小孔，可以滤除大于标定小孔的污物杂质。由于污物杂质积聚在滤芯表面，所以此种过滤器极易堵塞。最常用的有网式和线隙式过滤器两种。图 6.12（*a*）所示的是网式过滤器，它是用细铜丝网 1 作为过滤材料，包在周围开有很多窗孔的塑料或金属筒形骨架 2 上。一般滤去 $d>0.08\sim0.18$mm 的杂质颗粒，阻力小，其压力损失不超过 0.01MPa，安装在液压泵吸油口处，保护泵不受大粒度机械杂质的损坏。此种过滤器结构简单，清洗方便。图 6.12（*b*）所示的是线隙式过滤器，1 是壳体，滤芯是用铜或铝线 3 绕在筒形骨架 2 的外圆上，利用线间的缝隙进行过滤。一般滤去 $d\geqslant0.03\sim0.1$mm 的杂质颗粒，压力损失约为 0.07～0.35MPa，常用在回油低压管路或泵吸油口。此种过滤器结构简单，滤芯材料强度低，不易清洗。

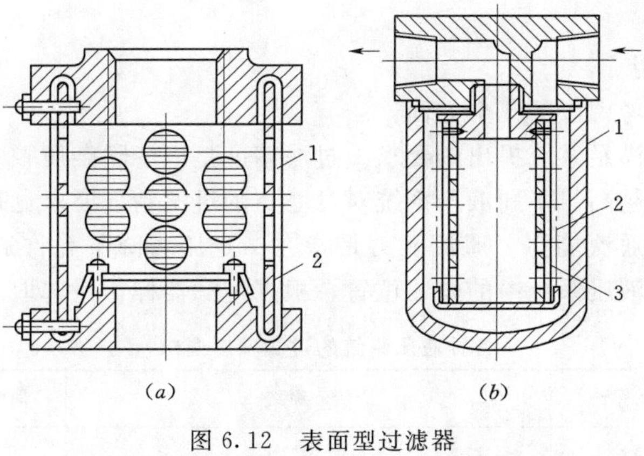

图 6.12 表面型过滤器

（*a*）网式过滤器；（*b*）线隙式过滤器

2. 深度型过滤器

深度型过滤器的滤芯由多孔可透性材料制成，材料内部具有曲折迂回的通道，大于表面孔径的粒子直接被拦截在靠油液上游的外表面，而较小污染粒子进入过滤材料内部，撞到通道壁上，滤芯的吸附及迂回曲折通道有利污染粒子的沉积和截留。这种滤芯材料有纸芯、烧结金属、毛毡和各种纤维类等。如图 6.13（*a*）所示为纸芯式过滤器，它采用折叠形以增加过滤面积的微孔纸芯 1 包在由铁皮制成的骨架 2 上。油液从外进入滤芯 1 后流出。它可滤去 $d>0.05\sim0.03$mm 的颗粒，压力损失约为 0.08～0.4MPa，常用于对油液要求较高的场合。纸芯式过滤器过滤效果好，滤芯堵塞后无法清洗，要更换纸芯。如图 6.13（*b*）所示为烧结式过滤器。它的滤芯 3 是用颗粒状青铜粉烧结而成。油液从左侧油孔进入，经杯状滤芯过滤后，从下部油孔流出。它可滤去 $d>0.01\sim0.1$mm 的颗粒，压力损失较大，约为 0.03～0.2MPa，多用在回油路上。烧结式过滤器制造简单，耐腐蚀，强度高。金属颗粒有时脱落，堵塞后清洗困难。

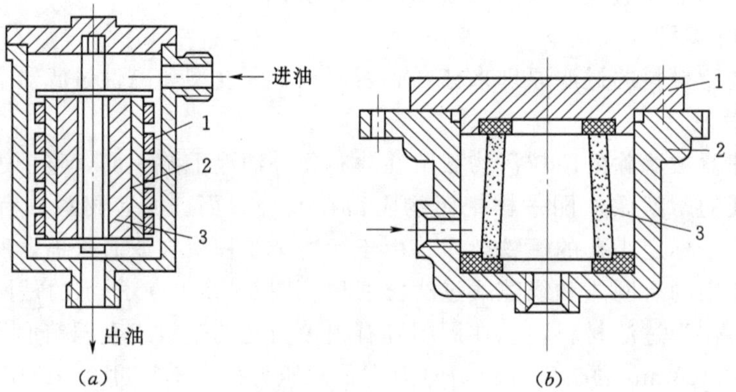

图 6.13　深度型过滤器

（*a*）磁性过滤器；（*b*）烧结式过滤器

3. 磁性过滤器

磁性过滤器的滤芯采用永磁性材料，将油液中对磁性敏感的金属颗粒被吸附到上面，如图 6.13（*c*）所示，常与其他形式滤芯一起制成复合式过滤器，对加工金属的机床液压系统特别适用。

6.2.3　过滤器的选用

选用过滤器时应考虑以下几个方面：

（1）过滤精度应满足系统提出的要求。过滤精度是以滤除杂质颗粒度大小来衡量，颗粒度越小则过滤精度越高。不同液压系统对过滤器的过滤精度要求见表 6.2。

（2）要有足够的通流能力。通流能力是指在一定压力降下允许通过过滤器的最大流量，应结合过滤器在液压系统中的安装位置，根据过滤器样本来选取。

表 6.2　　各种液压系统的过滤精度要求

系统类别	润滑系统	传动系统			伺服系统	特殊要求系统
压力（MPa）	0～2.5	⩽7	>7	⩽35	⩽21	⩽35
颗粒度（mm）	⩽0.1	⩽0.05	⩽0.025	⩽0.005	⩽0.005	⩽0.001

（3）要有一定的机械强度，不因液压力而破坏。

（4）考虑过滤器其他功能。对于不能停机的液压系统，必须选择切换式结构的过滤器，可以不停机更换滤芯；对于需要滤芯堵塞报警的场合，则可选择带发信装置的过滤器。

6.2.4 过滤器的安装

过滤器在液压系统中有以下几种安装位置。

(1) 安装在泵的吸油口。在泵的吸油口安装网式或线隙式过滤器，防止大颗粒杂质进入泵内，同时有较大通流能力，防止空穴现象，如图 6.14 中 1 所示。

(2) 安装在泵的出口。如图 6.14 中 2 所示，安装在泵的出口可保护除泵以外的元件，但需选择过滤精度高，能承受油路上工作压力和冲击压力的过滤器，压力损失一般小于 0.35MPa。此种方式常用于过滤精度要求高的系统及伺服阀和调速阀前，以确保它们的正常工作。为保护过滤器本身，应选用带堵塞发信装置的过滤器。

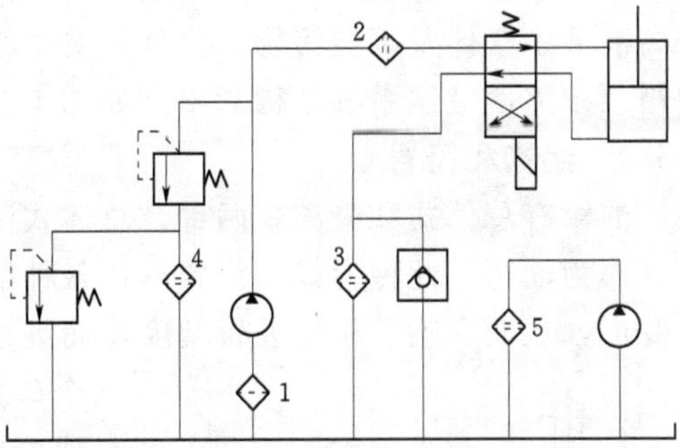

图 6.14 过滤器的安装位置

(3) 安装在系统的回油路上。安装在回油路可滤去油液回油箱前侵入系统或系统生成的污物。由于回油压力低，可采用滤芯强度低的过滤器，其压力降对系统影响不大，为了防止过滤器阻塞，一般与过滤器并联一安全阀或安装堵塞发信装置，如图 6.14 中 3 所示。

(4) 安装在系统的旁路上。如图 6.14 中 4 所示，与阀并联，使系统中的油液不断净化。

(5) 安装在独立的过滤系统。在大型液压系统中，可专设液压泵和过滤器组成的独立过滤系统，专门滤去液压系统油箱中的污物，通过不断循环，提高油液清洁度。专用过滤车也是一种独立的过滤系统，如图 6.14 中 5 所示。

使用过滤器时还应注意过滤器只能单向使用，按规定液流方向安装，以利于滤芯的清洗和安全。清洗或更换滤芯时，要防止外界污染物侵入液压系统。

到目前为止，液压系统还没有统一的产品规格标准。过滤器制造商按照各自的编制规则，形成各不相同的过滤器规格系列。6.2.5 节介绍网式和线隙式过滤器的型号，还有其他不同的滤油器可查有关手册。

6.2.5 过滤器的型号

1. WU—630×180□

①　②　③④

①名称：网式过滤器；②流量 L/min；③过滤精度；④连接形式：F 是法兰连接，无是管式连接。

2. XU—□ 16×100 □ □

①　②③　④⑤⑥

①名称：线隙式过滤器；②压力：J 吸油口，A1.6MPa，B2.5MPa，C6.3MPa；③流量；④过滤精度；⑤连接形式：F 是法兰连接，B 是板式连接，无是螺纹连接；⑥S 带发讯体，无不带发讯体。

6.3 油　　箱

6.3.1 油箱的功用

油箱在液压系统中的主要功用是储存液压系统所需的足够油液，散发油液中的热量，分离油液中气体及沉淀污物。另外，对中小型液压系统，往往把泵装置和一些元件安装在油箱顶板上使液压系统结构紧凑，如图 1.3 中的液压站。

6.3.2 结构和符号

油箱有总体式和分离式两种。总体式油箱是与机械设备机体做在一起，利用机体空腔部分作为油箱。此种形式结构紧凑，各种漏油易于回收。但散热性差，易使邻近构件发生热变形，从而影响了机械设备精度，而且维修不方便，使机械设备复杂。分离式油箱是一个单独的、与主机分开的装置，它布置灵活，维修保养方便，可减少油箱发热和液压振动对工作精度的影响，便于设计成通用化、系列化的产品，因而得到广泛的应用。对一些小型液压设备，为了节省占地面积或者为了批量生产，常将液压泵—电动机装置及液压控制阀安装在分离油箱的顶部组成一体，称为液压站。对大中型液压设备一般采用独立的分离油箱，即油箱与液压泵—电动机装置及液压控制阀分开放置。当液压泵—电动机装置安装在油箱侧面时，称为旁置式油箱；当液压泵—电动机装置安装在油箱下面时，称为下置式油箱（高架油箱）。油箱多为自制，油箱的符号在前几章已介绍过。

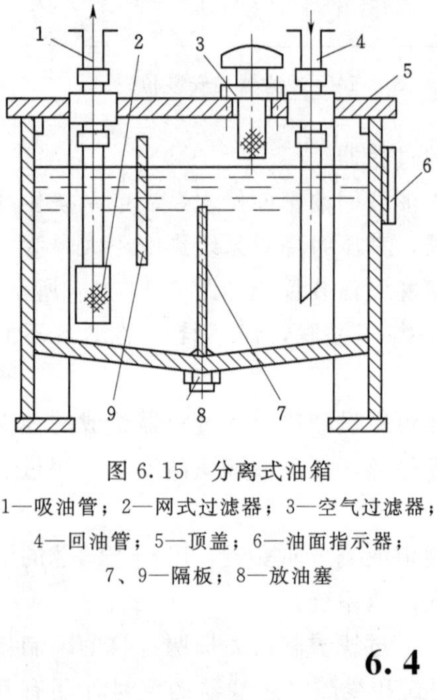

图 6.15　分离式油箱

1—吸油管；2—网式过滤器；3—空气过滤器；4—回油管；5—顶盖；6—油面指示器；7、9—隔板；8—放油塞

图 6.15 所示为小型分离式油箱。通常油箱用 2.5～5mm 钢板焊接而成。

6.4 热 交 换 器

液压系统中，油液的工作温度一般在 40～60℃为宜，最高不高于 60℃，最低不低于 15℃。温度过高将使油液迅速裂化变质，同时使液压泵的容积效率下降；温度过低则液压泵吸油困难。为控制油液温度，油箱常配有冷却器和加热器，统称为热交换器。

6.4.1 冷却器及符号

对冷却器的基本要求是在保证散热面积足够大，散热效率高和压力损失小的前提下，要求结构紧凑、坚固、体积小和重量轻，最好有自动控温装置以保证油温控制的准确性。

根据冷却介质不同，冷却器有风冷式、冷媒式和水冷式三种。风冷式利用自然通风来冷却，常用在行走设备上。冷媒式是利用冷媒介质（如氟利昂）在压缩机中作绝热压缩、散热器放热、蒸发器吸热的原理，把热油的热量带走，使油冷却，此种方式冷却效果最好，但价格昂贵，常用于精密机床等设备上。水冷式是一般液压系统常用的冷却方式。

水冷式利用水进行冷却，它分为有板式、多管式和翅片式。图 6.16 为多管式冷却器。

油从壳体左端进油口流入，由于挡板2的作用，使热油循环路线加长，这样有利于和水管进行热量交换，最后从右端出油口排出。水从右端盖的进水口流入，经上部水管流到左端后，再经下部水管从右端盖出水口流出，由水将油液中热量带出。此种方法冷却效果较好。

冷却器一般安装在回油管路或低压管路上。

水冷却器的型号：GL □ □—□

① ② ③ ④

其中：①名称代号：列管式冷却器；②结构形式：C是翅管式，L是裸管式；③系列型号：1，2，3，4；④公称冷却面积：0.4～28mm，分级。

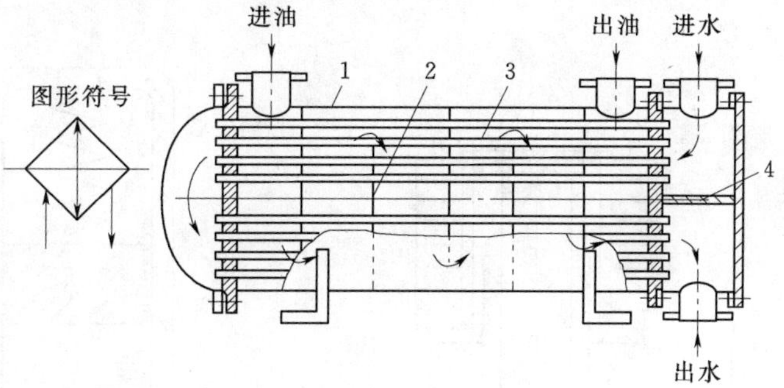

图 6.16 多管式冷却器

1—外壳；2—挡板；3—钢管；4—隔板

6.4.2 加热器及符号

油液加热的方法有用热水或蒸汽加热和电加热两种方式。由于电加热器使用方便，易于自动控制温度，故应用较广泛，如图6.17所示，电加热器2用法兰固定在油箱1的内壁上。发热部分全浸在油液的流动处，便于热量交换。电加热器表面功率密度不得超过$3W/cm^2$，以免油液局部温度过高而变质，为此应设置联锁保护装置，在没有足够的油液经过加热循环时，或者在加热元件没有被系统油液完全包围时，阻止加热器工作。

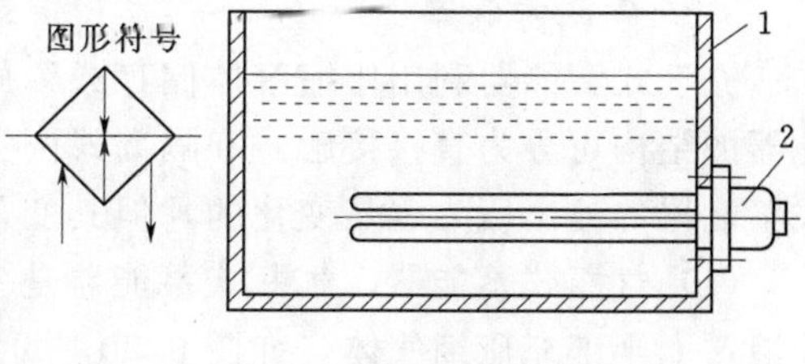

图 6.17 电加热器安装图

1—油箱；2—电加热器

有关冷却器和加热器具体结构尺寸、性能及设计参数可参考有关设计资料。

6.5 蓄 能 器

蓄能器是液压系统中用来储存压力能的装置，应用于间歇需要大量油液的液压系统，达到节约能量、减少投资的目的。也可应用于需要吸收压力脉动及减小液压冲击的系统中。

6.5.1 蓄能器的类型及符号

蓄能器有重锤式、弹簧式和充气式三种。蓄能器的符号如图6.18的左图所示。

1. 重锤式蓄能器

重锤式蓄能器如图6.18所示，它利用重锤的位置变化储存和释放能量。重锤通过柱塞作用于液压油面，使之产生一定的压力。这种蓄能器结构简单，压力稳定，但重量大，体积大，所以容量不易做得过大。通常只供蓄能用，常用作大型设备的第二能源。

2. 弹簧式蓄能器

弹簧式蓄能器如图6.19所示，它利用弹簧来储存和释放能量。弹簧的力通过活塞作用于液压油面，油液压力由弹簧的预压缩力和活塞面积决定。由于弹簧伸缩时作用力有变化，所以蓄能器提供的压力也是变化的，为减少这一变化量可选择刚度较低的弹簧，并限制活塞的行程。不适用于高压和高频动作的场合，一般用于小容量、低压系统，用作蓄能和缓冲。

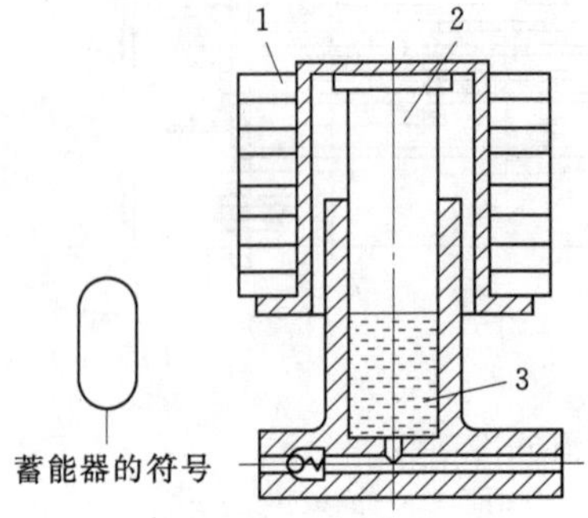

图6.18　重锤式蓄能器

1—重锤；2—柱塞；3—液压油

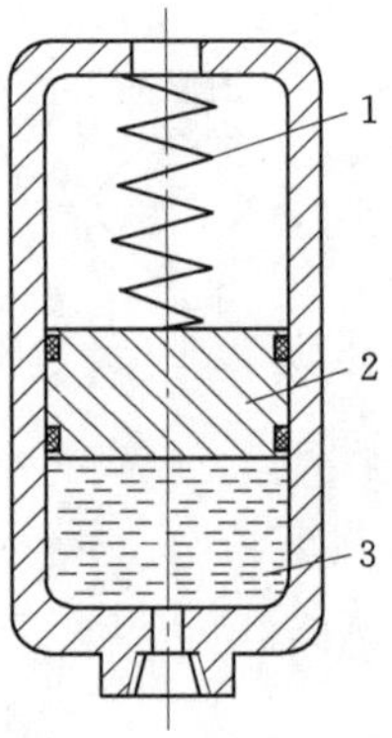

图6.19　弹簧式蓄能器

1—弹簧；2—活塞；3—液压油

3. 充气式蓄能器

充气式蓄能器利用压缩气体储存或释放能量。为安全起见，所充气体采用氮气。按蓄能器的结构可分为直接接触式和隔离式两类。隔离式又可分为活塞式和气囊式两种。充气式蓄能器的输出压力也是变化的，但其变化量较小。

(1) 气瓶式蓄能器。气瓶式蓄能器是一个直接接触式蓄能器，其结构简单，下半部盛油液，上半部充压缩气体，如图6.20所示。这种蓄能器容量大、体积小、反应灵敏。其缺点是气体容易混入油液中，使油液的可压缩性增加，而影响执行元件的运动平稳性。该蓄能器耗气量大，必须经常补气。因此适用于中、低压大流量系统。

(2) 活塞式蓄能器。活塞式蓄能器是利用活塞使气体与油液隔离，如图6.21所示，以减少气体浸入油液的可能性。这种蓄能器实际是一个大的气缸，因此缸壁及活塞外圆有较高的加工要求，使之成本提高。另外，活塞的摩擦力会影响蓄能器动作的灵敏性，且活塞不能完全防止气体浸入油液。适用于储存能量，或在中、高压系统中吸收压力脉动。

(3) 气囊式蓄能器。气囊式蓄能器结构如图6.22所示。壳体为两端成球形的圆柱体，壳体内有一个用耐油橡胶制成的气囊，气囊出口设有充气阀，充气阀只有为气囊充气时才打开，平时关闭。壳体下部装有一个受弹簧力作用的菌形阀，在工作状态下，压力油经菌形阀进出，当油液排空时，菌形阀可以防止气囊被挤出。这种蓄能器气体和液体完全隔开，而且蓄能器的重量轻、惯性小、反应灵敏，是当前应用最广泛的一种。主要用作减震器、缓冲器和用于控制油的循环。

图 6.20　气瓶式蓄能器

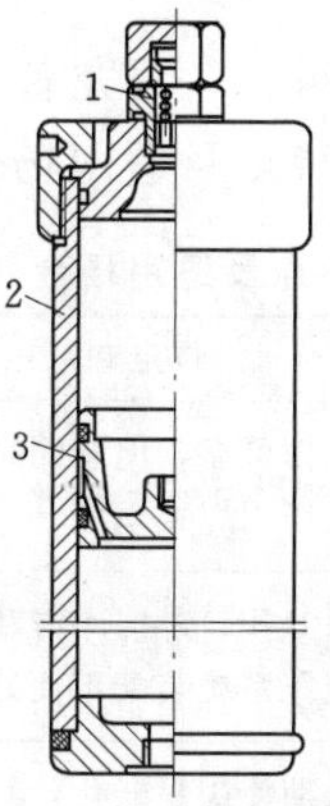

图 6.21　活塞式蓄能器

1—气口；2—壳体；3—活塞

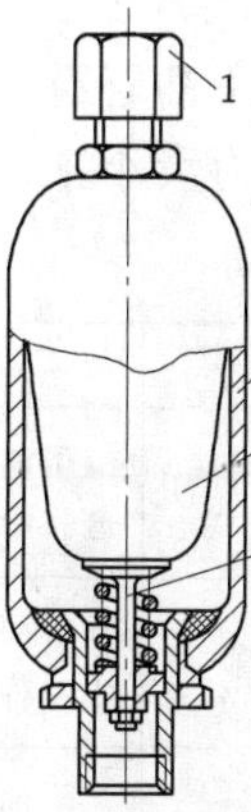

图 6.22　气囊式蓄能器

1—充气阀；2—壳体；3—气囊；4—菌形阀

6.5.2　蓄能器的选用、安装及型号

(1) 蓄能器作为一种压力容器，选用时必须选用有完善质量体系保证并取得有关部门认可的产品。

(2) 选择蓄能器必须考虑与液压系统工作介质的相容性。当系统采用非矿物基液压油时，选择时应特别加以说明。

(3) 气囊式蓄能器应垂直安装，油口向下，否则会影响气囊的正常伸缩。

(4) 蓄能器用于吸收液压冲击和压力脉动时，应尽可能安装在震源附近，用于补充泄漏。使执行元件保压时，应尽量靠近该执行元件。

(5) 安装在管路中的蓄能器必须用支架或支承板加以固定。

(6) 蓄能器与管路之间应安装截止阀，以便于充气检修；蓄能器与液压泵之间应安装单向阀，以防止液压泵停车或卸载时，蓄能器内的压力油倒流回液压泵。

活塞式蓄能器的型号：

HXQ—□ □ □

① ② ③ ④

①名称代号：活塞式蓄能器；②内径尺寸系列：A—100mm，B—125mm，C—150mm；③公称容积：1.0～39L，分级；④公称压力：17MPa。

气囊式蓄能器的型号：

NXQ—□

① ②

①名称代号：气囊式蓄能器；②公称容积：0.25～150L，分级。

6.6 管　　件

管件是用来连接液压元件、输送液压油的连接件。管件应保证有足够强度、密封性能好、压力损失小、拆装方便等。管件主要包括油管和管接头。

6.6.1 油管

1. 油管的种类

液压系统常用油管有钢管、紫铜管、塑料管、尼龙管、橡胶软管等。应当根据液压装置工作条件和压力大小来选择油管，油管的特点及适用场合见表6.3。

表6.3 各种油管的特点及适用场合

种类		特点和适用场合
硬管	钢管	耐油、耐高温、强度高、工作可靠，但装配时不便弯曲，常在装拆方便处用作压力管道。中压以上用无缝钢管，低压用焊接钢管
	紫铜管	价高，承压能力低（6.5～10MPa），抗冲击和震动能力差，易使油液老化，但易弯曲成各种形状，常用在仪表和液压系统装配不便处
软管	塑料管	耐油，价低，装配方便，长期使用易老化，只适用于压力低于0.5MPa的回油管或泄油管
	尼龙管	乳白色透明，可观察流动情况，价低，加热后可随意弯曲，扩口冷却后定型，安装方便，承压能力因材料而异（2.5～8MPa），今后有扩大使用的可能
	橡胶软管	用于相对运动部件的连接，分高压和低压两种。高压软管由耐油橡胶夹有几层钢丝编织网（层数越多耐压越高）制成，价高，用于压力管路。低压软管由耐油橡胶夹布制成，用于回油管路

2. 油管的特征尺寸

油管的特征尺寸为通径，它代表油管的通流能力，表示油管的名义尺寸，单位为mm。如12mm通径的无缝钢管的通流能力为250L/min，其外径为42mm，而壁厚及实际内径则根据油管工作压力不同而异。如工作压力$P\leqslant 32$MPa时，壁厚$a=5$mm，内径$d=32$mm。实用时可查相应手册。

3. 油管安装注意事项

(1) 尽量缩短管路，避免过多的交叉。

(2) 弯硬管时要使用弯管器，弯曲部分保持圆滑，防止皱折。

(3) 金属管连接时必须有弯，图6.23列举了一些配置实例。

(4) 连接软管时要防止软管受拉或受扭，管接头附近的软管应避免立即弯曲。

(5) 带多层钢丝编织的橡胶软管的弯曲半径约为外径的9倍，弯曲位置距接头应为外径的6倍以上，软管交叉时应避免接触摩擦，可设置管夹。

6.6.2 管接头

管接头是油管与液压元件、油管与油管之间可拆卸的连接件。管接头必须在强度足够的、在液压系统中管子与元件或管子与管子之间，除外径大于50mm的金属管采用法兰连接外，对于小直径的油管普遍采用管接头连接方式。管接头的形式和质量，直接影响油路阻力和连接强度。其密封性能是影响系统外泄漏的重要因素。因此对管接头的合理选择，要给予足够重视。

常用管接头有下列几种。

1. 焊接管接头

如图6.24所示，把接管2与被连接钢管一端焊接后，再通过螺母3、接头体1等与

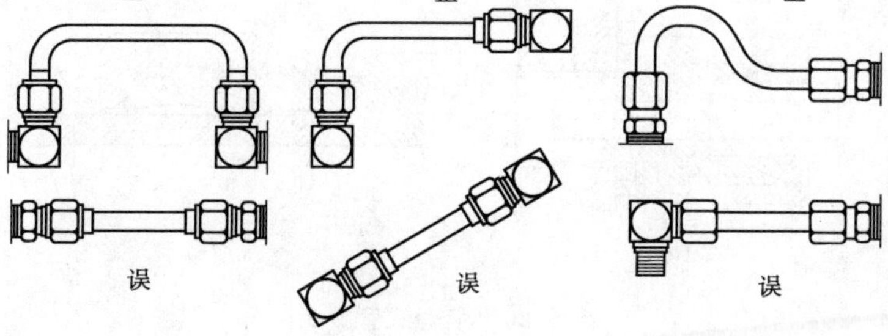

图 6.23 金属管连接实例

其他管子或元件连接起来。接头体 1 与接管 2 之间可用 O 形密封圈 4 密封，也可以采用球面密封，用螺母 3 旋紧。为了提高密封性，加组合密封圈 5 进行密封。若采用锥螺纹，在螺纹表面包一层聚四氟乙烯密封。管接头也可用如图 6.25（*a*）所示的球面压紧，或加金属密封圈 4，用如图 6.25（*b*）所示的方法来密封。后两种密封方法承压能力较低，球面密封的接头加工较困难。接头体与元件连接处，可采用图 6.25 所示的圆锥螺纹，也可采用细牙圆柱螺纹（图 6.24），并加组合密封圈 5 防漏。

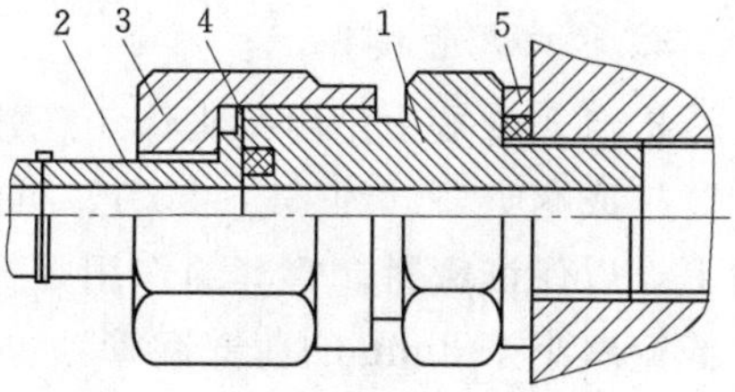

图 6.24 带密封圈的焊接管接头

1—接头体；2—接管；3—螺母；4—O 形密封圈；5—组合密封圈

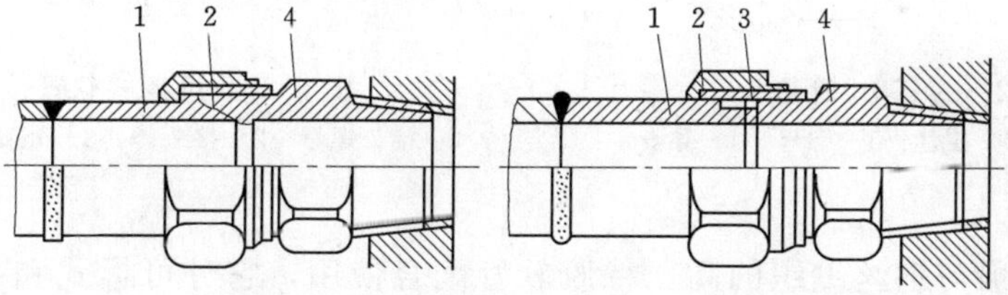

图 6.25 球面压紧和加金属密封圈的焊接管接头

（*a*）球面压紧；（*b*）加金属密封垫圈

1—接管；2—螺母；3—密封圈；4—接头体

焊接式管接头工作可靠，制造工艺较简单、拆装方便，工作压力可达 32MPa 以上，目前应用较普遍。缺点是对焊接质量要求较高，同时油管须采用厚壁管。

2. 卡套式管接头

卡套式管接头如图 6.26 所示，其种类较多，但都是由接头体 1、螺母 3 和卡套 4 这三个基本零件组成。卡套是一个在内圆端部带有锋利刃口的金属环，当螺母和接头体拧紧时，内锥面使卡套两端受到一压紧力作用，卡套中间部分产生弹性变形而鼓起，并将刃口切入被连接的接管 2 的管壁而起连接和密封作用，如图 6.26（*b*）所示。卡套还能作锁紧弹簧用，以防止螺母 3 松动。图 6.26（*a*）中的 5 为组合密封垫圈。

卡套式管接头使用压力可达 32MPa，不需要密封件，其工作可靠，装卸方便，避免了麻烦的焊接工艺。但卡套的制作工艺要求高，而且对被连接油管的精度要求也较高。随

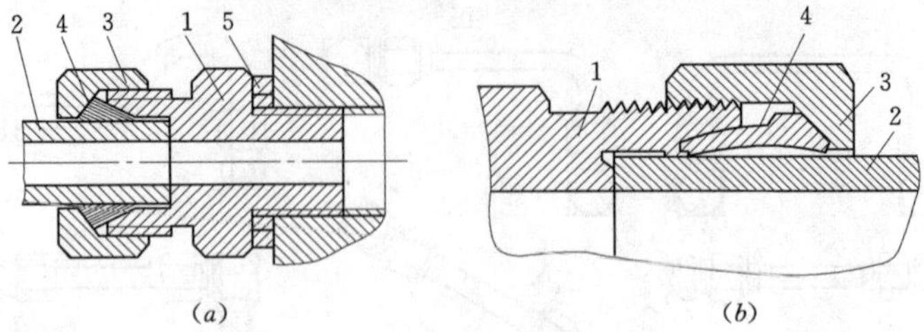

图 6.26　卡套式管接头

1—接头体；2—接管；3—螺母；4—卡套；5—密封垫圈

着技术水平和专业水平的提高，卡套式管接头的使用会更加广泛。

3. 扩口式管接头

扩口式管接头是由接头体 1、螺母 3 和导套 4 组成，如图 6.27 所示。装配时先将接管 2 扩成喇叭口（约 74°～90°），再用螺母 3 把导套 4 连同喇叭形管口压紧在接头体的锥面上，以保证密封。管套的作用是拧紧螺母时使管子不跟着转动。扩口式管接头适用于铜管或壁厚小于 2mm 的薄壁钢管，也可用来连接尼龙管和塑料管，工作压力不大于 5MPa。

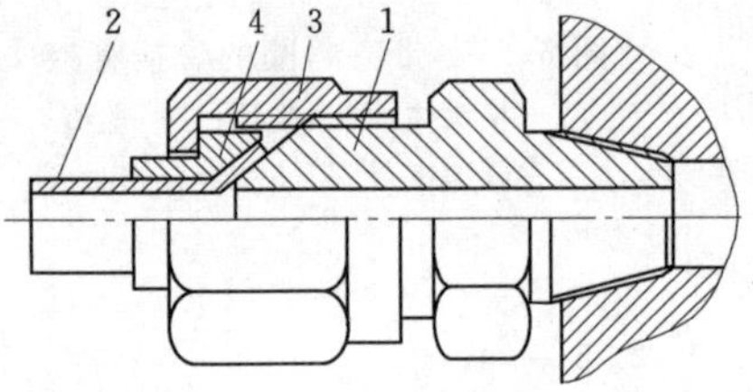

图 6.27　扩口式管接头

1—接头体；2—接管；3—螺母；4—导套

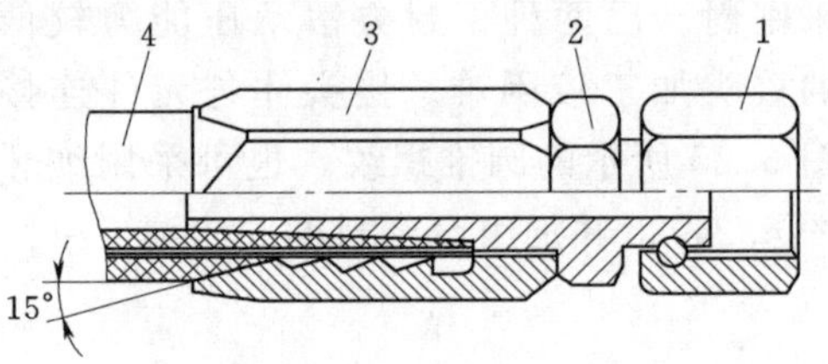

图 6.28　可拆式软管接头

1—接头螺母；2—接头体；3—外套；4—胶管

4. 软管接头

软管接头一般与钢丝编织的高压橡胶软管配合使用，它分可拆式和扣压式两种。图 6.28 所示为可拆式软管接头。它主要由接头螺母 1、接头体 2、外套 3 和胶管 4 组成。胶管夹在两者之间，拧紧后，连接部分胶管被压缩，从而达到连接和密封的作用。扣压式软管接头如图 6.29 所示。它由接头螺母 1、接头芯 2、接头套 3 和胶管 4 构成。装配前先剥去胶管上的一层外胶，然后把接头套套在剥去外胶的胶管上再插入接头芯，然后将接头套在压床上用压模进行挤压收缩，使接头套内锥面上的环形齿嵌入钢丝层达到牢固的连接，也使接头芯外锥面与胶管内胶层压紧而达到密封的目的。

注意，软管接头的规格是以软管内径为依据的，金属管接头则是以金属管外径为依据的。

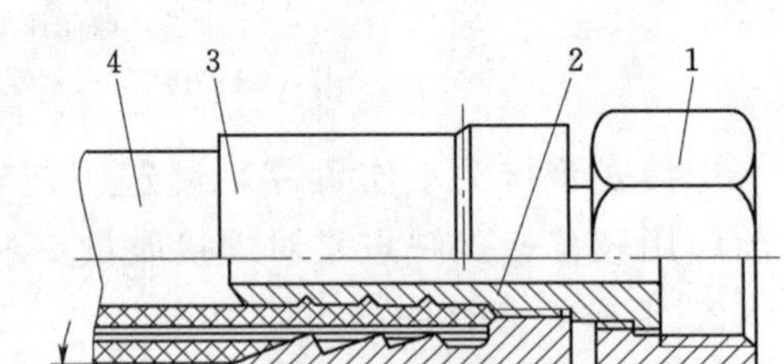

图 6.29　扣压式软管接头

1—接头螺母；2—接头芯；3—接头套；4—胶管

5. 快速接头

快速接头是一种既不需要使用工具，又能实现快速装卸的接头。图 6.30 所示为快速接头的结构示意图。图中各零件位置为油路接通时的位置。它有两个接头体 3 和 9，接头体两端分别与管道连接。外套8把接头体3上的3个或8个钢球7压落在接头体9上的V形槽中，使两接头体连接起来。锥阀芯2和5互相挤紧顶开使油路接通。当需要断开油路时，可用力将外套8向左推移，同时拉出接头体9，此时弹簧4使外套8回位。锥阀芯2和5分别在各自弹簧1和6的作用下外伸，顶在接头体3和9的阀座上而关闭油路，并使两边管子内的油封闭在管中，不致流出。

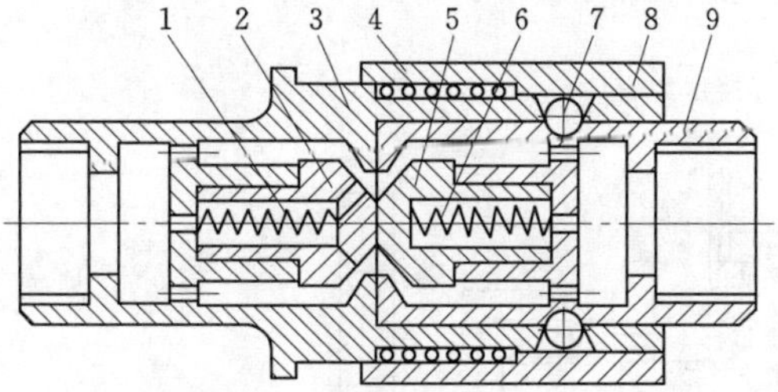

图6.30 快速接头的结构

1、4、6—弹簧；2、5—锥阀芯；3、9—接头体；7—钢球；8—外套

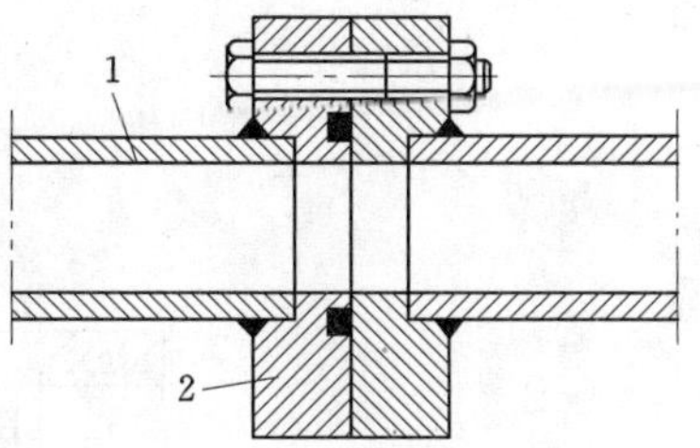

图6.31 法兰式管接头

1—钢管；2—法兰

6. *法兰式管接头*

法兰式管接头是把钢管1焊接在法兰2上，再用螺钉连接起来，两法兰之间用O形密封圈密封，如图6.31所示。这种管接头结构坚固，工作可靠，防振性好；但外形尺寸较大，适用于高压、大流量管路。

管件中的硬管可查相关的设计手册或材料手册，管接头的种类繁多，生产厂家也不少，和管夹系列、测压软管、测压接头等可查相关的样本和生产厂家。

6.7 压力表附件

6.7.1 压力表

液压系统各工作点的压力一般都用压力表来观测，以调整到要求的工作压力。在液压系统中最常用的是弹簧管式压力表，其工作原理如图6.32所示。当压力油进入弹簧弯管1时，产生管端变形，通过杠杆4使扇形齿轮5摆转，带动小齿轮6，使指针2偏转，由刻度盘3读出压力值。压力表精度用精度等级来衡量，即压力表最大误差占整个量程的百分数。如1.5级精度等级的量程为10MPa的压力表，最大量程时的误差为10MPa×1.5%=0.15MPa。压力表最大误差占整个量程的百分数越小，压力表精度越高。一般机械设备液压系统采用1.5～4级精度等级的压力表。在选用压力表时，其量程应比液压系统压力要高，即压力表量程约为系统最高工作压力的1.5倍左右。

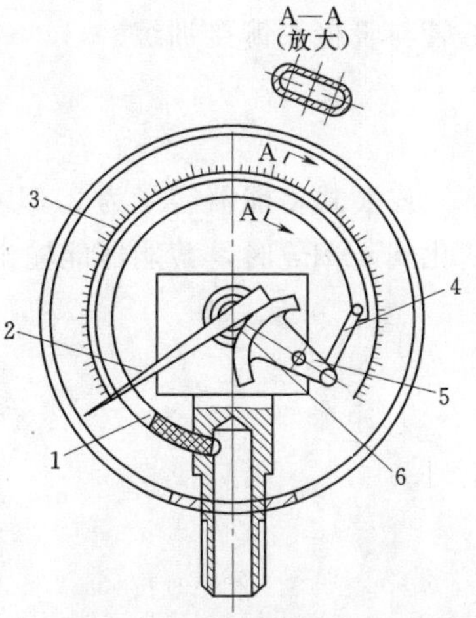

图6.32 弹簧管式压力表

1—弹簧弯管；2—指针；3—刻度盘；4—杠杆；5—扇形齿轮；6—小齿轮

压力表不能仅靠一根细管来固定，而应把它固定在

面板上，压力表应安装在调整系统压力时能直接观察到的部位。压力表接入压力管道时，应通过阻尼小孔以及压力表开关，以防止系统压力突变或压力脉动而损坏压力表。

6.7.2　压力表开关

压力表与系统的连接需要压力表开关，图6.33所示为压力表开关的结构图，旋转手轮可打开或关闭压力表油路，也可以适当调节手轮由针阀调节油路开口，起到阻尼缓冲的作用，使压力表指针动作平稳。也有其他类型的压力表开关。

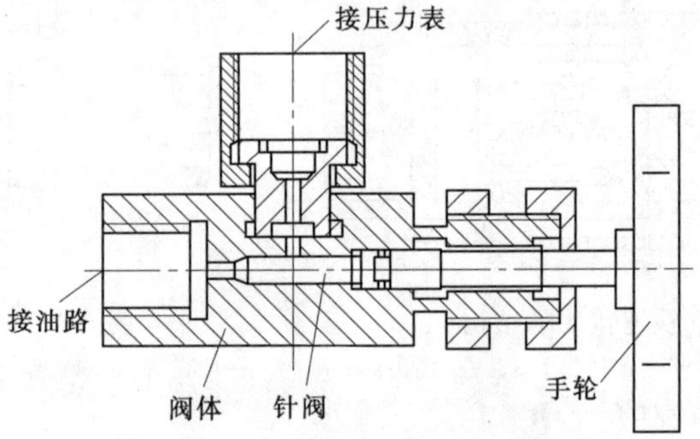

图6.33　压力表开关的结构图

任务实施：

（1）实施条件：多媒体教学设备、液压试验台。

（2）实施说明：

1）对密封圈进行更换，掌握密封圈的选择原则和使用方法。

2）对进油路、回油路、旁路上分别设置过滤器，掌握过滤器的选择原则和使用方法。

3）对油箱结构进行分解，掌握油箱使用时注意的事项。

4）对油管和管接头进行铆接，掌握油管、管接头的选择原则和铆接方法。

（3）实施内容：密封圈更换实验；过滤器过滤实验；油箱的拆装、清洗实验；过滤器油管与管接头铆接训练。

习　题

皮囊式蓄能器容量为2.5L，气体的充气压力为2.5MPa，当工作压力从 p_1 由7MPa变化到4MPa时，蓄能器能输出的油液体积为多少？

学习情境 7　液压系统基本回路组建与调试

学习目标：压力控制回路的工作原理和应用；快速运动回路和速度转换回路的工作原理及应用；节流调速回路的速度负载特性；多缸动作回路的实现方式。

学习任务：减压回路的工作原理及应用；容积调速回路的调节方法及应用；多缸快慢互不干扰回路的工作原理。

任何一种液压传动系统都是由一些基本回路组成的。所谓基本回路，就是用来完成某种特定功能的典型回路。按基本回路的功能可分为压力控制回路、速度控制回路、方向控制回路和多缸工作控制回路等。熟悉和掌握这些基本回路的组成、工作原理和性能，是分析、维护、安装、高度和使用液压系统的重要基础。

7.1 压力控制回路

压力控制回路是通过控制液压系统（或系统中某一部分）的压力，以满足执行元件对力或转矩要求的回路。这类回路包括调压、保压、增压、减压、背压、卸荷和平衡等多种基本液压回路。

7.1.1 调压回路

调压回路的功能是使液压系统（或系统中某一部分）的压力与负载相适应并保持稳定，或为了安全而限定系统的最高压力不超过某一数值。当液压系统在不同工作阶段需要两种以上不同大小的压力时，可采用多级调压回路。下面介绍两种调压回路。

1. 双向调压回路

当执行元件正反行程需不同的供油压力时，可采用双向调压的回路，如图 7.1 所示。当换向阀在左位工作时，活塞为工作行程，液压泵出口由溢流阀 1 调定为较高压力，缸右腔油液通过换向阀回油箱，溢流阀 2 此时不起作用。当换向阀如图所示在右位工作时，活塞作空行程返回，液压泵出口由溢流阀 2 调定为较低压力，溢流阀 1 不起作用。活塞退回到终点以后，液压泵在低压下回油，功率损耗小。

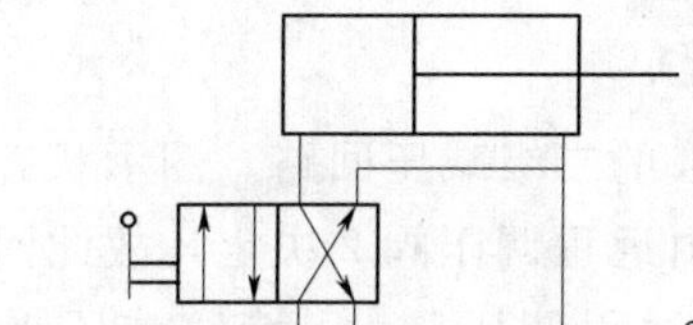

图 7.1　双向调压回路图

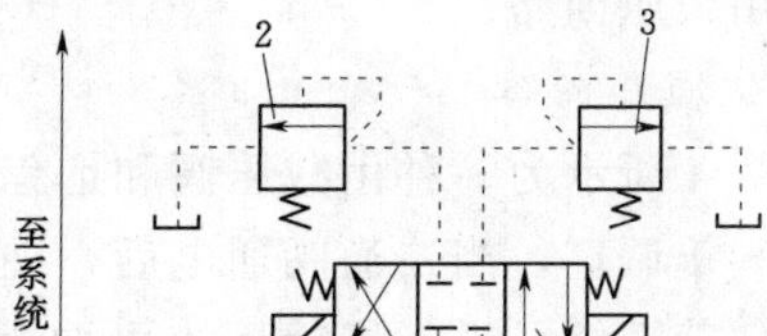

图 7.2　三级调压回路

2. 多级调压回路

图7.2所示为三级调压回路。在图示状态时，液压泵出口压力由先导式溢流阀1调定为最高压力（若阀4采用H型的中位机能的电磁阀，则此时液压泵卸荷，即为最低压力）；当换向阀4的左、右电磁铁分别通电时，液压泵由远程调压阀2和3调定。阀2和阀3的调定压力必须小于阀1的调定压力值。

如果在先导式溢流阀1的远程控制口处多并联几个远程调压阀，且各远程调压阀的出油口分别由二位二通换向阀来控制，就能实现多级调压。例如，SZ－250A型注塑机的液压系统采用多个远程调压阀调压，满足了系统多级压力要求。

7.1.2　减压回路

减压回路的功能是使液压系统中某一支路具有较主油路低的稳定压力。当液压系统中某一支路在不同工作阶段需要两种以上大小不同的工作压力时，可采用多级减压回路。

1. 单向减压回路

图7.3所示为用于夹紧液压系统的单向减压回路。单向减压阀5安装在液压缸6与换向阀4之间，当1YA通电，三位四通电磁换向阀左位工作，液压泵输出压力油通过单向阀3、换向阀4，经减压阀5减压后输入液压缸的左腔，推动活塞向右运动，夹紧工件，右腔的油液经换向阀4流回油箱；当工件加工完了以后，2YA通电，换向阀4右位工作，液压泵输出压力油通过单向阀3、换向阀4，进入液压缸的右腔，推动活塞向左运动，液压缸6左腔的油液经单向减压阀5的单向阀、换向阀4流回油箱，回程时减压阀不起作用。单向阀3在回路中的作用是，当主油路压力低于减压油路的压力时，利用锥阀关闭的严密性，保证减压回路的压力不变，使夹紧缸保持夹紧力不变。还应指出，减压阀5的调整压力应低于溢流阀2的调整压力，才能保证减压阀正常工作（起减压作用）。例如，MJ－50型数控车床的液压系统中的卡盘的夹紧与松开、尾坐套筒的伸缩运动就是采用减压回路。

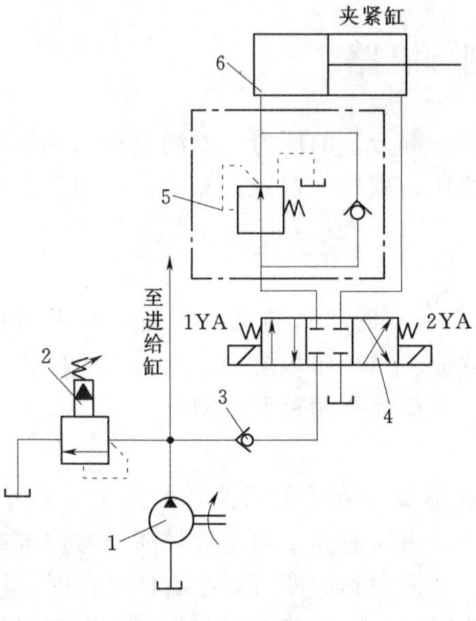

图7.3　单向减压回路

2. 二级减压回路

如图7.4所示为一种由减压阀和远程调压阀组成的二级减压回路。图示状态，夹紧压力由减压阀1调定，当二通阀通电后，夹紧压力则由远程调压阀2决定，故此回路为二级减压回路。若系统只需一级减压，可取消二通阀与远程调压阀2、堵塞减压阀1的外控口。若取消二通阀，远程调压阀2用直动式比例溢流阀取代，根据输入信号的变化，便可获得无级或多级的稳定低压。为使减压回路可靠地工作，其最高调整压力应比系统压力低一定数值，例如，中高压液压系统减压阀约低1MPa（中、低压液压系统约低0.5MPa），否则减压阀不能正常工作。当减压支路的执行元件速度需要调节时，节流元件应装在减压阀的出口，因为减压阀起作用时，有少量泄油从先导阀流回油箱，节流元件装在出口，可避免泄油对节流元件调定的流量产生影响。减压阀出口压力若比系统压力低得多，会增加功率损失和系统升温，必要时可用高、低压双泵分别供油。

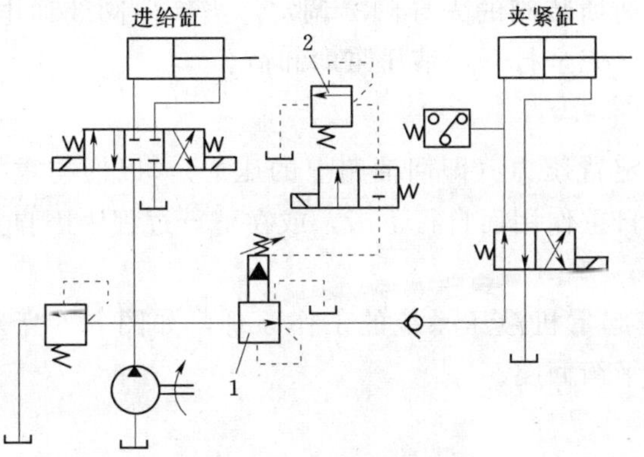

图 7.4　二级减压回路

1—减压阀；2—远程调压阀

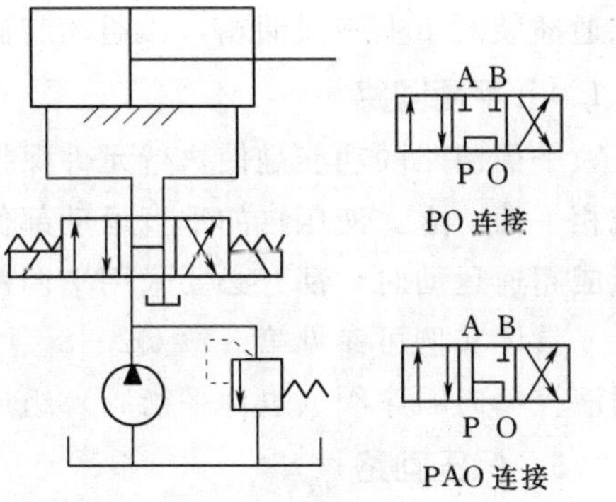

图 7.5　采用三位换向阀的卸荷回路

7.1.3　卸荷回路

卸荷回路的功能是在液压泵不停止转动的情况下，使液压泵在零压或很低压力下运转，以减小功率损耗，降低系统发热，延长液压泵和驱动电动机的使用寿命。

1. 三位阀中位机能的卸荷回路

如图 7.5 所示为采用 M 型（也可用 H 型或 K 型）中位滑阀机能的二位四通电磁换向阀来实现卸荷的回路。换向阀在中位时可以使液压泵输出的油液直接流回油箱中，从而实现液压泵的卸荷。对于低压小流量液压泵，采用换向阀直接卸荷是一种简单而有效的方法。

2. 二位二通阀的卸荷回路

如图 7.6 所示为二位二通阀的卸荷回路。采用此方法的卸荷回路必须使二位二通换向阀的流量与液压泵的额定流量相匹配。这种卸荷方法的卸荷效果较好，易于实现自动控制。一般适用于液压泵的流量小于 63L/min 的场合。

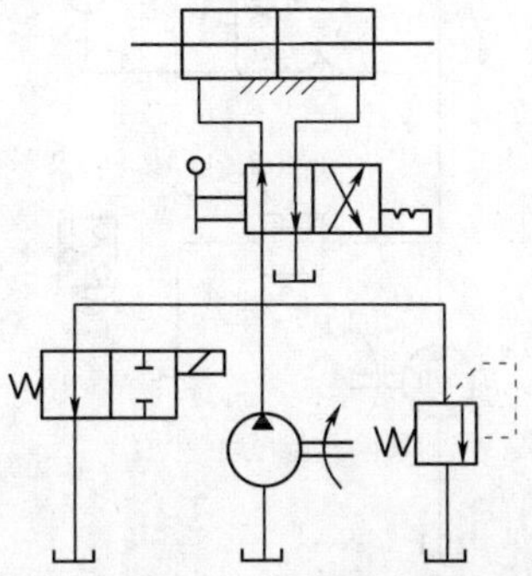

图 7.6　用二位二通阀的卸荷回路

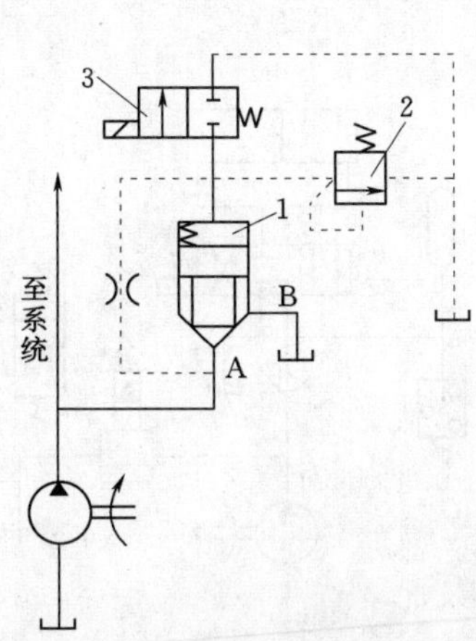

图 7.7　用二通插装阀卸荷回路

3. 二通插装阀卸荷回路

二通插装阀通流能力大，由它组成的卸荷回路适用于大流量系统。如图 7.7 所示的液压回路，正常工作时，液压泵的压力由二通插装阀的先导阀 2 调定。当换向阀 3 通电后，二通插装阀 1 上腔通油箱，二通插装阀阀口完全打开，液压泵即卸荷。

7.1.4　平衡回路

平衡回路的功能是使执行元件保持一定背压力（即回油路上的压力），以便与重力负载相平衡。立式液压缸的垂直运动部件因自重作用而自行下滑，或在下行过程中因自重而造成超速运动时，都有必要采用平衡回路。

具体实例可参见第 8 章 Q2－8 型汽车起重机液压系统的工作原理，如图 8.6 所示的用液控单向顺序阀（也称平衡阀）组成的平衡回路。

7.1.5　保压回路

液压缸在工作循环的某一阶段，如果需要保持一定的工作压力，就应采用保压回路。在保压阶段，液压缸没有运动，最简单的方法是用一个密封性能好的单向阀来保压。但是这种办法保压的时间短，压力稳定性不高。由于此时液压泵处于卸荷状态（为了节能）或给其他的液压缸供应一定压力的液压油，为补偿保压缸的泄漏和保持工作压力，可在回路中设置蓄能器。下面列举几个典型的蓄能器保压回路。

1. 液压泵卸荷的保压回路

如图 7.8 所示的回路，采用了蓄能器和压力继电器。当三位四通电磁换向阀左位工作时，液压泵同时向液压缸左腔和蓄能器供油，液压缸前进夹紧工件。在夹紧工件时进油路压力升高，当压力达到压力继电器调定值时，表示工件已经被夹牢，蓄能器已储备了足够的压力油。这时压力继电器发出电信号，同时使二位二通换向阀的电磁铁通电，控制溢流阀使液压泵卸荷。此时单向阀自动关闭，液压缸若有泄漏，油压下降，则可由蓄能器补油保压。

液压缸压力不足（下降到压力继电器的闭合压力）时，压力继电器复位使液压泵重新工作。保压时间取决于蓄能器的容量，调节压力继电器的通断调节区间即可调节液压缸压力的最大值和最小值。

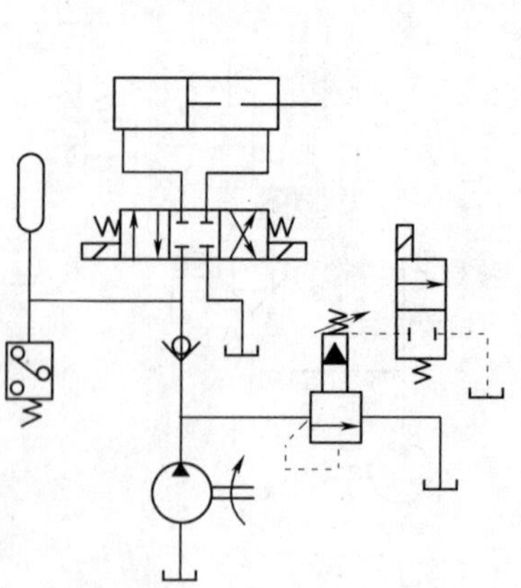

图 7.8　液压泵卸荷的保压回路

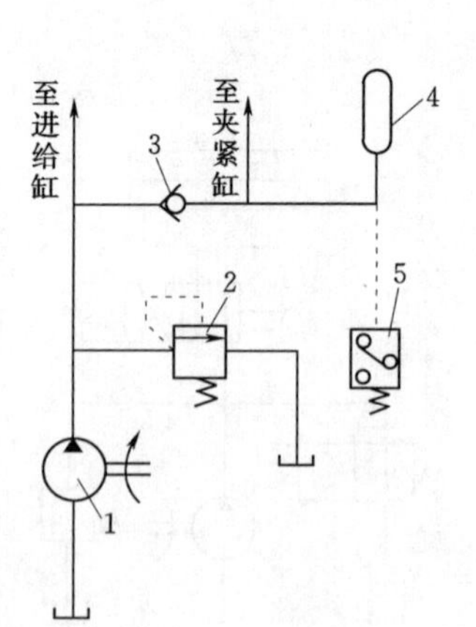

图 7.9　多缸系统的保压回路

2. 多缸系统的保压回路

多缸系统中负载的变化不应影响保压缸内压力稳定。图 7.9 所示的回路中，进给缸快进时，液压泵 1 压力下降，当单向阀 3 关闭，把夹紧油路和进油路隔开。蓄能器 4 用来为夹紧缸保压并补偿泄漏。压力继电器 5 的作用是当夹紧缸压力达到预定值时发出电信号，使进给缸动作。

7.2 方向控制回路

方向控制回路是控制执行元件的起动、停止及换向的回路。这类回路包括换向和锁紧两种基本回路。

7.2.1 换向回路

换向回路的功能是可以改变执行元件的运动方向。一般可采用各种换向阀来实现，在闭式容积高速回路中也可利用双向变量泵实现换向过程。用电磁换向阀来实现执行元件的换向最为方便，但因电磁换向阀的动作快，换向时有冲击，故不宜用于频繁换向。采用电液换向阀换向时，虽然其液动换向阀的阀芯移动速度可调节，换向冲击较小，但仍不能适用于频繁换向的场合。即使这样，由电磁换向阀构成的换向回路仍是应用最广泛的一种回路，尤其是在自动化程度要求较高的组合液压系统中被普遍采用。这种换向回路曾多次出现于前面所提及的许多回路中，这里不再赘述。

机动换向阀可进行频繁换向，且换向可靠性较好，这种换向回路中执行元件的换向过程，是通过工作台侧面固定的挡块和杠杆直接作用使换向阀来实现换向的；而电磁换向阀换向，需要通过电气行程开关、继电器和电磁铁等中间环节。但机动换向阀必须安装在执行元件附近，不如电磁换向阀安装灵活。例如，YT4543 型动力滑台液压系统的换向回路就是采用机动换向阀、电磁换向阀来实现换向的。

7.2.2 锁紧回路

锁紧回路的功能是使执行元件停止在规定的位置上，且能防止因受外界影响而发生漂移或窜动。

通常采用 O 型或 M 型中位机能的三位换向阀构成锁紧回路，当接入回路时，执行元件的进、出油口都被封闭，可将执行元件锁紧不动。这种锁紧回路由于受到换向阀泄漏的影响，执行元件仍可能产生一定漂移或窜动，锁紧效果较差。

图 7.10 所示为两个液控单向阀组成的锁紧回路。活塞可以在行程中的任何位置停止并锁紧，其锁紧效果只受液压缸泄漏的影响，因此其锁紧效果较好。

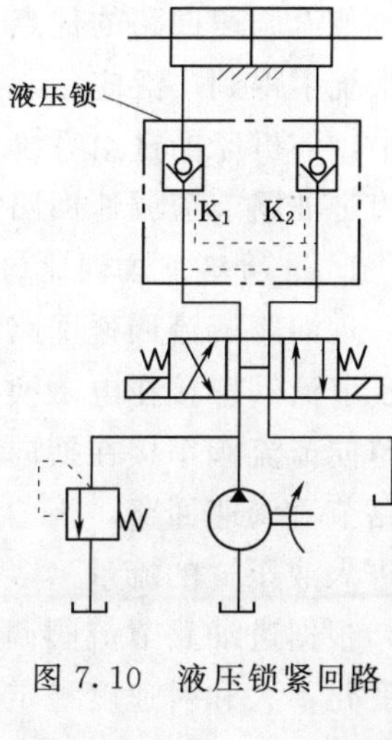

图 7.10 液压锁紧回路

采用液压锁的锁紧回路，换向阀的中位机能应使液压锁的控制油液卸压（即换向阀应采用 H 型或 Y 型中位机能），以保证换向阀中位接入回路时，液压锁能立即关闭，活塞停止运动并锁紧。如果采用 O 型中位机能的换向阀，换向阀处于中位时，由于控制油液仍存在一定的压力，液压锁不能立即关闭，直至由于换向阀泄漏使控制油液压力下降到一定值后，液压锁才能关闭，这就较低了锁紧效果。

例如，Q2－8型汽车起重机液压系统中的支腿收放回路，为确保支腿能停放在任意位置并能可靠地锁住，在支腿液压缸的控制回路中设置了双向液压锁。

7.3　速度控制回路

速度控制回路是对液压系统中执行元件的运动速度和速度切换实现控制的回路。速度控制回路包括调速、快速和换速等回路。

7.3.1　调速回路

调速回路的功能是调定执行元件的工作速度。在不考虑油液的可压缩性和泄漏的情况下，执行元件的速度表达式为

液压缸　$$v=\frac{q}{A} \tag{7-1}$$

液压马达　$$n=\frac{q}{V} \tag{7-2}$$

从式（7－1）和式（7－2）可知，改变输入执行元件的流量、液压缸的有效工作面积或液压马达的排量均可以达到调速的目的，但改变液压缸的有效工作面积往往会受到负载等其他因素的制约，改变排量对于变量液压马达容易实现，但对定量马达则不易实现，而使用最普遍的方法是通过改变输入执行元件的流量来达到调速的目的。目前，液压系统中常用的调速方式有以下三种：

（1）节流调速。用定量泵供油，由流量控制阀改变输入执行元件的流量来调节速度。其主要优点是速度稳定性好，主要缺点是节流损失和溢流损失较大、发热多、效率较低。

（2）容积调速。通过改变变量泵或（和）变量马达的排量来调节速度。其主要优点是无节流损失和溢流损失、发热较小、效率较高，其主要缺点是速度稳定性较差。

（3）容积节流调速。用能够自动改变流量的变量泵与流量控制阀联合来调节速度。其主要优点是有节流损失、无溢流损失、发热较低、效率较高。

7.3.1.1　节流调速回路

节流调速回路的优点是结构简单、工作可靠、造价低和使用维护方便，因此在机床液压系统中得到广泛应用。其缺点是能量损失大、效率低、发热多，故一般多用于小功率系统中，如机床的进给系统。按流量控制阀在液压系统中设置位置的不同，节流调速回路可分为进油路节流调速回路、回油路节流调速回路和旁油路节流调速回路三种。

1. 进油路节流调速回路

进油路节流调速回路是将流量控制阀设置在执行元件的进油路上，如图7.11所示，由于节流阀串接在电磁换向阀前，所以活塞的往复运动均属于进油节流调速过程。也可采用单向节流阀串接在换向阀和液压缸进油腔的油路上，以实现单向进油节流调速。对于进油路节流调速回路，因节流阀和溢流阀是并联的，故通过调节节流阀阀口的大小，便能控制进入液压缸的流量（多余油液经溢流阀回油箱）而达到调速的目的。

根据进油路节流阀调速回路的特点，节流阀进油节流调速回路适用于低速、轻载、负载变化不大和对速度稳定性要求不高的场合。

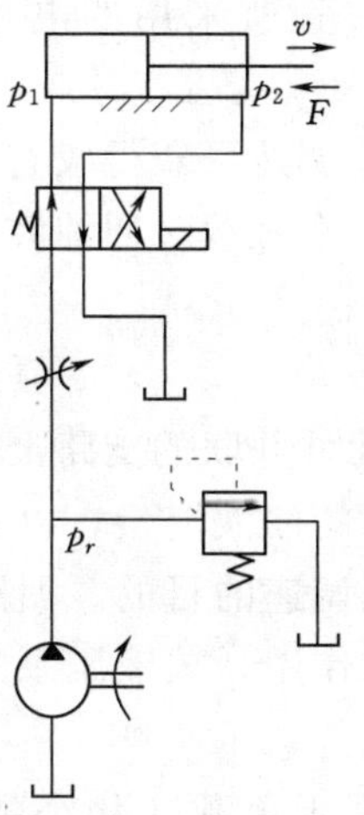

图 7.11 进油路节流调速回路

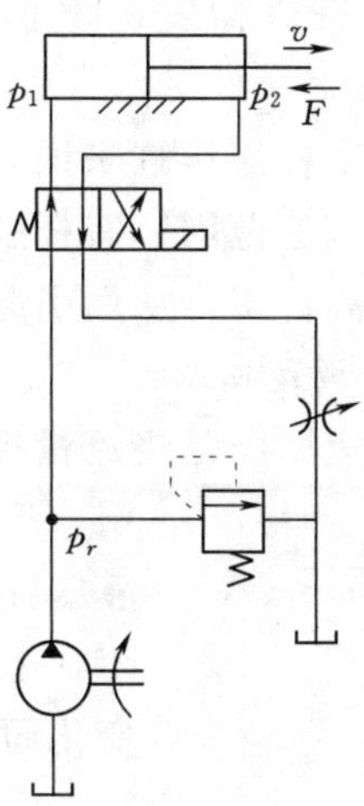

图 7.12 回油路节流调速回路

2. 回油路节流调速回路

回油路节流调速回路是将流量控制阀设置在执行元件是回油路上，如图 7.12 所示。由于节流阀串接在电磁换向阀与油箱之间的回油路上，所以活塞的往复运动都属于回油节流调速过程。通过节流阀调节液压缸的回油流量，从而控制进入液压缸的流量，因此同进油路节流调速回路一样可达到调速的目的。

节流阀回油路节流调速回路也具备前述进油节流调速回路的特点，但这两种调速回路因液压缸的回油腔压力存在差异，因此它们之间也存在不同之处，比较如下：

(1) 对于回油路节流调速回路，由于液压缸的回油腔中存在一定背压，因而能承受一定负值负载（即与活塞运动方向相同的负载，如顺铣时的铣削力和垂直运动部件下行时的重力等）；而进油路节流调速回路，在负值负载作用下活塞的运动会因失控而超速前冲。

(2) 在回油路节流调速回路中，由于液压缸的回油腔中存在背压，且活塞运动速度越快，产生的背压力就越大，故其运动平稳性较好；而进油路节流调速回路，液压缸的回油腔中则无此背压，因此其运动平稳性较差，若增加背压阀，则运动平稳性也可以得到提高。

(3) 在回油路节流调速回路中，经过节流阀发热后的油液能够直接流回油箱并得以冷却，对液压缸泄漏的影响较小；而进油路节流调速回路，通过节流阀发热后的油液直接进入液压缸，会引起泄漏的增加。

(4) 对于回油路节流调速回路，在停车后，液压缸回油腔中的油液会由于泄漏而形成空隙，再次启动时，液压泵输出的流量将不受流量控制阀的限制而全部进入液压缸，使活塞出现较大的启动超速前冲；而对于进油路节流调速回路，因进入液压缸的流量总是受到节流阀的限制，故启动冲击小。

(5) 对于进油路节流调速回路，比较容易实现压力控制过程，当运动部件碰到死挡铁后，液压缸进油腔内的压力会上升到溢流阀的调定压力，利用这种压力的上升变化可使压力继电器发出电信号；而回油路节流调速回路，液压缸进油腔内的压力变化很小，难以利用，即使在运动部件碰到死挡铁后，液压缸回油腔内的压力会下降到零，利用这种压力下降变化也可使压力继电器发出电信号，但实现这一过程所采用的电路结构复杂，可靠性低。

此外，对单活塞杆液压缸来说，无杆腔进油路节流调速可获得较有杆腔回油路节流调速低的速度和大的调速范围；有杆腔回油路节流调速，在轻载时回油腔内的背压力可能比进油腔内的压力要高许多，从而引起较大的泄漏。

3. 旁油路节流调速回路

旁油路节流调速回路是将流量控制阀设置在执行元件并联的支路上，如图 7.13 所示。用节流阀来调节流回油箱的油液流量，以实现间接控制进入液压缸的流量，从而达到调速的目的。回路中溢流阀处于常闭状态，起到安全保护的作用，故液压泵的供油压力随负载变化而变化。

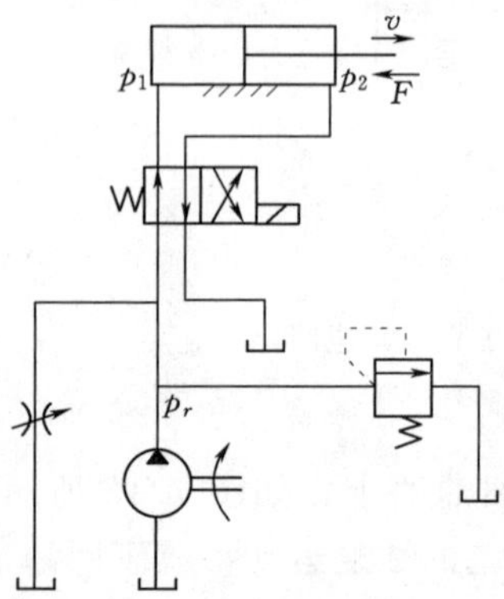

图 7.13　旁油路节流调速回路

旁油路节流调速适用于负载变化小和对运动平稳性要求不高的高速大功率场合。应注意的是，在这种调速回路中，液压泵的泄漏对活塞运动的速度有较大影响，而在进油和回油节流调速回路中，液压泵的泄漏对活塞运动的速度影响则较小，因此这种调速回路的速度稳定性比前两种回路都低。

4. 节流调速回路工作性能的改进

使用节流阀的节流调速回路，其速度稳定性都比较低，在变负载下的运动平稳性也较差，这主要是由于负载变化引起节流阀前、后压力差变化而产生的后果。如果用调速阀代替节流阀，调速阀中的定差减压阀可使节流阀前、后压力差保持基本恒定，可以提高节流调速回路的速度稳定性和运动平稳性，但工作性能的提高是以加大流量控制阀前、后压力差为代价的（调速阀前、后压力差一般最小应有 0.5MPa，高压调速阀应有 1.0MPa），故功率损失较大，效率较低。调速阀节流调速回路在机床及低压小功率系统中已得到广泛应用。

7.3.1.2　容积调速回路

容积调速回路的特点是液压泵输出的油液都直接进入执行元件，没有溢流和节流损失，因此效率高、发热小，适用于大功率系统中，但是这种调速回路需要采用结构较复杂的变量泵或变量马达，故造价较高，维修也较困难。

容积调速回路按油液循环方式不同可分为开式和闭式两种。开式回路的液压泵从油箱中吸油并供给执行元件，执行元件排出的油液直接返回油箱，油液在油箱中可得到很好的冷却并使杂质得以充分沉淀，油箱体积大，空气也容易侵入回路而影响执行元件的运动平稳性。闭式回路的液压泵将油液输入执行元件的进油腔中，又从执行元件的回油腔处吸油，油液不一定都经过油箱，而直接在封闭回路内循环，从而减少了空气侵入的可能性，但为了补偿回路的泄漏和执行元件进、回油腔之间的流量差，必须设置补油装置。

根据液压泵与执行元件的组合方式的不同，容积调速回路有三种组合形式：变量泵—定量马达（或缸）、定量泵—变量马达和变量泵—变量马达。

1. 变量泵—定量马达（或缸）容积调速回路

图 7.14（a）所示为变量泵—液压缸开式容积调速回路，图 7.14（b）所示为变量

泵—定量马达闭式容积调速回路。这两种调速回路都是利用改变变量泵的输出流量来调节速度的。

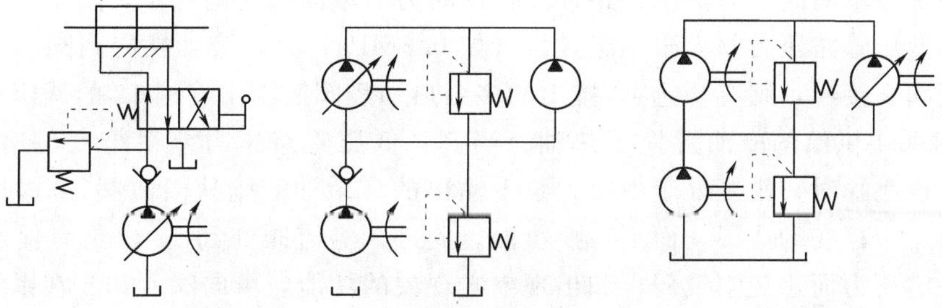

图 7.14　容积调速回路

(a) 变量泵—液压缸式；(b) 变量泵—定量马达式；(c) 定量泵—变量马达式

在图 7.14 (a) 中，溢流阀作安全阀使用，换向阀用来改变活塞的运动方向，活塞运动速度是通过改变泵的输出流量来调节的，单向阀在变量泵停止工作时可以防止系统中的油液流空和空气侵入。

在图 7.14 (b) 中，为补充封闭回路中的泄漏而设置了补油装置。辅助泵（辅助泵的流量一般为变量泵最大流量的 10%～15%）将油箱中经过冷却的油液输入到封闭回路中，同时与油箱相通的溢流阀溢出定量马达排出的多余热油，从而起到稳定低压管路压力和置换热油的作用，由于变量泵的吸油口处具有一定的压力，所以可避免空气侵入和出现空穴现象。封闭回路中的高压管路上连有溢流阀可起到安全阀的作用，以防止系统过载，单向阀在系统停止工作时可以起到防止封闭回路中的油液流空和空气侵入的作用。马达的转速是通过改变变量泵的输出流量来调节的。

这种容积调速回路，液压泵的转速和液压马达的排量都为常数，液压泵的供油压力随负载增加而升高，其最高压力由安全阀来限制。这种容积调速回路中马达（或缸）的输出速度、输出的最大功率都与变量泵的排量成正比，输出的最大转矩（或推力）恒定不变，故称这种回路为恒转矩（或推力）调速回路，由于其排量可调得很小，因此其调速范围较大。

2. 定量泵—变量马达容积调速回路

将图 7.14 (b) 中的变量泵换成定量泵，定量马达置换成变量马达即构成定量泵—变量马达容积调速回路，如图 7.14 (c) 所示。在这种调速回路中，液压泵的转速和排量都为常数，液压泵的最高供油压力同样由溢流阀来限制。该调速回路中马达能输出的最大转矩与变量马达的排量成正比，马达转速与其排量成反比，能输出的最大功率恒定不变，故称这种回路为恒功率调速回路。马达的排量因受到拖动负载能力和机械强度的限制而不能调得太大，相应其调速范围也较小，且调节起来很不方便，因此这种调速回路目前很少单独使用。

3. 变量泵—变量马达容积调速回路

如图 7.15 所示，回路中元件对称设置，双向变量泵 2 可以实现正反向供油，相应双向变量马达 10 便能实现正反向转动。同样调节泵 2 和马达 10 的排量也可以改变马达的转速。泵 2 正向供油时，上油管路 3 是高压管路，下油管路 11 是低压管路，马达 10 正向旋转，阀 7 作为安全阀可以防止马达正向旋转时系统出现过载现象，此时阀 6 不起任何作用，辅助泵 1 经单向阀 5 向低压管路补油，此时另一单向阀 4 则处于关闭状态。液动换向阀 8 在高、低压管路压力差大于一定数值（如 0.5MPa）时，液动换向阀阀芯下移。低压管路与溢流阀 9 接通，则有马达 10 排出的多余热油经阀 9 溢出（阀 12 的调定压力应比阀 9 高），此时泵 1 供给的冷油置换了热油；当高、低压管路压力差很小（马达的负载小，油液的温升也小）时，阀 8 处于中位，泵 1 输出的多余油液则从溢流阀 12 溢回油箱，只补偿封闭回路中存在的泄漏，而不置换热油。此外，溢流阀 9 和 12 也具有保障泵 2 吸油口处具有一定压力而避免空气侵入和出现空穴现象的功能，单向阀 4 和 5 在系统停止工作时防止封闭回路中的油液流空和空气侵入。

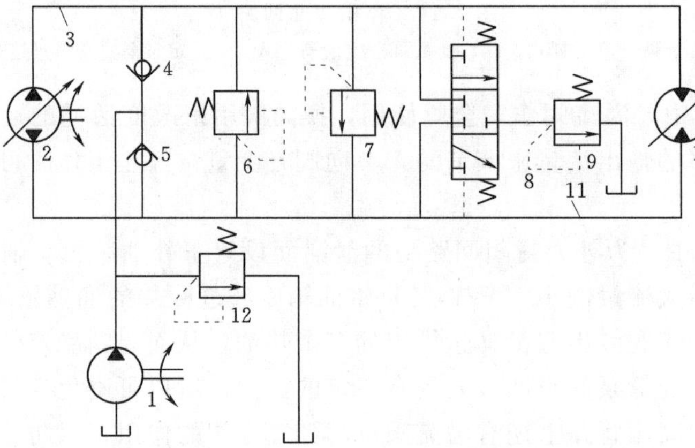

图 7.15 变量泵—变量马达容积调速回路

1—辅助泵；2—双向变量泵；3—上油管；4、5—单向阀；6、7、9、12—溢流阀；
8—换向阀；10—双向变量马达；11—下油管

当泵 2 反向供油时，上油管路 3 是低压管路，下油管路 11 是高压管路。马达 10 反向转动，阀 6 作为安全阀使用，其他各元件的作用与上述过程类似。

变量泵—变量马达容积调速回路是恒转矩调速和恒功率调速的组合回路。由于许多设备在低速运行时要求有较大的转矩，而在高速时又希望输出功率能基本保持不变，因此调速时通常先将马达的排量调至最大并固定不变（以使马达在低速时能获得最大输出转矩），通过增大泵的排量来提高马达的转速，这时马达能输出的最大转矩恒定不变，属恒转矩调速；若泵的排量调至最大后，还需要继续提高马达的转速，可以使泵的排量固定在最大值，而采用减小马达排量的办法来实现马达速度的继续升高，这时马达能输出的最大功率恒定不变，属恒功率调速。这种调速回路具有较大的调速范围，且效率较高，故适用于大功率和调速范围要求较大的场合。

在容积调速回路中，泵的工作压力是随负载变化而变化的。而泵和执行元件的泄漏量随工作压力的升高而增加。由于受到泄漏的影响，这将使液压马达（或液压缸）的速度随着负载的增加而下降，速度稳定性变差。

4. 容积节流速度回路

容积节流速度回路是用变量泵供油，用调速阀或节流阀改变进入液压缸的流量，以实现执行元件速度调节的回路。这种回路无溢流损失，其效率比节流调速回路高。采用流量阀调节进入液压缸的流量，克服了变量泵负载大、压力高时的漏油量大、运动速度不平稳的缺点，因此这种调速回路常用于空载时需快速、承载时需稳定的低速的各种中等功率机械设备的液压系统。例如，组合机床、车床、铣床等的液压系统。

如图 7.16 (*a*) 所示为由限压式变量叶片泵 1 和调速阀 3 等元件组成的定压式容积节流速度回路。电磁换向阀 2 左位工作时，压力油经行程阀 5 进入液压缸左腔，液压缸右腔回油，活塞空载右移。这时因负载小，压力低于变量泵的限定压力，泵的流量最大，故活塞快速右移。当移动部件上的挡块压下行程阀 5 时，压力油只能经调速阀 3 进入缸左腔，缸右腔回油，活塞以调速阀调节的慢速右移，实现工作进给。当换向阀右位工作时，压力油进入缸右腔，缸左腔经单向阀 4 回油，因退回时为空载，液压泵的供油量最大，故快速向左退回。慢速工作进给时，限压式变量泵的输出流量 q_p 与进入液压缸的流量 q_1 总是相适应的。即当调速阀开口一定时，能通过调速阀的流量 q_1 为定值，若 $q_p>q_1$，则泵出口的油压便上升，使泵的偏心自动减小，q_p 减小，直至 $q_p=q_1$ 为止；若 $q_p<q_1$，则泵出口压力降低，使泵的偏心自动增大，q_p 增大，直至 $q_p=q_1$。调速阀能保证 q_1 为定值，q_p 也为定值，故泵的出口压力 p_p 也为定值。因此这种回路称为定压式容积节流调速回路。

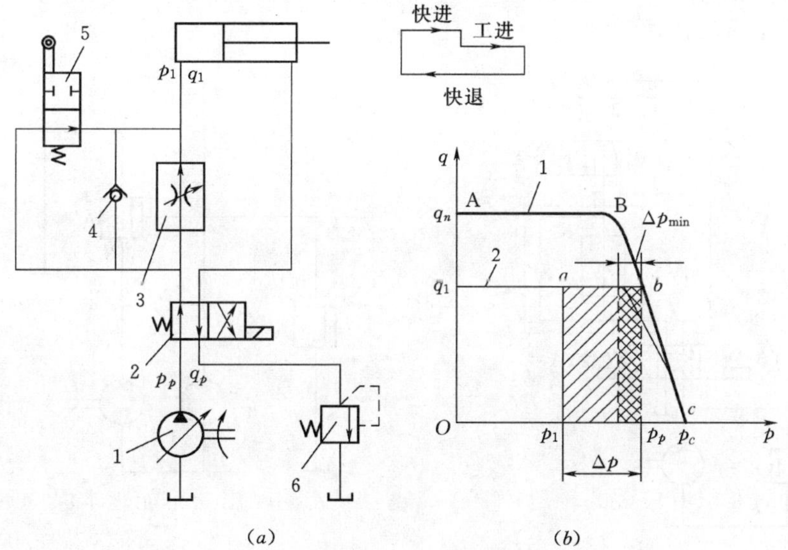

图 7.16 定压式容积节流调速回路

1—变量泵；2—换向阀；3—调速阀；4—单向阀；5—行程阀；6—背压阀

如图 7.16 (*b*) 所示为这种回路的调速特性。图中曲线 1 为限压式变量叶片泵的流量—压力特性曲线。曲线 2 为调速阀出口（液压缸进油腔）的流量—压力特性曲线，其左段为水平线，说明当调速阀的开口一定时，液压缸的负载变化引起工作压力 p_1 变化，但通过调速阀进入液压缸的流量 q_1 为定值。该水平线的延长线与曲线 1 的交点 b 即为液压泵出口的工作点，也是调速阀前的工作点，该点的工作压力为 p_p。曲线 2 上的点 a 对应的压力为液压缸的压力 p_1。若液压缸长时间在轻载下工作，缸的工作压力 p_1 小，调速阀两端压力差 Δp 大（$\Delta p=p_p-p_1$），调速阀的功率损失（abp_pp_1 围成的阴影面积）大，效率低。因此，在实际使用时除应调节变量泵的最大偏心距满足液压缸快速运动所需要的流量（即调好特性曲线 1 AB 段的上下位置）外，还应调节泵的限压螺钉，改变泵的限定压力（即调节特性曲线 1 BC 段的左右位置），使 Δp 稍大于调速阀两端的最小压差 $\Delta p_{\min}$。显然，当液压缸的负载最大时，使 $\Delta p=\Delta p_{\min}$ 是泵特性曲线调整的最佳状态。

7.3.2　快速回路

快速回路的功能是使执行元件在空行程时获得尽可能大的运动速度，以提高生产率。根据公式 $v=q/A$ 可知，对于液压缸来说，增加进入液压缸的流量就能提高液压缸的运动速度。

1. 差动连接的快速回路

如图 7.17 所示为单活塞杆液压缸差动连接的快速回路。二位三通电磁换向阀 3 处于图示位置时，单活塞杆液压缸差动连接液压缸的有效工作面积等效为 A_1-A_2，活塞将快速向右运动；二位三通电磁换向阀 3 通电时，单活塞杆液压缸为非差动连接，其有效工作面积为 A_1。这说明单活塞杆缸差动连接增速的实质是因为缩小了液压缸的有效工作面积。这种回路的特点是结构简单，价格低廉，应用普遍，但只能实现一个方向的增速，且增速受液压缸两腔有效工作面积的限制，增速的同时液压缸的推力会减小。采用此回路时，要注意此回路的阀和管道应按差动连接时的较大流量选用，否则压力损失过大，使溢流阀在快进时也开启，则无法实现差动。例如，YT4543 型动力滑台液压系统中采用了液压缸的差动连接回路来实现快速运动。

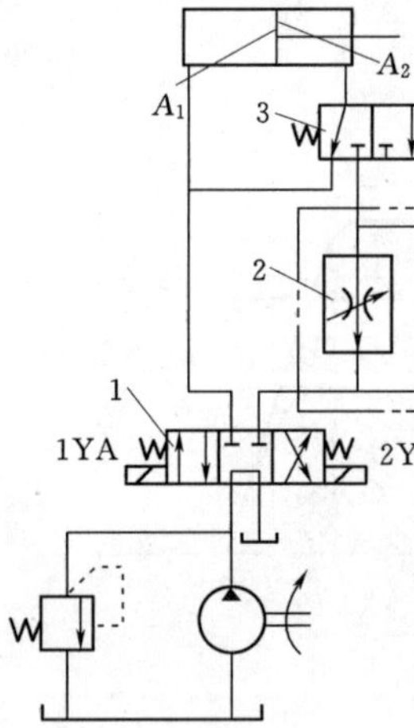

图 7.17　差动连接的快速回路

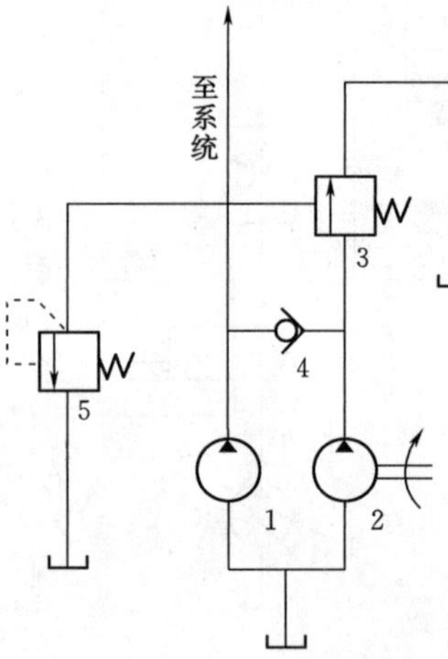

图 7.18　双泵并联的快速回路

1—高压小流量泵；2—低压大流量泵；3—液控顺序阀；4—单向阀；5—溢流阀

2. 双泵并联的快速回路

如图 7.18 所示为双泵并联的快速回路。高压小流量泵 1 的流量按执行元件最大工作进给速度的需要来确定，工作压力的大小由溢流阀 5 调定，低压大流量泵 2 主要起增速作用，它和泵 1 的流量加在一起应满足执行元件快速运动时所需的流量要求。液控顺序阀 3 的调定压力应比快速运动时最高工作压力高 0.5～0.8MPa，快速运动时，由于负载较小，系统压力较低，则阀 3 处于关闭状态，此时泵 2 输出的油液经单向阀 4 与泵 1 汇合在一起进入执行元件，实现快速运动；若需要工作进给运动时，则系统压力升高，阀 3 打开，泵

2卸荷，阀4关闭，此时仅有泵1向执行元件供油，实现工作进给运动。这种回路的特点是效率高、功率利用合理，能实现比最大工作进给速度大得多的快速功能。

7.3.3 换速回路

换速回路是指执行元件实现运动速度的切换。根据换速回路切换前后速度相对快慢的不同，可分为快速—慢速和慢速—慢速切换两大类。

1. 快速—慢速切换回路

如图7.19所示为一种采用行程阀的快速—慢速切换回路。当手动换向阀2右位和行程阀4下位接入回路（图示状态）时，液压缸活塞将快速向右运动，当活塞移动至使挡块压下行程阀4时，行程阀关闭，液压油的回油必须通过节流阀6，活塞的运动切换成慢速状态；当换向阀2左位接入回路，液压油经单向阀5进入液压缸右腔，活塞快速向左运动。这种回路的特点是快速—慢速切换比较平稳，切换点准确，但不能任意布置行程阀的安装位置。

如将图7.19中的行程阀改为电磁换向阀，并通过挡块压下电气行程开关来控制电磁换向阀工作，也可实现上述快速—慢速自动切换过程，而且可以灵活地布置电磁换向阀的安装位置，只是切换的平稳性和切换点的准确性要比用行程阀时差。

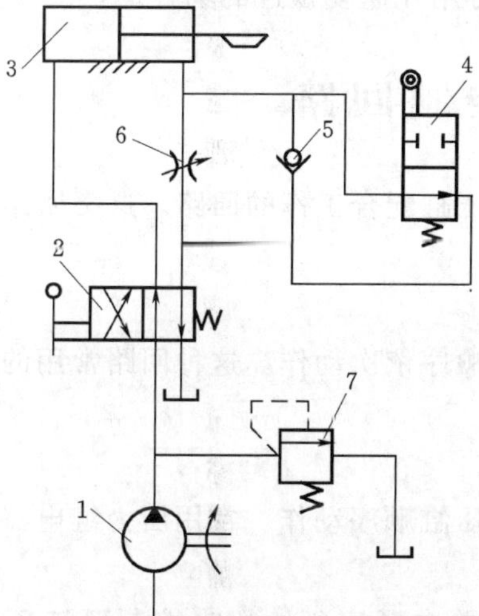

图7.19　用行程阀的快速—慢速切换回路

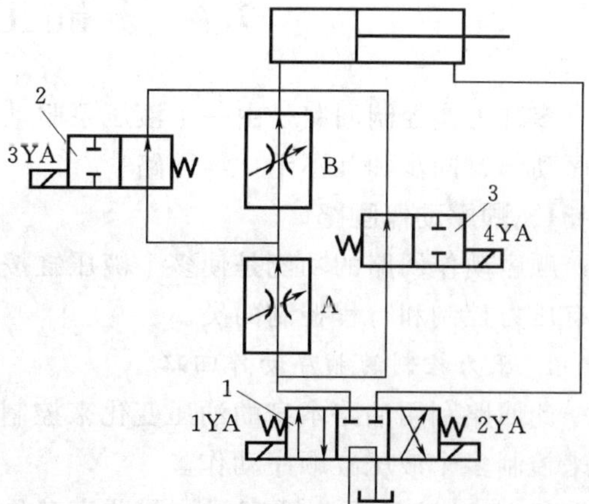

图7.20　串联调速阀两种慢速的切换回路

2. 两种慢速的切换回路

如图7.20所示为串联调速阀两种慢速的切换回路。当电磁铁1YA和4YA通电时，液压油经调速阀A和二位二通电磁换向阀2进入液压缸左腔，此时调速阀B被短接，活塞运动速度可由调速阀A来控制，实现第一种慢速；若电磁铁1YA、4YA和3YA同时通电，则液压油先经调速阀A，再经调速阀B进入液压缸左腔，活塞运动速度由调速阀B控制，实现第二种慢速（调速阀B的通流面积必须小于调速阀A）；当电磁铁1YA和4YA断电，且电磁铁2YA通电时，液压油进入液压缸右腔，液压缸左腔油液经二位二通电磁换向阀3流回油箱，实现快速退回。这种切换回路因慢速—慢速切换平稳，在机床上应用较多。例如，YT4543型动力滑台液压系统采用了调速阀串联的二次进给调速方式，可使启动和速度换接时的前冲量较小。

如图 7.21 所示为并联调速阀两种慢速的切换回路。当电磁铁 1YA、3YA 同时通电时，液压油经换向阀 1 的左位进入调速阀 A 和二位三通电磁换向阀 3 的左位进入液压缸左腔，实现第一种慢速；当电磁铁 1YA、3YA 和 4YA 同时通电时，液压油经调速阀 B 和二位三通电磁铁换向阀 3 的右位进入液压缸左腔，实现第二种慢速。这种切换回路，在调速阀 A 工作时，调速阀 B 的通路被切断，相应阀 B 前后两端的压力相等，则阀 B 中的定差减压阀口全开，在二位三通电磁换向阀切换瞬间，阀 B 前端压力突然下降，在压力减为 0 且阀口还没有关小前，阀 B 中节流阀前、后压力差的瞬时值较大，相应瞬时流量也很大，造成瞬时活塞快速前冲现象。同样，当阀 A 由断开接入工作状态时，也会出现上述现象。因此不宜用在工作过程中的速度换接，只可用在速度预选的场合。

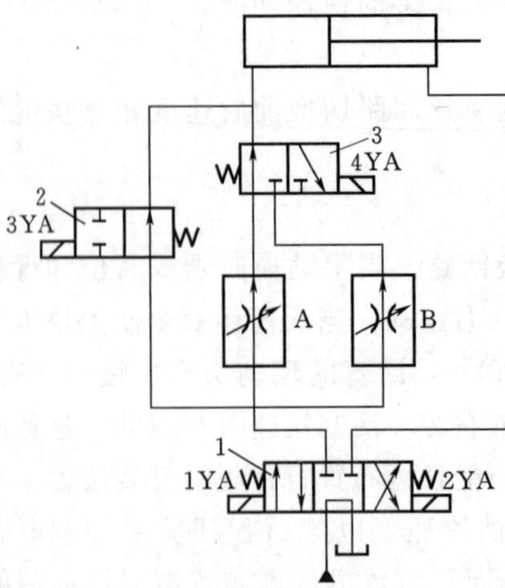

图 7.21　并联调速阀两种慢速的切换回路

7.4　多缸工作控制回路

多缸工作控制回路是由一个液压泵驱动多个液压缸配合工作的回路。这类回路常包括顺序动作、同步和互不干扰等回路。

7.4.1　顺序动作回路

顺序动作回路的功能是使多个液压缸按照预定顺序依次动作。这种回路常用的控制方式有压力控制和行程控制两类。

1. 压力控制的顺序动作回路

此回路利用油路本身的油压变化来控制多个液压缸顺序动作。常用压力继电器和顺序阀来控制多个液压缸顺序动作。

如图 7.22 所示为顺序阀控制顺序动作回路。单向顺序阀 4 用来控制两液压缸向右运动的先后次序，单向顺序阀 3 是用来控制两液压缸向左运动的先后次序。当电磁换向阀未通电时，液压油进入液压缸 1 的左腔和阀 4 的进油口，液压缸 1 右腔中的油液经阀 3 中的单向阀流回油箱，液压缸 1 的活塞向右运动，而此时进油路压力较低，单向顺序阀 4 处于关闭状态；当液压缸 1 的活塞向右运动到行程终点碰到死挡铁，进油路压力升高到单向顺序阀 4 的调定压力时，单向顺序阀 4 打开，液压油进入液压缸 2 的左腔，液压缸 2 的活塞向右运动；当液压缸 2 的活塞向右运动到行程终点后，其挡铁压下相应的电气行程开关（图中未画出）而发出电信号时，电磁换向阀通电而换向，此时液压油进入液压缸 2 的右腔和单向顺序阀 3 的进油口，液压缸 2 左腔中的油液经单向顺序阀 4 中的单向阀流回油箱，液压缸 2 的活塞向左运动；当液压缸 2 的活塞向左到达行程终点碰到死挡铁后，进油路压力升高到单向顺序阀 3 的调定压力时，单向顺序阀 3 打开，液压缸 1 的活塞向左运动。若液压缸 1 和 2 的活塞向左运动无先后顺序要求，可省去单向顺序阀 3。

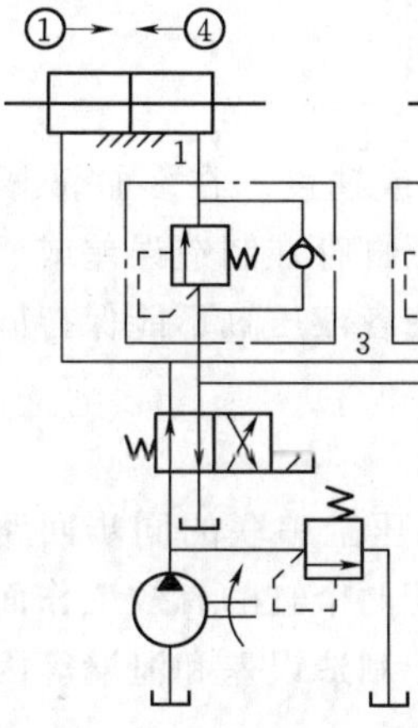

图 7.22　顺序阀控制顺序动作回路

1、2—液压缸；3、4—单向顺序阀

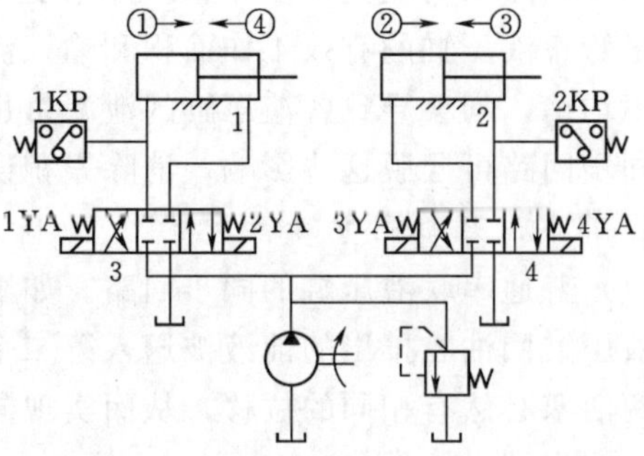

图 7.23　压力继电器控制顺序动作回路

如图 7.23 所示为压力继电器控制顺序动作回路。压力继电器 1KP 用于控制两液压缸向右运动的先后顺序，压力继电器 2KP 用于控制两液压缸向左运动的先后顺序。当电磁铁 2YA 通电时，换向阀 3 右位接入回路，液压油进入液压缸 1 左腔并推动活塞向右运动；当缸 1 的活塞向右运动到行程终点而碰到死挡铁时，进油路压力升高而使压力继电器 1KP 动作发出电信号，相应电磁铁 4YA 通电，换向阀 4 右位接入回路，液压缸 2 的活塞向右运动；当缸 2 的活塞向右运动到行程终点，其挡铁压下相应的电气行程开关而发出电信号时，电磁铁 4YA 断电而 3YA 通电，阀 4 换向，缸 2 的活塞向左运动；当缸 2 的活塞向左运动到终点碰到死挡铁时，进油路压力升高而使压力继电器 2KP 动作发出电信号，相应 2YA 断电而 1YA 通电，阀 3 换向，缸 1 的活塞向左运动。为了防止压力继电器发出误动作，压力继电器的动作压力应比先动作的液压缸最高工作压力高 0.3～0.5MPa，但应比溢流阀的调定压力低 0.3～0.5MPa。

这种回路适用于液压缸数目不多、负载变化不大和可靠性要求不太高的场合。当运动部件卡住或压力脉动变化较大时，误动作不可避免。

2. 行程控制顺序动作回路

行程控制顺序动作回路是利用运动部件到达一定位置时会发出信号来控制液压缸顺序动作的回路。

如图 7.24 所示为用电气行程开关控制顺序动作回路。当电磁铁 1YA 通电时，液压缸 A 的活塞向右运动；当缸 A 的挡块随活塞右行到行程终点并触动电气行程开关 1ST 时，电磁铁 2YA 通电，液压缸 B 的活塞向右运动；当缸 B 的挡块随活塞右行至行程终点并触动电气行程开关 2ST 时，电磁铁 1YA 断电，换向阀开始换向，缸 A 的活塞向左运动；当缸 A 的挡块触动电气行程开关 3ST 时，电磁铁 2YA 断电，换向阀换向，缸 B 的活塞向左运动。这种顺序动作回路的可靠性取决于

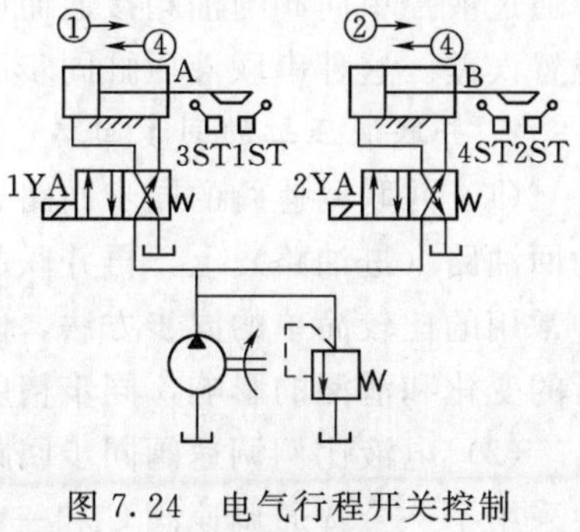

图 7.24　电气行程开关控制顺序动作回路

电气行程开关和电磁换向阀的质量，变更液压缸的动作行程和顺序都比较方便，且可利用电气互锁来保证动作顺序的可靠性。

7.4.2 同步回路

同步回路的功能是使多个液压缸在运动中保持相同的位置或速度。在多缸液压系统中，尽管各液压缸的有效工作面积和输入流量相同，但由于液压缸存在制造误差或所承受负载不均衡，均会导致各液压缸的泄漏量也不相同，这样就会使各液压缸不能保持同步动作。同步回路可摆脱这些影响，消除累积误差而保证同步运行。

1. *串联液压缸同步回路*

(1) 普通串联液压缸的同步回路。如图7.25所示为两个液压缸串联的同步回路。第一个液压缸回油腔排出的油液被送入第二个液压缸的进油腔，若两个缸的有效工作面积相等，两活塞必然有相同的位移，从而实现同步运动。但是，由于制造误差和泄漏等因素的影响，同步精度较低。

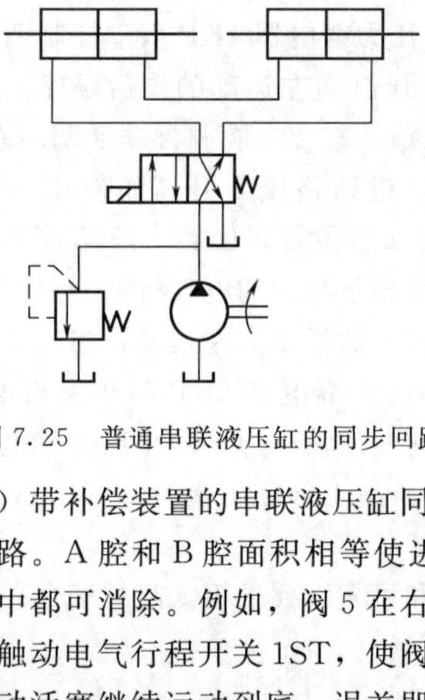

图7.25 普通串联液压缸的同步回路

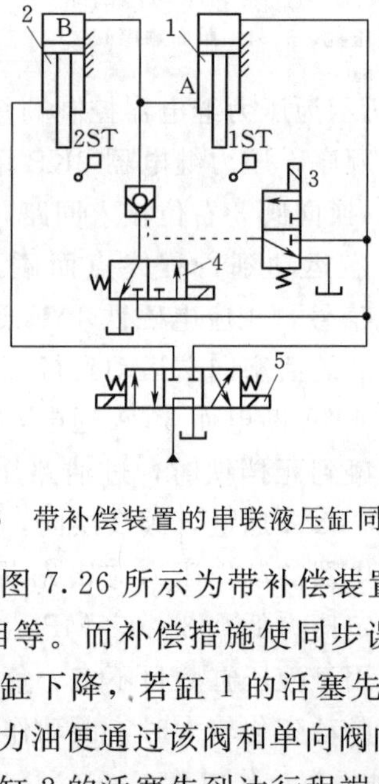

图7.26 带补偿装置的串联液压缸同步回路

(2) 带补偿装置的串联液压缸同步回路。如图7.26所示为带补偿装置的串联液压缸同步回路。A腔和B腔面积相等使进、出流量相等。而补偿措施使同步误差在每一次下行运动中都可消除。例如，阀5在右位工作时，缸下降，若缸1的活塞先到达行程端点，其挡块触动电气行程开关1ST，使阀4通电，压力油便通过该阀和单向阀向缸2的B腔补入，推动活塞继续运动到底，误差即被消除。若缸2的活塞先到达行程端点时，其挡块触动电气行程开关2ST，阀3通电，控制压力油使液控单向阀反向通道打开，液压缸1的A腔通过液控单向阀与油箱接通而回油，使液压缸1的活塞能继续下行到达行程端点而消除位置误差。这种串联液压缸同步回路只适用于负载较小的液压系统。

2. *并联液压缸的同步回路*

(1) 并联调速阀的同步回路。如图7.27所示，用两个调速阀分别串接在两个液压缸的回油路（进油路）上，再并联起来，用以调节两缸运动速度，即可实现同步。这也是一种常用的比较简单的同步方法，但因为两个调速阀的性能不可能完全一致，同时还受到载荷的变化和泄漏的影响，同步精度较低。

(2) 电液比例调速阀同步回路。如图7.28所示为电液比例调速阀同步回路。该回路中采用了一个普通调速阀C和一个电液比例调速阀D，它们设置在由单向阀组成的桥式回路中，并分别控制液压缸A和B的速度。当两个活塞出现位置误差时，检测装置（图中

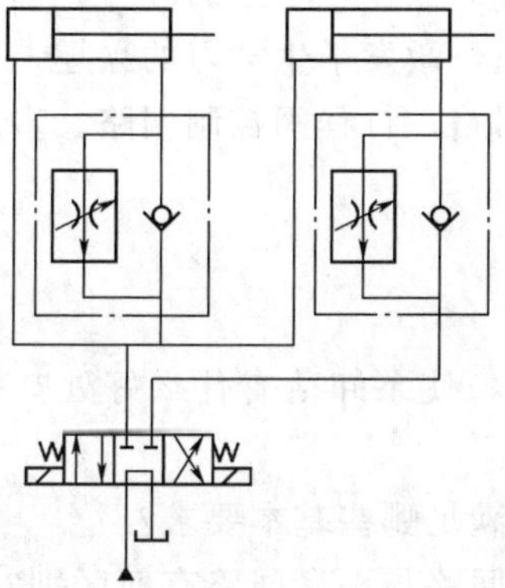

图 7.27　并联调速阀的同步回路

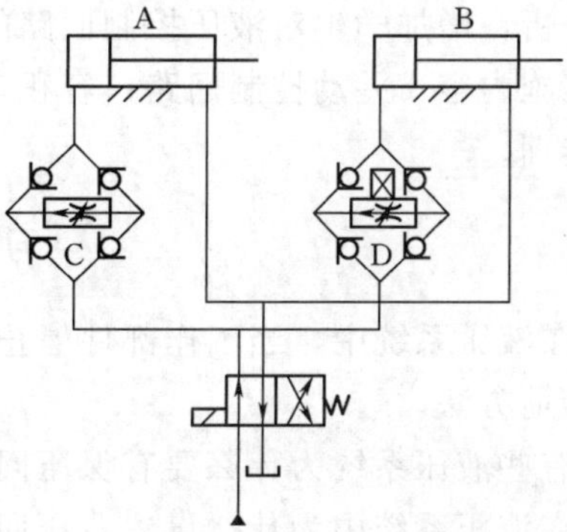

图 7.28　电液比例调速阀同步回路

未画出）就会发出信号，自动控制电液比例调速阀 D 通流面积的大小，进而使缸 B 的活塞随着缸 A 活塞的运动而实现同步运动。装置回路的同步精度高，位置误差可控制在 0.5mm 以内，已能满足大多数工作部件同步精度的要求。电液比例阀在性能上虽比不上伺服阀，但其费用低，对环境适应性强，因此用它来实现同步控制被认为是一个新的发展方向。

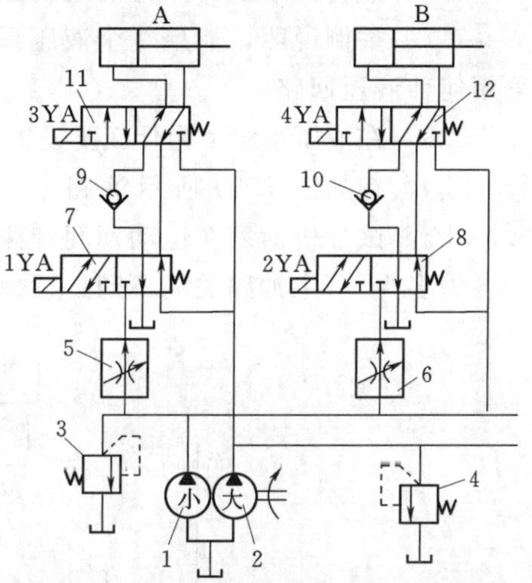

图 7.29　多缸快慢速互不干扰回路

7.4.3　互不干扰回路

互不干扰回路的功能是使几个液压缸在完成各自的循环动作过程中彼此互不影响。在多缸液压系统中，往往由于其中一个液压缸快速运动，而造成系统压力下降，影响其他液压缸慢速运动的稳定性。因此，对于慢速要求比较稳定的多缸液压系统，需采用互不干扰回路，使各自液压缸的工作压力互不影响。

如图 7.29 所示为多缸快慢速互不干扰回路。图中各液压缸（仅示出两个液压缸）分别要完成快进、工进和快退的自动循环。回路采用双泵供油，高压小流量泵 1 提供各缸工进时所需的液压油，低压大流量泵 2 为各缸快进或快退时输送低压油，它们分别由溢流阀 3 和 4 调定供油压力。当电磁铁 3YA、4YA 通电时，缸 A（或 B）左右两腔由两位五通电磁换向阀 7、11（或 8、12）连通，由泵 2 供油来实现差动快进过程，此时泵 1 的供油路被阀 7（或 8）切断。设缸 A 先完成快进，由行程开关使电磁铁 1YA 通电，3YA 断电，此时大泵 2 对缸 A 的进油路切断，而小泵 1 的进油路打开，缸 A 由调速阀 5 调速实现工进，缸 B 仍作快进，互不影响。当各缸都转为工进后，它们全有小泵供油。此后，若缸 A 又率先完成工进，行程开关应使阀 7 和阀 11 的电磁铁都通电，缸 A 即由大泵 2 供油快退。当各电磁铁皆通电时，各缸停止运动，并被锁止于所在位置。

任务实施：

（1）实施条件：多媒体教学设备、液压试验台。

（2）实施说明：液压实验台观摩教学，通过教师的操作，学生的参与，师生共同对实验现象的分析，增加学生对液压控制回路的感性认识，激发学生学习的兴趣。

（3）实施内容：差动控制回路；容积节流调速回路；行程阀控制回路；多缸顺序动作回路实验实训。

习　题

7.1　在液压系统中，当工作部件停止运动以后，使泵卸荷有什么好处？举例说明几种常用的卸荷方法。

7.2　有些液压系统为什么要有保压回路？它应满足哪些基本要求？

7.3　在液压系统中为什么设置背压回路？背压回路与平衡回路有何区别？

7.4　不同操纵方式的换向阀组合的换向回路各有什么特点？

7.5　锁紧回路中三位换向阀的中位机构是否可任意选择？为什么？

7.6　如何调节执行元件的运动速度？常用的调速方法有哪些？

7.7　举例说明，如果一个液压系统要同时控制几个执行元件按规定的顺序动作，应采用何种液压回路？

7.8　在液压系统中为什么要设置快速运动回路？执行元件实现快速运动的方法有哪些？

7.9　在如图7.30所示油路中，若溢流阀和减压阀的调定压力分别为5.0MPa和2.0MPa，试分析活塞在运动期间和碰到死挡铁后，溢流阀进油口、减压阀出油口处的压力各为多少？（主油路关闭不通，活塞在运动期间液压缸负载为0，不考虑能量损失。）

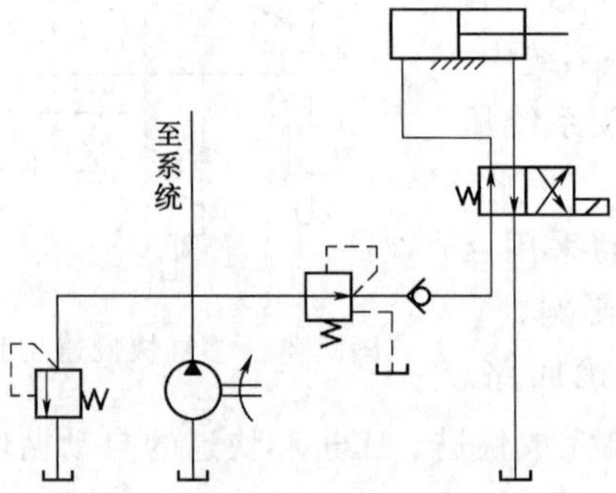

图7.30　习题7.9图

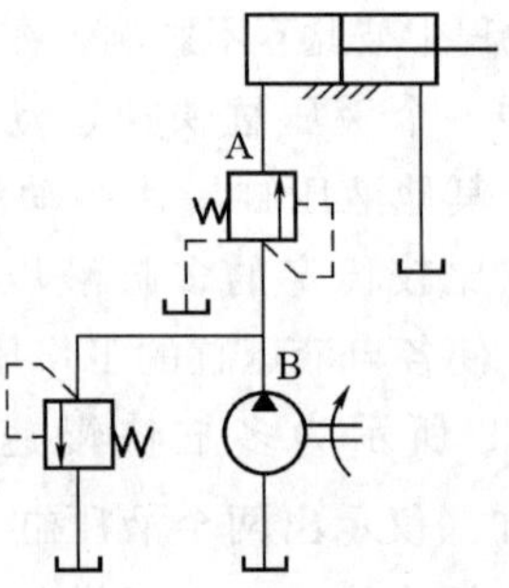

图7.31　习题7.10图

7.10　在如图7.31所示回路中，顺序阀和溢流阀的调定压力分别为3.0MPa与5.0MPa，问在下列情况下，A、B两处的压力各等于多少？

（1）液压缸运动时，负载压力为4.0MPa。

（2）液压缸运动时，负载压力为1.0MPa。

（3）活塞碰到缸盖时。

7.11　试说明如图7.32所示容积调速回路中单向阀A和B的功用。提示：按液压缸的进出流量大小不同来考虑。

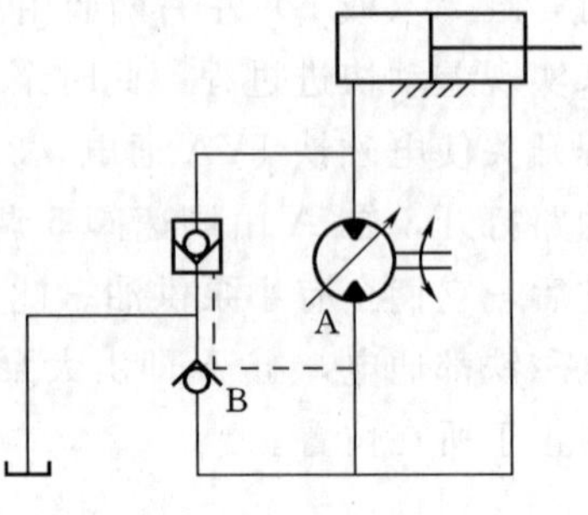

图7.32　习题7.11图

7.12　图 7.33 中各缸完全相同，负载 $F_A > F_B$。已知节流阀能调节缸速并不计压力损失。试判断图 7.33（a）和图 7.33（b）中，哪一个缸先动？哪一个缸速度快？说明原因。

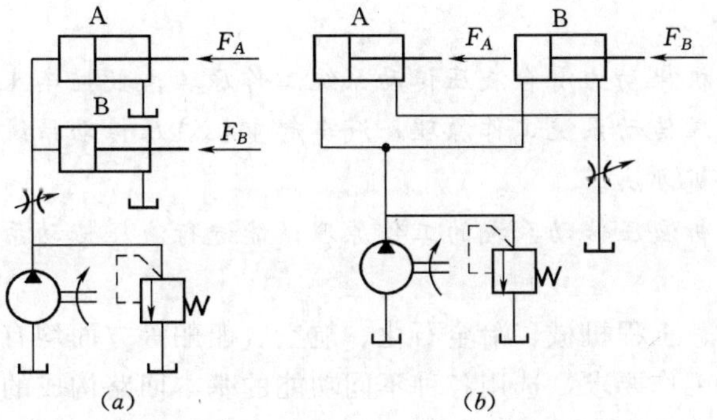

图 7.33　习题 7.12 图

7.13　如图 7.20 所示，串联调速阀实现的慢速—慢速切换方案有什么优缺点？如图 7.21 所示的并联调速阀切换回路实现慢速—慢速切换方案有什么优缺点？

7.14　在如图 7.10 所示液压锁紧回路中，为什么采用 H 型中位机能的三位换向阀？如果换成 M 型中位机能的三位换向阀，会出现什么情况？

7.15　容积节流调速回路的流量阀和变量泵之间是如何实现匹配的？

7.16　调速回路有哪几种？各适用于什么场合？

学习情境 8　典型液压传动系统分析及故障排除

学习目标： 组合机床动力滑台液压传动系统工作原理；数控车床液压传动系统工作原理；万能外圆磨床液压传动系统工作原理；汽车起重机液压传动系统工作原理；液压传动系统的故障诊断与分析方法。

学习任务： 能分析液压传动系统的工作原理；能进行液压传动系统的故障诊断。

液压系统在机床、工程机械、冶金石化、航空、船舶等方面均有广泛的应用。液压系统是根据液压设备的工作要求，选用各种不同功能的基本回路构成的。液压系统一般用图形的方式来表示。液压系统图表示了系统内所有各类液压元件的连接情况以及执行元件实现各种运动的工作原理。本章介绍几个典型液压系统，通过对它们的分析，可以帮助读者了解典型液压系统的基本组成和工作原理，以加深对各种液压元件和基本回路的理解，增强综合应用能力。

对液压系统进行分析，最主要的就是阅读液压系统图。阅读一个复杂的液压系统图，大致可以按以下几个步骤进行：

（1）了解机械设备的功用、工况及其对液压系统的要求，明确液压设备的工作循环。

（2）初步阅读液压系统图，了解系统中包含哪些元件，根据设备的工况及工作循环，将系统分解为若干个子系统。

（3）逐步分析各子系统，了解系统中基本回路的组成情况。分析各元件的功用以及各元件之间的互相关系。根据执行机构的动作要求，参照电磁铁动作顺序表，搞清楚各个行程的动作原理及油路的流动路线。

（4）根据系统中对各执行元件间的互锁、同步、防干扰等要求，分析各个子系统之间的联系以及如何实现这些要求。

（5）在全面读懂液压系统图的基础上，根据系统所使用的基本回路的性能，对系统做出综合分析归纳总结出整个液压系统的特点，以加深对液压系统的理解，为液压系统的调整、维护、使用打下基础。

8.1　组合机床动力滑台液压传动系统

8.1.1　概述

组合机床是一种高效率的专用机床，它由具有一定功能的通用部件（包括机械动力滑台和液压动力滑台）和专用部件组成，加工范围较广，自动化程度较高，多用于大批量生产中。液压动力滑台由液压缸驱动，根据加工需要可在滑台上配置动力头、主轴箱或各种专用的切削头等工作部件，以完成钻、扩、铰、铣、镗、刮端面、加工倒角、加工螺纹等加工工序，并可实现多种进给工作循环。

液压动力滑台是系列化产品，不同规格的滑台，其液压系统的组成和工作原理基本相同。现以 YT4543 型动力滑台为例分析其液压系统的工作原理和特点。图 8.1 所示为

YT4543型液压动力滑台的液压系统图。YT4543型动力滑台要求进给速度范围为6.6～660mm/min，最大移动速度为7.3m/min，最大进给力为4.5×10^4N。该液压系统的动力元件和执行元件为限压式变量泵和单杆活塞式液压缸，系统中有换向回路、调速回路、快速运动回路、速度换接回路、卸荷回路等基本回路。回路的换向由电液换向阀完成，同时其中位机能具有卸荷功能，快速进给由液压缸的差动连接来实现，用限压式变量泵和串联调速阀来实现二次进给速度的调节，用行程阀和电磁阀实现速度的换接，为了保证进给的尺寸精度，采用了止位钉停留来限位。该系统能够实现的自动工作循环为：快进→第一次工进→第二次工进→止位钉停留→快退→原位停止，该系统中电磁铁和行程阀的动作顺序见表8.1。

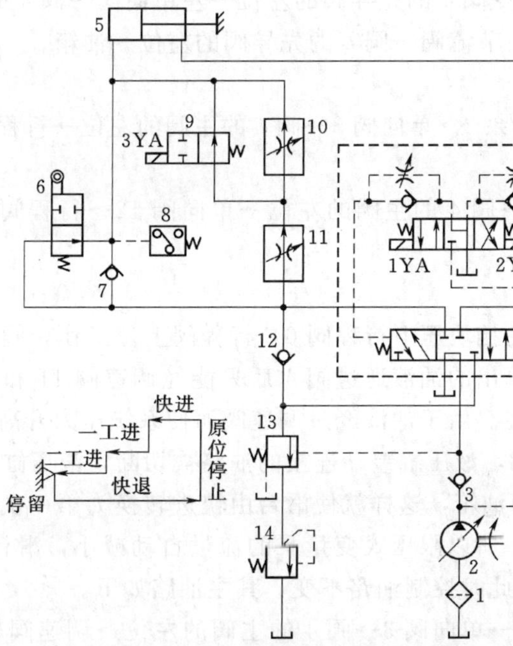

图8.1　YT4543型液压动力滑台的液压系统

1—滤油器；2—变量叶片泵；3、7、12—单向阀；4—电液换向阀；5—液压缸；6—行程换向阀；8—压力继电器；9—二位二通电磁换向阀；10、11—调速阀；13—液控顺序阀；14—背压阀

表8.1　YT4543型动力滑台液压系统电磁铁和行程阀动作顺序表

工作循环	电磁铁			行程阀
	1YA	2YA	3YA	
快进	＋	－	－	－
一工进	＋	－	－	＋
二工进	＋	－	＋	＋
止位钉停留	＋	－	＋	＋
快退	－	＋	－	＋－
原位停止	－	－	－	－

注　表中“＋”表示电磁铁得电或行程阀被压下，“－”表示电磁铁失电或行程阀抬起，后同。

8.1.2　YT4543型动力滑台液压系统的工作原理

1. 快进

按下启动按钮，电液换向阀4的电磁铁1YA通电，使电液换向阀4的先导阀左位工作，控制油液经先导阀左位经单向阀进入主液动换向阀的左端使其左位接入系统，泵2输出的油液经主液动换向阀左位进入液压缸5的左腔（无杆腔），因为此时为空载，系统压力不高，顺序阀13仍处于关闭状态，故液压缸右腔（有杆腔）排出的油液经主液动换向阀左位也进入了液压缸的无杆腔。这时液压缸5为差动连接，限压式变量泵输出流量最大，动力滑台实现快进。系统控制油路和主油路中油液的流动路线为：

控制油路

进油路：滤油器1→泵2→阀4的先导阀的左位→左单向阀→阀4的主阀的左端。

回油路：阀4的右端→右节流阀→阀4的先导阀的左位→油箱。

主油路

进油路：滤油器1→变量泵2→单向阀3→阀4的主阀的左位→行程阀6下位→液压缸5左腔。

回油路：液压缸5右腔→阀4的主阀的左位→单向阀12→行程阀6下位→液压缸5左腔。

2. 第一次工进

当快进完成时，滑台上的挡块压下行程阀6，行程阀上位工作，阀口关闭，这时液动换向阀4仍工作在左位，泵输出的油液通过阀4后只能经调速阀11和二位二通电磁换向阀9右位进入液压缸5的左腔。由于油液经过调速阀而使系统压力升高，于是将外控顺序阀13打开，并关闭单向阀12，液压缸差动连接的油路被切断，液压缸5右腔的油液只能经顺序阀13、背压阀14流回油箱，这样就使滑台由快进转换为第一次工进。由于工作进给时液压系统油路压力升高，所以限压式变量泵的流量自动减小，滑台实现第一次工进，工进速度由调速阀11调节。此时控制油路不变，其主油路如下。

进油路：滤油器1→泵2→单向阀3→阀4的主阀的左位→调速阀11→换向阀9右位→液压缸5左腔。

回油路：液压缸5右腔→阀4的主阀的左位→顺序阀13→背压阀14→油箱。

3. 第二次工进

第二次工进时的控制油路和主油路的回油路与第一次工进时的基本相同，不同之处是当第一次工进结束时，滑台上的挡块压下行程开关，发出电信号使电磁换向阀9的电磁铁3YA通电，阀9左位接入系统，切断了该阀所在的油路，经调速阀11的油液必须通过调速阀10进入液压缸5的左腔。此时顺序阀13仍开启。由于调速阀10的阀口开口量小于调速阀11，系统压力进一步升高，限压式变量泵的流量进一步减小，使得进给速度降低，滑台实现第二次工进。工进速度可由调速阀10调节。其主油路如下。

进油路：滤油器1→变量泵2→单向阀3→阀4的主阀的左位→调速阀11→调速阀10→液压缸5左腔。

回油路：液压缸5右腔→阀4的主阀的左位→顺序阀13→背压阀14→油箱。

4. 止位钉停留

当滑台完成第二次工进时，动力滑台与止位钉相碰撞，液压缸停止不动。这时液压系统压力进一步升高，当达到压力继电器8的调定压力后，压力继电器动作，发出电信号传给时间继电器，由时间继电器延时控制滑台停留时间。在时间继电器延时结束之前，动力滑台将停留在止位钉限定的位置上，且停留期间液压系统的工作状态不变。停留时间可根据工艺要求由时间继电器来调定。设置止位钉的作用是可以提高动力滑台行程的位置精度。这时的油路同第二次工进的油路，但实际上，液压系统内的油液已停止流动，液压泵的流量已减至很小，仅用于补充泄漏油。

5. 快退

动力滑台停留时间结束后，时间继电器发出电信号，使电磁铁2YA通电，1YA、3YA断电。这时阀4的先导阀右位接入系统，电液换向阀4的主阀也换为右位工作，主油路换向。因滑台返回时为空载，液压系统压力低，变量泵的流量又自动恢复到最大值，故滑台快速退回，其油路如下。

控制油路

进油路：滤油器1→变量泵2→阀4的先导阀的右位→右单向阀→阀4的主阀的右端。

回油路：阀4的主阀的左端→左节流阀→阀4的先导阀的右位→油箱。

主油路

进油路：滤油器1→变量叶片泵2→单向阀3→电液换向阀4的主阀的右位→液压缸5右腔。

回油路：液压缸5左腔→单向阀7→电液换向阀4的主阀的右位→油箱。

6. 原位停止

当动力滑台快退到原始位置时，挡块压下行程开关，使电磁铁2YA断电，这时电磁铁1YA、2YA、3YA都失电，电液换向阀4的先导阀及主阀都处于中位，液压缸5两腔被封闭，动力滑台停止运动，滑台锁紧在启始位置上。变量叶片泵2通过换向阀4的中位卸荷。其油路如下。

控制油路

回油路：阀4的主阀的左端→左节流阀→阀4的先导阀的中位→油箱；

阀4的主阀的右端→右节流阀→阀4的先导阀的中位→油箱。

主油路

进油路：滤油器1→变量叶片泵2→单向阀3→阀4的先导阀的中位→油箱。

回油路：液压缸5左腔→阀7→阀4的先导阀的中位（堵塞）；

液压缸5右腔→阀4的先导阀的中位（堵塞）。

8.1.3 YT4543型动力滑台液压系统的特点

通过对YT4543型动力滑台液压系统的分析，可知该系统具有如下特点：

(1) 该系统采用了由限压式变量泵和调速阀组成的进油路容积节流调速回路，这种回路能够使动力滑台得到稳定的低速运动和较好的速度负载特性，而且由于系统无溢流损失，系统效率较高。另外，回路中设置了背压阀，可以改善动力滑台运动的平稳性，并能使滑台承受一定的反向负载。

(2) 该系统采用了限压式变量泵和液压缸的差动连接回路来实现快速运动，使能量的利用比较经济合理。动力滑台停止运动时，换向阀使液压泵在低压下卸荷，减少了能量损失。

(3) 系统采用行程阀和液控顺序阀实现快进与工进的速度换接，动作可靠，速度换接平稳。同时，调速阀可起到加载的作用，可在刀具与工件接触之前就能可靠地转入工作进给，因此不会引起刀具和工件的突然碰撞。

(4) 在行程终点采用了止位钉停留，不仅提高了进给时的位置精度，还扩大了动力滑台的工艺范围，更适合于镗削阶梯孔、刮端面等加工工序。

(5) 由于采用了调速阀串联的二次进给调速方式，可使起动和速度换接时的前冲量较小，并便于利用压力继电器发出信号进行控制。

8.2　液压机的液压系统

8.2.1　概述

液压机是对金属材料、塑料、橡胶、粉末冶金制品进行加工的设备。它在许多工业部门得到了广泛的应用。

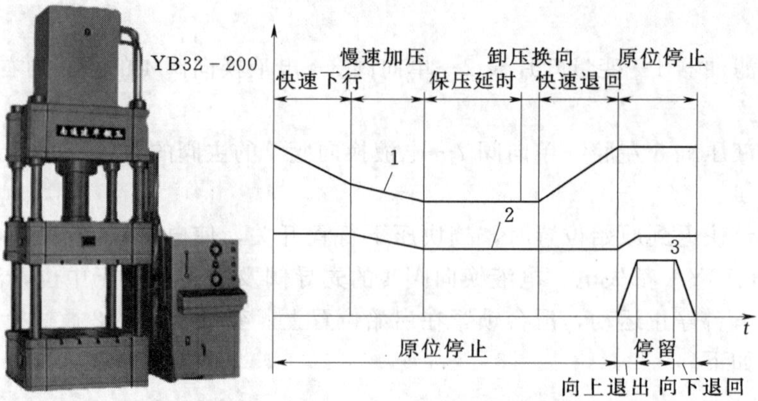

图 8.2　YB32－200 型液压机外型图和工作循环图

1—主缸工作循环；2—浮动压边工作循环；3—顶出缸工作循环

四柱式液压机用得最多，也最典型。图 8.2 所示为液压机的外型图。它可以进行冲剪、弯曲、翻边、拉深、冷挤、成型等多种加工。为完成上述工作，液压压力机应能产生较大的压制力，因此其压力系统工作压力高，液压缸的尺寸大，流量也大，是较为典型的高压大流量系统。液压机在压制工件时系统压力高，但速度低，而空行程时速度快，流量大，压力低，因此各工作阶段的换接要平稳，功率的利用要合理。为满足不同工艺需要，系统的压力要能方便地变换和调节。由于压力机是立式设备，因此对工作时的安全亦要有可靠地保证。

现以 YB32－200 型四柱万能液压压力机为例，分析其液压系统的工作原理及特点。该压力机有上、下两个液压缸，安装在四个立柱之间。上液压缸为主缸，驱动上滑块实现"快速下行→慢速加压→保压延时→卸压换向→快速退回→原位停止"的工作循环。下液压缸为顶出缸，驱动下滑块实现"向上顶出→停留→向下退回→原位停止"的工作循环。在进行薄板件拉伸压边时，要求下滑块实现"上位停留→浮动压边（即下滑块随上滑块短距离下降）→上位停留”工作循环。如图 8.2 所示为 YB32－200 型液压压力机工作循环图，YB32－200 型四柱万能液压机主缸最大压制力为 2000kN，其压力系统的最高工作压力为 32MPa。图 8.3 所示是它的液压系统图。在分析其液压系统时，可参阅 YB32－200 型液压压力机电磁铁动作顺序表 8.2。

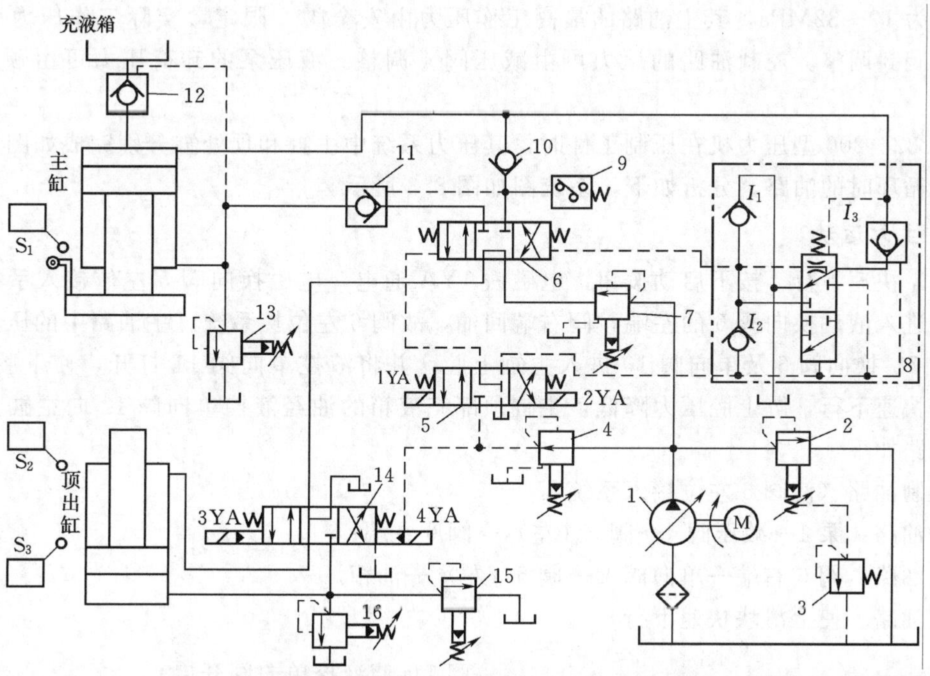

图 8.3　YB32－200 型液压压力机液压系统图

1—变量泵；2—安全阀；3—远程调压阀；4—减压阀；5—电磁换向阀；6—液动换向阀；7—顺序阀；8—预泄换向阀；9—压力继电器；10—单向阀；11、12—液控换向阀；13—安全阀；14—电液换向阀；15—背压阀；16—安全阀

表 8.2　　电磁铁动作顺序表

工作循环液压缸		信号来源	电磁铁							
			1YA		2YA		3YA		4YA	
			＋	－	＋	－	＋	－	＋	－
主缸	快速下行	按启动按钮	＋			－		－		－
	慢速加压	上滑块压住工件	＋			－		－		－
	保压延时	压力继电器发信号		－		－		－		－
	卸压换向	时间继电器发信号		－	＋			－		－
	快速退回	预泄阀换为下位		－	＋			－		－
	原位停止	行程开关 S_1		－		－		－		－
顶出缸	向上顶出	行程开关 S_1 或按钮		－		－		－	＋	
	向下退回	时间继电器发信号		－		－	＋			－
	原位停止	终点开关 S_2		－		－		－		－

注　“＋”表示电磁铁通电；“－”表示电磁铁短电。

8.2.2　YB32－200 型液压压力机液压系统工作原理

该压力机的液压系统由主缸、顶出缸、轴向柱塞式变量泵 1、安全阀 2、远程调压阀 3、减压阀 4、电磁换向阀 5、液动换向阀 6、顺序阀 7、预泄换向阀 8、主缸安全阀 13、顶出缸电液换向阀 14 等元件组成。该系统采用变量泵—液压缸式容量调速回路，工作压力范围为 10～32MPa，其主油路的最高工作压力由安全阀 2 限定，实际工作压力可由远控调压阀 3 调整。控制油路的压力可由减压阀 4 调整。液压泵的卸荷压力可由顺序阀 7 调整。

YB32－200 型压力机在压制工件时，其压力系统中主缸和顶处缸分别完成如图 8.2 所示工作循环时的油路，分析如下，系统图如图 8.3 所示。

1. 主缸运动

(1) 快速下行。按下启动按钮，电磁铁 1YA 通电，电磁换向阀 5 左位接入系统，控制油路进入液动换向阀 6 的左端，阀右端回油，故阀 6 左位接系统。主油路中的压力油经顺序阀 7、换向阀 6 及单向阀 10 进入主缸上腔，并将液控单向阀 11 打开，使下腔回油，上滑块快速下行，缸上腔压力降低，主缸顶部充液箱的油经液控单向阀 12 向主缸上腔补油。油路如下。

控制油路（使阀 6 左位接入系统）：

进油路：泵 1→减压阀 4→阀 5（左）→阀 6 左端；

回油路：阀 6 右端→单向阀 I_2→阀 5（左）→油箱。

主油路（使上滑块快速下行）

进油路：泵 1→顺序阀 7→阀 6（左）┬→阀 11（使液控单向阀开启）
　　　　　　　　　　　　　　　　　└→单向阀 10 → 缸上腔
　　　　　　　　　　　　　　　　　　　　充油箱→阀 12 —↑；

回油路：缸下腔→阀 11→阀 6（左）→阀 14（中）→油箱。

(2) 慢速加压。当主缸上滑块接触到被压制的工件时，主缸上腔压力升高，液控单向阀 12 关闭，且液压泵流量自动减小，滑块下移速度降低，慢速压制工件。这时除充液箱不再向液压缸上腔供油外，其余油路与快速下行油路完全相同。

(3) 保压延时。当主缸上腔油压升高至压力继电器 9 的开启压力时，压力继电器发信号，使电磁铁 1YA 断电，阀 5 换为中位。这时阀 6 两端油路均通油箱，因而阀 6 在两端弹簧力作用下换为中位，主缸上、下腔油路均被封闭保压；液压泵则经阀 6 中位、阀 14 中位卸荷。同时，压力继电器还向时间继电器发信号，使时间继电器开始延时。保压时间由时间继电器在 0～24min 范围内调节。保压延时的油路如下。

控制油路（使阀 6 换为中位）：

回油 ┬ 阀 6 左端→阀 5（中）→油箱
　　 └ 阀 6 右端→单向阀 I_2→阀 5（中）→油箱

主油路

进油路：泵 1→顺序阀 7→阀 6（中）→阀 14（中）→油箱（泵卸荷）；

回油路：主缸上腔→单向阀 10（闭）
　　　　　　　　└→液控单向阀 I_3（闭）　（油路封闭，系统延时保压）
　　　　主缸下腔→液控单向阀 11（闭）。

该系统也可利用行程控制使系统由慢速加压阶段转为保压延时阶段，即当慢速加压，上滑块下移至预定的位置时，由与上滑块相连的动力件上的挡块压下行程开关（图中未画出）发出信号，使阀 5、阀 6 换为中位停止状态，同时向时间继电器发出信号，使系统进入保压延时阶段。

（4）泄压换向。保压延时结束后，时间继电器发出信号，使电磁铁 2YA 通电，阀 5 换为右位。控制油经阀 5 进入液控单向阀 I_3 的控制油腔，顶开其卸荷芯（液控单阀 I_3 带有卸荷阀芯），使主缸上腔油路的高压油经 I_3 卸压阀芯上的槽口及预泄换向阀 8 上位（图示位置）的孔道连通，从而使主缸上腔油泄压。其油路如下。

控制油路：

进油：泵 1→阀 4→阀 5（右）→I_3（使 I_3 卸荷阀芯开启）。

主油路：

回油：主缸上腔→I_3（卸荷阀芯槽口）→阀 8（上）→油箱（主缸上腔泄压）。

（5）快速退回。主缸上腔泄压后，在控制油压作用下，阀 8 换为下位，控制油经阀 8 进入阀 6 右端，阀 6 左端回油，因此阀 6 右位接入系统。主油路中，压力油经阀 6、阀 11 进入主缸下腔，同时将液控单向阀 12 打开，使主缸上腔油返回充液箱，上滑块则快速上升，退回至原位。其油路如下。

控制油路（使阀 6 换为右位）：

进油路：泵 1→阀 4→阀 5（右）→阀 8（下）→阀 6 右端；

回油路：阀 6 左端→阀 5（右）→油箱。

主油路（上滑块快速退回）

　　　　　　　　　　　　　　　　　　　┌→主缸下腔
进油路：泵 1→阀 7→阀 6（右）→阀 11 ─┤　　　　　　；
　　　　　　　　　　　　　　　　　　　└→阀 12 控制口

回油路：主缸上腔→阀 12→充油箱。

（6）原位停止。当上滑块返回至原始位置，压下行程开关 S_1 时，使电磁铁 2YA 断电，阀 5 和阀 6 换为中位（阀 8 复位），主缸上、下腔封闭，上滑块停止运动。阀 13 为上缸安全阀，起平衡上滑块重量作用，可防止与上滑块相连的运动部件在上位时因自重而下滑。

2. 顶出缸运动

（1）向上顶出。当主缸返回原位，压下行程开关 S_1 时，除使电磁铁 2YA 断电，主缸原位停止外，还使电磁铁 4YA 通电，阀 14 换为右位。压力油经阀 14 进入顶出缸下腔，其上腔回油，下滑块上移，将压制好的工件从模具中顶出。这时系统的最高工作压力可由溢流阀 15 调整。其油路如下。

主油路（使下滑块上移顶出工件）

进油路：泵 1→阀 7→阀 6（中）→阀 14（右）→缸下腔；

回油路：缸上腔→阀 14（右）→油箱。

(2) 停留。当下滑块上移到其活塞碰到缸盖时，便可停留在这个位置上。同时碰到上位开关 S_2，使时间继电器动作，延时停留。停留时间可由时间继电器调整。这时的油路未变。

(3) 向下退回。当停留结束时，时间继电器发出信号，使电磁铁 3YA 通电（4YA 断电），阀 14 换为左位。压力油进入顶出缸上腔，其下腔回油，下滑块下移。其油路如下。

主油路（使下滑块下移）

进油路：泵 1→阀 7→阀 6（中）→阀 14（左）→缸上腔；

回油路：缸下腔→阀 14（左）→油箱。

(4) 原位停止。当下滑块退至原位时，滑块压下下位开关 S_3，使电磁铁 3YA 断电，阀 14 换为中位，运动停止。缸上腔和泵油均为阀 14 中位通油箱。

3. 浮动压边

(1) 上位停留。先使电磁铁 4YA 通电，阀 14 换为右位，顶出缸下滑块上升至顶出位置，由行程开关或按钮发信号使 4YA 再断电，阀 14 换为中位，使下滑块停在顶出位置上。这时顶出缸下腔封闭，上腔通油箱。

(2) 浮动压边。浮动压边时主缸上腔进压力油（主缸油路同慢速加压油路），主缸下腔油进入顶出缸上腔，顶出缸下腔油可经阀 15 流回油箱。

主缸上滑块下压薄板时，下滑块也在此压力下随之下行。这时阀 15 为背压阀，它能保证顶出缸下腔有足够的压力。阀 16 为安全阀，它能在阀 15 堵塞时起过载保护作用。浮动压边时的油路如下。

主油路（使上下滑块同时下移，浮动压边）

进油路：主缸下腔→阀 11→阀 6（左）→阀 14（中）→顶出缸上腔；
油箱——↑

回油路：顶出缸下腔→阀 15→油箱。

8.2.3　YB32－200 型液压压力机液压系统的特点

(1) 采用了变量泵—液压缸式容积调速回路。所用液压泵为恒功率斜盘式轴向柱塞泵，它的特点是空载快速时，油压低而供油量大，压制工件时，压力高，泵的流量能自动减小，可实现低速。系统中无溢流损失和节流损失，效率高，功率利用合理。系统中设置了远程高压阀，这样可在压制不同材质、不同规格的工件时，对系统的最高工作压力进行调节，以获得最理想的压制力，使用方便。

(2) 两液压缸均采用电液换向阀换向，便于用小规格的、反应灵敏的电磁阀控制高压大流量的液动换向阀，使主油路换向。其控制油路采用了串有减压阀的减压回路，其工作压力比主油路低而平稳，既能减少功率消耗，降低泄漏损失，还能使主油路换向平稳。

(3) 采用两主换向阀中位串联的互锁回路。即当主缸工作时，顶出缸油路被断开，停止运动；当顶出缸工作时，主缸油路断开，停止运动。这样能避免操作不当出现事故，保证了安全生产。当两缸主换向阀均为中位时，液压泵卸荷，其油路上串接一顺序阀，其调整压力约为 2.5MPa，可使泵的出口保持低压，以便于快速启动。

(4) 液压压力机是大功率立式设备。压制工件时需要很大的力。因而主缸直径大，上滑块快速下行时需要很大的流量，但顶出缸工作时却不需要很大的流量。因此，该系统采用顶置充液箱，在上滑块快速下行时直接从缸的上方向主缸上腔补油。这样既可使系统采用流量较小的泵供油，又可避免在长管道中有高速大流量油流而造成能量的损耗和故障，还减小了下置油箱的尺寸（充液箱与下置油箱有管路连通，上箱油量超过一定量时可溢回下油箱）。此外，两立式液压缸各有一个安全阀，构成平衡回路，能防止上、下滑块在上位停止时因自重而下滑，起支撑作用。

(5) 在保压延时阶段，由多个单向阀、液控单向阀组成主缸保压回路，利用管道和油液本身的弹性变形实现保压，方法简单。由于单向阀密封好，结构尺寸小，工作可靠，因而使用和维护也比较方便。

(6) 系统中采用了预泄换向阀，使主缸上腔卸压后才能换向。这样可使换向平稳，无噪声和液压冲击。

8.3 数控车床液压系统

8.3.1 概述

装有程序控制系统的车床简称数控车床。如图 8.4 所示为 MJ－50 数控车床的结构。在数控车床上进行车削加工时，其自动化程度高，能获得较高的加工质量。目前，在数控车床上，大多采用了液压传动技术，下面介绍 MJ－50 型数控车床的液压系统，图 8.5 所示为该系统的原理图。

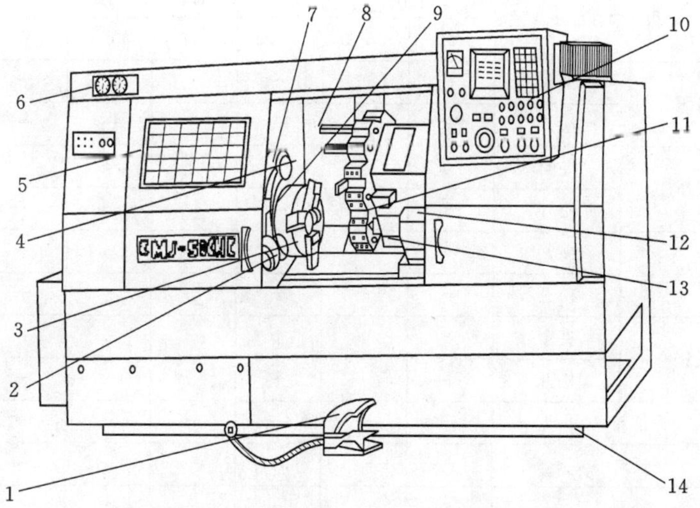

图 8.4 MJ－50 型数控车床

1—脚踏开关；2—对刀仪；3—主轴卡盘；4—主轴箱；5—防护门；6—压力表；7、8—防护罩；9—转臂；10—操作面板；11—回转刀架；12—尾座；13—滑板；14—床身

机床中由液压系统实现的动作有：卡盘的夹紧与松开、刀架的夹紧与松开、刀架的正转与反转、尾座套筒的伸出与缩回。液压系统中各电磁阀的电磁铁动作由数控系统的 PC 控制实现，各电磁铁动作见表 8.3。

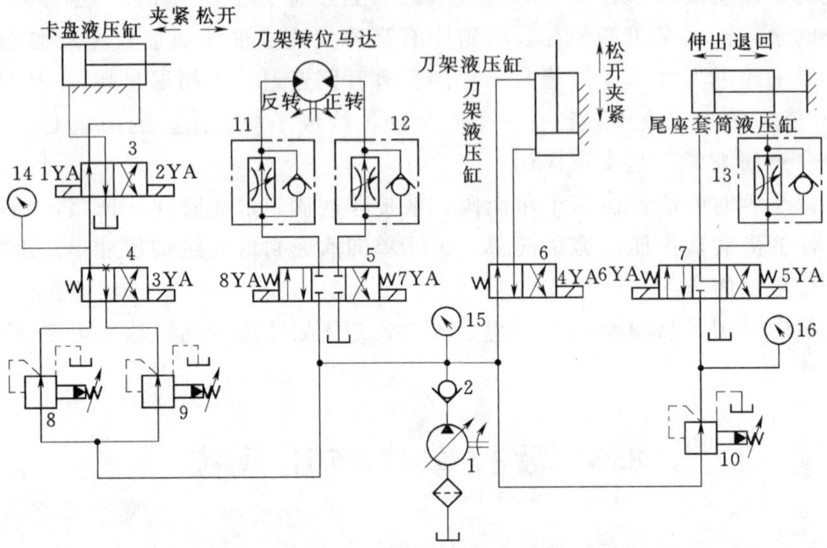

图 8.5 MJ－50 型数控车床的液压系统

1—变量泵；2—单向阀；3、4、5、6、7—换向阀；8、9、10—减压阀；11、12、13—单向调速阀；14、15、16—压力表

表 8.3 电磁铁动作顺序表

各种项目			电磁铁							
			1YA	2YA	3YA	4YA	5YA	6YA	7YA	8YA
卡盘正卡	高压	夹紧	+	—	—	—	—	—	—	—
		松开	—	+	—	—	—	—	—	—
	低压	夹紧	+	—	+	—	—	—	—	—
		松开	—	+	+	—	—	—	—	—
卡盘反卡	高压	夹紧	—	+	—	—	—	—	—	—
		松开	+	—	—	—	—	—	—	—
	低压	夹紧	—	+	+	—	—	—	—	—
		松开	+	—	+	—	—	—	—	—
刀架	正转		—	—	—	—	—	—	—	+
	反转		—	—	—	—	—	—	+	—
	松开		—	—	—	+	—	—	—	—
	夹紧		—	—	—	—	—	—	—	—
尾座	套筒伸出		—	—	—	—	—	+	—	—
	套筒退回		—	—	—	—	+	—	—	—

注 “+”号表示通电；“—”号表示断电。

8.3.2 液压系统的工作原理

机床的液压系统采用单向变量泵供油，系统压力调至 4MPa，压力由压力表 15 显示。泵输出的压力油经过单向阀进入系统，其工作原理分析如下。

1. 卡盘的夹紧与松开

当卡盘处于正卡（或称外卡）且在高压夹紧状态下，夹紧力的大小由减压阀 8 来调整，夹紧力由压力表 14 来显示。当 1YA 通电时，阀 3 左位工作，系统压力油经阀 8、阀 4、阀 3 到液压缸右腔，液压缸左腔的油液经阀 3 直接回油箱。这时，活塞杆左移，卡盘夹紧。反之，当 2YA 通电时，阀 3 右位工作，系统压力油经阀 8、阀 4、阀 3 到液压缸左腔，液压缸右腔的油液经阀 3 直接回油箱，活塞杆右移，卡盘松开。

当卡盘处于正卡且在低压夹紧状态下，夹紧力的大小由减压阀 9 来调整。这时，3YA 通电，阀 4 右位工作。阀 3 的工作情况与高压夹紧时相同。卡盘反卡（或称内卡）时的工作情况与正卡相似，不再赘述。

2. 回转刀架的回转

回转刀架换刀时，首先是刀架松开，然后刀架转位到指定的位置，最后刀架复位夹紧，当 4YA 通电时，阀 6 右位工作，刀架松开。当 8YA 通电时，液压马达带动刀架正转，转速由单向调速阀 11 控制。若 7YA 通电时，则液压马达带动刀架反转，转速由单向调速阀 12 控制。当 4YA 断电时，阀 6 左位工作，液压缸使刀架夹紧。

3. 尾坐套筒的伸缩运动

当 6YA 通电时，阀 7 左位工作，系统压力油经减压阀 10、换向阀 7 到尾座套筒液压缸的左腔，液压缸右腔油液经单向调速阀 13、阀 7 回油箱，缸筒带动尾座套筒伸出，伸出时的预紧力大小通过压力表 16 显示。反之，当 5YA 通电时，阀 7 右位工作，液压系统压力油经减压阀 10、换向阀 7、单向调速阀 13 到液压缸右腔，液压缸左腔的油液经阀 7 流回油箱，套筒缩回。

8.3.3 液压系统的特点

(1) 采用单向变量液压泵向系统供油，能量损失小。

(2) 用换向阀控制卡盘，实现高压和低压夹紧的转换，并且分别调节高压夹紧或低压夹紧压力的大小。这样可根据工作情况调节夹紧力，操作方便简单。

(3) 用液压马达实现刀架的转位，可实现无级调速，并能控制刀架正、反转。

(4) 用换向阀控制尾座套筒液压缸的换向，以实现套筒的伸出或缩回，并能调节尾座套筒伸出工作时的预紧力大小，以适应不同的需要。

(5) 压力表 14、15、16 可分别显示系统相应的压力，以便于故障诊断和调试。

8.4 汽车起重机液压系统

8.4.1 概述

汽车起重机是一种安装在汽车底盘上的起重运输设备。它主要由起升机构、回转机构、变幅机构、伸缩机构和支腿部分等组成，这些工作机构动作的完成由液压系统来驱动。一般要求输出力大，动作平稳，耐冲击，操作灵活、方便、安全、可靠。

Q2-8 型汽车起重机的外形结构如图 8.6 所示。它由汽车 1、转台 2、支腿 3、吊臂变幅液压缸 4、基本臂 5、吊臂伸缩液压缸 6 和起升机构 7 等组成。该起重机采用液压传动，最大起重量为 80kN，最大起重高度为 11.5m，起重装置可连续回转。由于起重机具有较高的行走速度和较大的承载能力，所以其调动与使用起来非常灵活，机动性能也很好，并

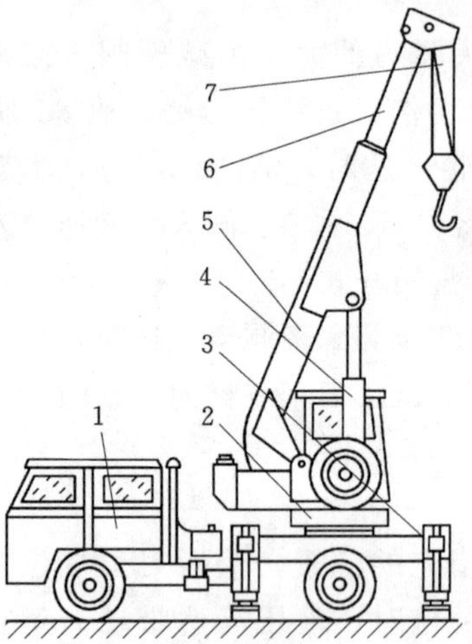

图 8.6　Q2－8 型汽车起重机的外形结构

1—汽车；2—转台；3—支腿；4—吊臂变幅液压缸；5—基本臂；6—吊臂伸缩液压缸；7—起升机构

可在有冲击、振动、温度变化较大和环境较差的条件下工作。起重机一般采用中、高压手动控制系统。对于汽车起重机来说，无论在机械方面还是在液压方面，对工作系统的安全和可靠性要求都是特别重要的。

8.4.2　Q2－8 型汽车起重机液压系统的工作原理

Q2－8 型汽车起重机液压系统的工作原理如图 8.7 所示。该系统为中高压系统，动力源采用轴向柱塞泵，由汽车发动机通过汽车底盘变速箱上的取力箱驱动。液压泵的工作压力为 21MPa，排量为 40mL，转速为 1500r/min。液压泵通过中心回转接头从油箱中吸油，输出的液压油经手动阀组 1（由换向阀 A 和 B 组成）和手动阀组 2（由换向阀 C、D、E、F 组成）输送到各个执行元件。整个系统由支腿收放、吊臂变幅、吊臂伸缩、转台回转和吊重起升 5 个工作回路所组成，且各部分都具有一定的独立性。整个系统分为上、下车两部分，除液压泵、溢流阀、阀组 1 及支腿部分外，其余元件全部装在可回转的上车部分。油箱装在上车部分，兼作配重。上、下车两部分油路通过中心回转接头 9 连通。支腿收放回路和其他动作回路均采用一个 M 型中位机能三位四通手动换向阀进行切换。各个手动换向阀相互串联组合，可实现多缸卸荷。根据起重工作的具体要求，操纵各阀不仅可以分别控制各执行元件的运动方向，还可以通过控制阀芯的位移量来实现节流调速。

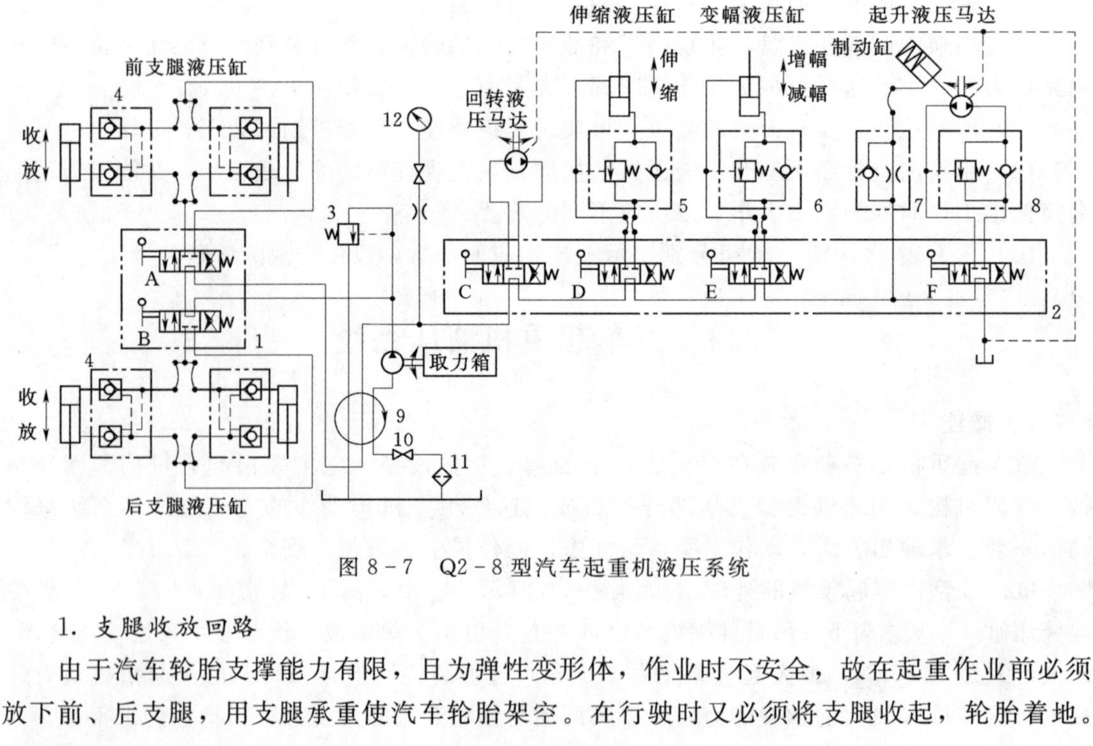

图 8－7　Q2－8 型汽车起重机液压系统

1. 支腿收放回路

由于汽车轮胎支撑能力有限，且为弹性变形体，作业时不安全，故在起重作业前必须放下前、后支腿，用支腿承重使汽车轮胎架空。在行驶时又必须将支腿收起，轮胎着地。

为此，在汽车的前、后两端各设置两条支腿，每条支腿均配置有液压缸。前支腿两个液压缸同时用一个三位四通手动换向阀A控制其收、放动作，而后支腿两个液压缸则用另一个三位四通手动换向阀B控制其收、放动作。为确保支腿能停放在任意位置并能可靠地锁住，在支腿液压缸的控制回路中设置了双向液压锁4。

当三位四通手动换向阀A工作在左位时，前支腿放下，其进、回油路线如下：

进油路：液压泵→阀A左位→液控单向阀→前支腿液压缸无杆腔。

回油路：前支腿液压缸有杆腔→液控单向阀→阀A→阀B→阀C→阀D→阀E→阀F→油箱。

当三位四通手动换向阀A工作在右位时，前支腿收回，其进、回油路线如下。

进油路：液压泵→阀A右位→液控单向阀→前支腿液压缸有杆腔。

回油路：前支腿液压缸无杆腔→液控单向阀→阀A→阀B→阀C→阀D→阀E→阀F→油箱。

后支腿液压缸用阀B控制，其油流路线与前支腿相同。

2. 转台回转回路

转台的回转由一个大转矩液压马达驱动，它能双向驱动转台回转。通过齿轮、蜗杆机构减速，转台的回转速度为1～3r/min。由于速度较低，惯性较小，一般不设缓冲装置，液压马达的回转由三位四通手动换向阀C控制，当三位四通手动换向阀C工作在左位或右位时，分别驱动液压马达正向或反向回转。其油流路线如下：

进油路：液压泵→阀A→阀B→阀C→回转液压马达。

回油路：回转液压马达→阀C→阀D→阀E→阀F→油箱。

3. 吊臂伸缩回路

吊臂由基本臂和伸缩臂组成，伸缩臂套装在基本臂内，由吊臂伸缩液压缸驱动进行伸缩运动，为使其伸缩运动平稳可靠，并防止在停止时因自重而下滑，在油路中设置了平衡阀5（外控式单向顺序阀）。吊臂伸缩运动由三位四通手动换向阀D控制，使其具有伸出、缩回和停止三种工况。当三位四通手动换向阀D工作在左位、右位或中位时，分别驱动伸缩液压缸伸出、缩回或停止。当阀D右位时，吊臂伸出，其油流路线如下：

进油路：液压泵→阀A→阀B→阀C→阀D→平衡阀5中的单向阀→伸缩液压缸无杆腔。

回油路：伸缩液压缸有杆腔→阀D→阀E→阀F→油箱。

当阀D左位时，吊臂缩回，其油流路线如下：

进油路：液压泵→阀A→阀B→阀C→阀D→伸缩液压缸有杆腔。

回油路：伸缩液压缸无杆腔→平衡阀5中的顺序阀→阀D→阀E→阀F→油箱。

4. 吊臂变幅回路

吊臂变幅是通过改变吊臂的起落角度来改变作业高度。吊臂的变幅运动由变幅液压缸驱动，变幅要求能带载工作，动作要平稳可靠。为防止吊臂在停止阶段因自重而减幅，在油路中设置了平衡阀6，提高了变幅运动的稳定性和可靠性。吊臂变幅运动由三位四通手动换向阀E控制，在其工作过程中，通过改变手动换向阀E开口的大小和工作位，即可调节变幅速度和变幅方向。

吊臂增幅时，三位四通手动换向阀E右位工作，其油流路线如下：

进油路：液压泵→阀 A→阀 B→阀 C→阀 D→阀 E→阀 6 中的单向阀→变幅液压缸无杆腔。

回油路：变幅液压缸有杆腔→阀 E→阀 F→油箱。

吊臂减幅时，三位四通手动换向阀 E 左位工作，其油流路线如下：

进油路：液压泵→阀 A→阀 B→阀 C→阀 D→阀 E→变幅液压缸有杆腔。

回油路：变幅液压缸无杆腔→平衡阀 6 中的顺序阀→阀 E→阀 F→油箱。

5. 吊重起升回路

吊重起升是系统的主要工作回路。吊重的起吊和落下作业由一个大转矩液压马达驱动卷扬机来完成。起升液压马达的正、反转由三位四通手动换向阀 F 控制。马达转速的调节（即起吊速度）可通过改变发动机转速及手动换向阀 F 的开口来调节。回路中设有平衡阀 8，用以防止重物因自重而下滑。由于液压马达的内泄漏比较大，当重物吊在空中时，尽管回路中设有平衡阀，重物仍会向下缓慢滑落，为此，在液压马达的驱动轴上设置了制动器。当起升机构工作时，在系统油压的作用下，制动器液压缸使闸松开；当液压马达停止转动时，在制动器弹簧的作用下，闸块将轴抱死进行制动。当重物在空中停留的过程中重新起升时，有可能出现在液压马达的进油路还未建立起足够的压力以支撑重物时，制动器便解除了制动，造成重物短时间失控而向下滑落。为避免这种现象的出现，在制动器油路中设置了单向节流阀 7。通过调节该节流阀开口的大小，能使制动器抱闸迅速，而松闸则能缓慢地进行。

8.4.3　Q2－8 型汽车起重机液压系统的特点

Q2－8 型汽车起重机的液压系统有如下几个特点：

（1）该系统为单泵、开式、串联系统，采用了换向阀串联组合，不仅各机构的动作可以独立进行，而且在轻载作业时，可实现起升和回转复合动作，以提高工作效率。

（2）系统中采用了平衡回路、锁紧回路和制动回路，保证了起重机的工作可靠，操作安全。

（3）采用了三位四通手动换向阀换向，不仅可以灵活方便地控制换向动作，还可通过手柄操纵来控制流量，实现节流调速。在起升工作中，将此节流调速方法与控制发动机转速的方法结合使用，可以实现各工作部件微速动作。

（4）各三位四通手动换向阀均采用了 M 型中位机能，使换向阀处于中位时能使系统卸荷，可减少系统的功率损失，适宜于起重机进行间歇性工作。

8.5　塑料注塑成型机液压系统

8.5.1　概述

塑料注塑成型机简称为注塑机，如图 8.8 所示。它将颗粒状塑料加热熔化到流动状态，以高压快速注入模腔，处于熔融状态的塑料在模腔内保压一定时间后，冷却成型为塑料制品。注塑机液压传动系统的执行元件有合模缸、注射座移动缸、注射缸、预塑液压马达和顶出缸。这些执行元件推动注塑机各工作部件完成如图 8.9 所示的工作循环。

注塑机对液压系统的要求如下：

（1）模具必须具有足够的合模力，以消除高压注射时模具离缝、塑料制品产生溢边现象。

（2）在合模、开模过程中，为了既提高工作效率，又防止因速度太快而损坏模具和制品，其过程需要多种速度。

（3）注射座要能整体前移和后退，并保持足够的向前推动力，以使注射时喷嘴与模具浇口紧密接触。

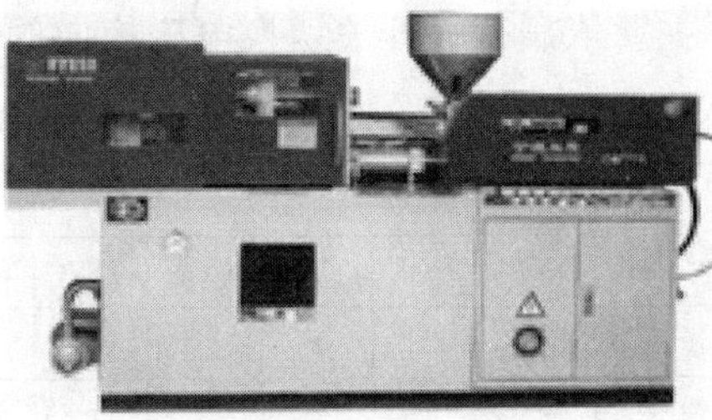

图 8.8 注塑机动作循环图

合模→注射座前移→注射→保压→冷却预塑→注射座后退→开模→顶出制品→顶出杆后退→合模。

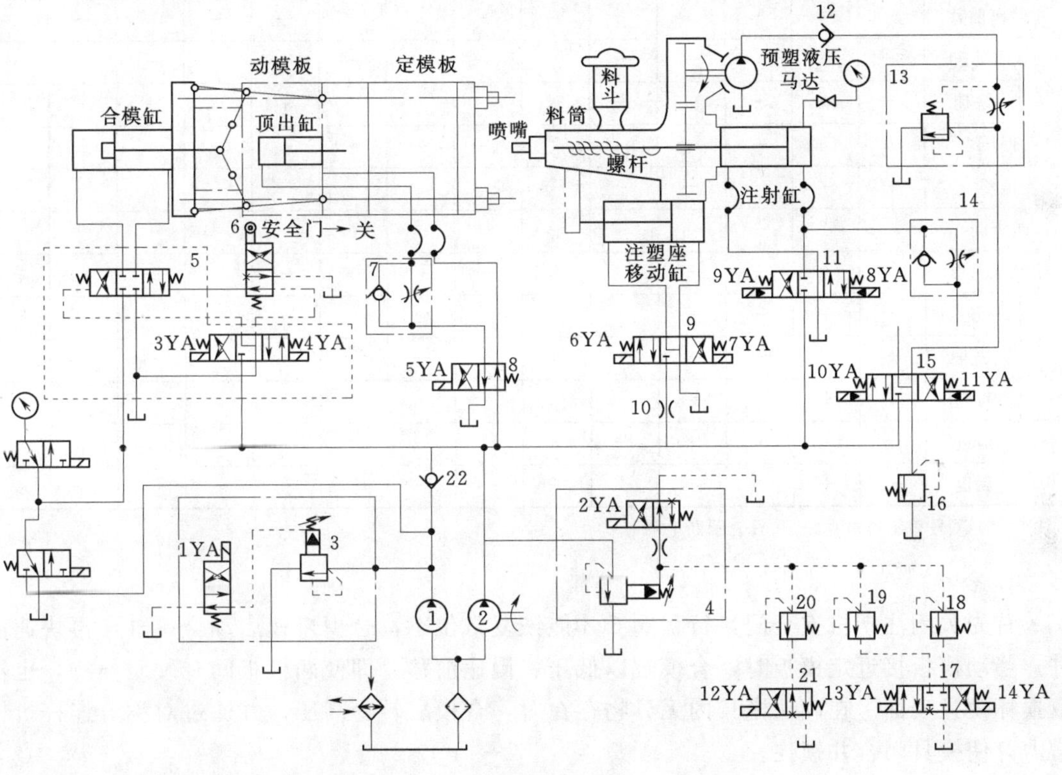

图 8.9 SZ-250A 型注塑机液压系统图

（4）由于原料的品种、制品的几何形状及模具系统不同，为保证制品质量，注射成型过程中要求注射压力和注射速度可调节。

（5）注射动作完成后，需要保压。保压的目的是使塑料紧贴模腔而获得精确的形状；在制品冷却凝固收缩过程中，使熔化塑料不断补充进入模腔，防止充料不足而出现残次品。因此保压压力要求可调。

（6）顶出制品速度要平稳。

8.5.2 SZ-250A 型注塑机液压系统的工作原理

SZ-250A 型注塑机属于中小型注塑机，每次最大注射容量为 250cm³。图 8.9 所示是该注塑机的液压系统图。该液压系统用双联泵供油，用节流阀控制有关流量，用多级调压回路控制有关压力，以满足工作过程中各动作对速度和压力的不同要求。各执行元件的动作循环主要依靠行程开关切换电磁换向阀来实现，电磁铁动作顺序见表 8.4。

表 8.4　　　　　　　　　　电磁铁动作顺序表

动作		电磁铁													
		1YA	2YA	3YA	4YA	5YA	6YA	7YA	8YA	9YA	10YA	11YA	12YA	13YA	14YA
合模	慢速	－	＋	＋	－	－	－	－	－	－	－	－	－	－	－
	快速	＋	＋	＋	－	－	－	－	－	－	－	－	－	－	－
	低压慢速	－	＋	＋	－	－	－	－	－	－	－	－	－	＋	－
	高压慢速	－	＋	＋	－	－	－	－	－	－	－	－	－	－	－
注射座前移		－	＋	－	－	－	－	＋	－	－	－	－	－	－	－
注射	慢速	－	＋	－	－	－	－	＋	－	－	＋	－	＋	－	－
	快速	＋	＋	－	－	－	－	＋	＋	－	＋	－	＋	－	－
保压		－	＋	－	－	－	－	＋	－	－	＋	－	－	－	＋
预塑		＋	＋	－	－	－	－	＋	－	－	－	＋	－	－	－
防流涎		－	＋	－	－	－	－	＋	－	＋	－	－	－	－	－
注射座后退		－	＋	－	－	－	＋	－	－	－	－	－	－	－	－
开模	慢速Ⅰ	－	＋	－	＋	－	－	－	－	－	－	－	－	－	－
	快速	＋	＋	－	＋	－	－	－	－	－	－	－	－	－	－
	慢速Ⅱ	－	＋	－	＋	－	－	－	－	－	－	－	－	－	－
顶出	前进	－	＋	－	－	＋	－	－	－	－	－	－	－	－	－
	后退	－	＋	－	－	－	－	－	－	－	－	－	－	－	－

注　“＋”号表示通电；“－”号表示断电。

1. 合模

首先关闭注塑机安全门，行程阀 6 才能恢复常位态，合模慢速启动合模缸，再快速前进。当动模板接近定模板时，合模缸以低压、慢速前移，即使两模板间有硬质异物，也不致损坏模具表面。在确认模具内无异物存在时，合模缸转为高压，并通过对称五连杆机构增力，使模具闭合并锁住。

(1) 慢速合模。电磁铁 2YA、3YA 得电，大流量泵 1 通过溢流阀 3 卸载，小流量泵 2 的压力由溢流阀 4 调定。泵 2 的压力油经电液换向阀 5 右位进入合模缸左腔，推动合模缸慢速前移，其右腔油液经阀 5 和冷却器回油箱。

(2) 快速合模。电磁铁 1YA、2YA 和 3YA 得电，液压泵 1 的压力油经单向阀 22 与液压泵 2 的压力油合流后进入合模缸左腔，推动合模缸快速前进。最高压力由阀 3 限定。

(3) 低压慢速合模。电磁铁 2YA、3YA 和 13YA 得电，泵 1 卸载，泵 2 的压力由远程调压阀 18 控制。由于阀的调定压力低，泵 2 以低压推动合模缸缓慢、安全地合模。

(4) 高压慢速合模。电磁铁 2YA 和 3YA 得电，泵 1 卸载，泵 2 的压力由溢流阀 4 调为高压。泵 2 压力油驱动合模缸高压合模，通过五连杆机构增力，且锁紧模具。

2. 注射座前移

电磁铁 2YA 和 7YA 得电，泵 1 卸载，泵 2 的压力仍由阀 4 控制。泵 2 压力油经节流阀10和电磁换向阀9右位进入注射座移动缸右腔，注射座慢速前移，使喷嘴与模具浇口紧密接触，注射座移动缸左腔油液经阀9回油箱。

3. 注射

(1) 慢速注射。电磁铁2YA、7YA、10YA和12YA得电，泵2的压力由远程调压阀20调节并保持稳定值。泵2的压力油电液换向阀15左位和单向节流阀14进入注射缸右腔，推动注射缸活塞慢速前进，注射螺杆将料筒前端的熔料经喷嘴压入模腔，注射缸左腔油液经电液换向阀11中位回油箱。注射速度由单向节流阀14调节。

(2) 快速注射。电磁铁1YA、2YA、7YA、8YA、10YA和12YA得电，泵1和泵2的压力油经阀11右位进入注射缸右腔，实现快速注射，左腔油液经阀11右位回油箱。此时，远程调压阀20起安全作用。

4. 保压

电磁铁2YA、7YA、10YA和14YA得电，泵2的压力（即保压压力）由远程调压阀19调节，泵2仅对注射缸右腔补充少量油液，以维持保压压力。多余油液经阀4溢回油箱。

5. 预塑

保压完毕，电磁铁1YA、2YA、7YA和11YA得电，泵1和泵2的压力油经阀15右位、旁通型调速阀13和单向阀12进入液压马达。液压马达通过减速机构带动螺杆旋转，从料斗加入的塑料颗粒随着螺杆的转动被带至料筒前端，加热熔化，并建立起一定压力。马达转速由旁通型调速阀13控制，溢流阀3为安全阀。螺杆头部的熔料压力上升到能克服注射缸活塞退回的阻力时，螺杆开始后退。这时，注射缸右腔油液经阀14、阀15右位和背压阀16回油箱，其背压力由阀16控制。同时，油箱中的油在大气压的作用下经阀11中位，向注射缸左腔补充。当螺杆后退至一定位置，即螺杆头部的熔料达到所需注射量时，螺杆停止转动和后退，等待下次注射，与此同时，模腔内的制品冷却成型。

6. 防流涎

如果喷嘴为直通敞开式，为防止注射座退回时喷嘴端部物料流出，应先使螺杆后退一小段距离，以减小料筒前端压力。为达到此目的，在预塑结束后，电磁铁2YA、7YA和9YA得电，泵2的压力油一路经阀9右位进入注射座移动缸右腔，使喷嘴与模具浇口接触，一路经阀11左位进入注射缸左腔，使螺杆强制后退。注射缸右腔和注射座移动缸左腔的油分别经阀11和阀9回油箱。

7. 注射座后退

在保压、冷却和预塑结束后，电磁铁2YA和6YA得电，泵2的压力油经阀9左位使注射座退回。

8. 开模

开模速度一般为慢→快→慢。

(1) 慢速开模。当电磁铁2YA和4YA得电时，泵1卸载，泵2的压力油经电液换向阀5左位进入合模缸右腔，合模缸慢速后退，左腔油液经阀5回油箱。

(2) 快速开模。当电磁铁1YA、2YA和4YA得电时，泵1和泵2的供油合流后推动合模缸快速后退。

（3）慢速开模。当1YA断电，电磁铁2YA、4YA得电时，泵1卸载，泵2的压力油经电液换向阀5左位进入合模缸右腔，合模缸又以慢速后退，左腔油液经阀5回油箱。

9. 顶出

（1）顶出杆前进。电磁铁2YA、5YA得电时，泵1卸载，泵2的压力油经换向阀8左位和单向节流阀7进入顶出缸左腔，推动顶出杆稳速前进，顶出制品。顶出速度由单向节流阀7调节，溢流阀4为定压阀。

（2）顶出杆后退。电磁铁2YA得电时，泵2的压力油经阀8常态位使顶出杆退回。

8.5.3　SZ－250A型注塑机液压系统特点

（1）采用了液压—机械增力合模机构，保证了足够的锁模力。除此之外，还可采用增压缸合模装置。

（2）注塑机液压系统动作多，各动作之间有严格顺序。本系统采用电气行程开关切换电磁换向阀，保证动作顺序。

（3）采用多个远程调压阀调压，满足了系统多级压力的要求。

随着液压技术的发展，液压设备在各工业部门中得到越来越广泛的应用。一般液压系统的工作性能是可靠的，但如果使用维护不当，也会出现各种故障，影响液压设备的正常运行。要想使液压设备经常处于良好的工作状态，正确地使用维护并及时地排除故障，是十分重要的。本章主要介绍液压系统的正确安装、调试和使用方法，以及对常见故障的分析、检查和排除方法。

8.6　液压系统的安装和调试

8.6.1　液压系统的安装

安装液压系统时，应注意以下事项：

（1）安装前检查各油管是否完好无损并进行清洗。对液压元件要用煤油或柴油进行清洗，自制重要元件应进行密封和耐压试验。试验压力可取工作压力的两倍或最高工作压力的1.5倍。

（2）液压泵、液压马达与电动机、工作机构间的同轴度偏差应在0.1mm以内，轴线间倾角不大于1°。避免用过大的力敲击泵轴和液压马达轴，以免损伤转子。同时泵与马达的旋转方向及进出油口方向不得接反。

（3）液压缸安装时，要保证符合活塞杆的轴线与运动部件导轨面平行度的要求。活塞杆轴线对两端支座的安装基面，其平行度误差不得大于0.05mm。对行程较长的油缸，活塞杆与工作台的连接应保持浮动，以补偿安装误差产生活塞杆卡住和补偿热膨胀的影响。

（4）电磁阀的回油、减压阀和顺序阀等的卸油与回油管连通时不应有背压，否则应单设回油管；溢流阀的回油管口与液压泵的吸油口不能靠得太近，以免吸入温度较高的油液；方向阀一般应保持轴线水平安装。

（5）辅助元件的安装应严格按设计要求的位置安装，并注意整齐、美观，在符合设计要求的情况下，尽量考虑使用、维护和调整的方便。例如，蓄能器应保持轴线竖直安装，并安装在易用气瓶充气的地方；过滤器应安装在易于拆卸、检查的位置等。

(6) 液压元件在安装时用力要恰当，防止用力过大使元件变形，从而造成漏油或某些零件不能运动。安装时需清除被密封零件的尖角，防止损坏密封件。

(7) 各油管接头处要装紧和密封良好，管道尽可能短，避免急拐弯，拐弯的位置越少越好，以减少压力损失。吸油管宜短、粗，一般吸油口都装有滤油器，滤油器必须至少在油面以下200mm。回油管应远离吸油管并插入油箱液面之下，可防止回油飞溅而产生气泡并很快被吸入泵内，回油管口应切成45°斜面并朝箱壁以扩大通流面积。

(8) 系统全部管道应进行两次安装，即第一次配管试装合适后拆下管路，用20%的硫酸或盐酸溶液进行酸洗，再用10%的苏打水中和15min，最后再用温水冲洗，待干燥涂油后进行第二次正式安装。

(9) 系统安装完毕后，应采用清洗油对内部进行清洗，油温在50～80℃。清洗时在回油路上设置滤油器，开始使液压泵间歇运转，然后长时间运转8～12h，清洗到滤油器的滤芯上不再有杂质时为止。复杂系统可分区清洗。

8.6.2 液压系统的调试

新设备在安装以后以及设备经过修理之后，必须对液压设备按有关标准进行调试，以保证系统能够安全可靠地工作。

在调试前，应弄清液压系统的工作原理和性能要求；明确机械、液压和电气三者的功能和彼此联系；熟悉系统的各种操作和调节手柄的位置及旋向等；检查各液压元件的连接是否正确可靠，液压泵的转向、进出油口是否正确，油箱中是否有足够的油液，检查各控制手柄是否在关闭或卸荷的位置，各行程挡块是否紧固在合适的位置等。检查无问题时，可按照以下步骤进行试车。

1. 空载试车

空载试车时先启动液压泵，检查泵在卸荷状态下的运转。正常后，即可使其在工作状态下运转。一般运转开始要点动三至五次，每次点动时间可逐渐延长，直到使液压泵在额定转速下运转。

液压泵运转正常后，可调节压力控制元件。各压力阀应按其实际所处位置，从溢流阀依次调整，将溢流阀逐渐调到规定的压力值，使泵在工作状态下运转，检查溢流阀在调节过程中有无异常声响，压力是否稳定，必须检查系统各管道接头、元件结合面处有无漏油。其他压力阀可根据工作需要进行调整。压力调定后，应将压力阀的调整螺杆锁紧。

按压相应的按钮，使液压缸做全行程的往复运动，往返数次将系统中的空气排掉。如果缸内混有空气，会影响其运动的平稳性。引起工作台在低速运动时产生爬行现象，同时会影响机床的换向精度。

其后调整自动工作循环和顺序动作，检查各动作的协调性和顺序动作的正确性，检查启动、换向和速度换接的平稳性，有无泄漏、爬行、冲击等现象。

在各项调试完毕后，应在空载条件下动作2h后，再检查液压系统工作是否正常，一切正常后，方可进入负载试车。

2. 负载试车

负载后，是否能实现预定的工作要求，为避免设备损坏，一般应先低负载试车，若正常，则在额定负载下试车。

负载试车时，应检查系统在发热、噪声、振动、冲击和爬行等方面的情况，并做出书面记录，以便日后查对；检查各部分的漏油情况，发现问题，及时排除。若系统工作正常，便可正式投入使用。

8.7 液压系统的使用维护

液压系统的正确使用与及时的维护保养是保证设备正常运行的基本条件。

8.7.1 使用时应注意的事项

(1) 使用前必须熟悉液压设备的操作要领，对各液压元件所控制的相应执行元件和调节旋钮的转动方向与压力、流量大小变化的关系等要充分弄清楚，防止调节错误造成事故。对导轨及活塞杆外露部分进行擦拭。

(2) 液压系统在运行时，应密切注意油温的变化。低温下，油温应达到20℃以上才准许顺序动作；油温高于60℃时应注意系统工作情况，异常升温时，应停车检查。

(3) 停机4h以上的设备应先使液压泵空载运行5min，然后起动执行机构工作。

(4) 液压油要定期检查和更换，保持清洁。新设备使用三个月即应清洗油箱更换新油，以后每隔半年至一年进行清洗和换油。过滤器的滤芯应定期清洗或更换。

(5) 设备若长时间不用，应将各调节手轮放松，防止弹簧产生永久变形（弹簧力丧失）而影响元件性能。

8.7.2 设备的维护

设备的维护主要分为日常维护、定期维护和综合维护。

1. 日常维护

日常维护保养是指液压设备的操作人员每天在设备使用前、使用中及使用后对设备进行的例行检查。通常借助眼、耳、手、鼻等感觉器官和借助于装在设备上的仪表（如压力表等）对设备进行观察和检查。

(1) 使用前的检查主要包括：油箱内油量的检查、室温与油温的检查和压力表的检查。

(2) 使用中的检查主要包括：溢流阀调节压力的检查，油温、泵壳温度、电磁铁温度的检查，漏油情况检查，噪声振动检查和压力表检查。

(3) 停机后的检查主要包括：油箱油面检查，油箱、各液压元件、油缸等裸露表面污物的清扫和擦洗，各阀手柄位置应恢复到“卸荷”、“停止”、“后退”等位置上，关闭电源并填写交接班记录。

2. 定期维护

这一工作以专业维修人员为主，生产工人参与的一种有计划的预防性检查。与日常检查一样，是为使设备保养工作更可靠、寿命更长，并及早发现故障苗头和趋势的一项工作。检查手段除人的感官外，还要用一定的检查工具和仪器。检查的内容主要包括：对各种液压元件的检查，对过滤器的拆开清洗，对液压系统的性能检查以及对规定必须定期维修的部件应认真加以保养。定期检查一般分为3个月或半年两种。定期维护检查搞好了，可使日常检查更简单。

3. 综合检查

综合检查大约1～2年进行一次。检查的内容和范围力求广泛，尽量做彻底的全面性的检查。综合检查对所有液压元件进行解体，根据解体后发现的情况和问题，进行修理或更换。综合检查时，对修过或更换过的液压件要做好记录，这对今后查找和分析故障以及要准备哪些备件都可以作为参考依据。综合检查前，要预先准备好诸如密封件、滤芯、蓄能器的皮囊、管接头、硬软管及电磁铁等易损件，因为这些零件都是可以预计到要更换的。综合检查时如发现液压设备使用说明书等资料丢失，要设法备齐归档。

8.8 液压系统故障诊断和排除

液压系统和液压元件在运转状态下，出现丧失其规定性能的状态，称为故障。液压系统的常见故障有噪声和振动、系统发热和油温过高、工作台爬行、工作台速度不够以及失压、冲击等故障。不同行业的液压设备，其故障也有所不同。造成故障的各种内部及外界因素虽然很复杂，但其主要原因是空气杂质和水分混入油液、液压油的性能、泵阀的质量以及安装调试使用不当。下面介绍主要的常见故障及其排除方法。

8.8.1 运动部件速度不够

运动部件速度不够的故障原因及排除方法见表8.5。

表8.5　运动部件速度不够的故障原因及排除方法

故障原因	排除方法
泵供油不足、压力不足，液压泵磨损	轴向间隙大或径向间隙大，应进行修配，保证轴向间隙在0.04～0.06mm，或更换泵体和齿轮
电动机功率不足	检查电动机功率
安全溢流阀失灵	检查溢流阀调定压力或更换弹簧
流量阀的节流小孔被堵塞	清洗、疏通节流孔
过滤器堵塞	及时清洗过滤器
系统漏油	检修并更换纸垫，消除内漏
活塞与液压缸配合间隙太大使油液串腔，活塞密封圈损坏，缸内泄漏严重	修复液压缸，保证密封，消除内漏
导轨无润滑油或润滑不充分，摩擦阻力大	调节润滑油量和压力，使润滑充分
导轨的锲铁、压板调的过紧	调整锲铁、压板，使松紧合适

8.8.2 液压系统流量不足

液压系统流量不足的故障原因及排除方法见表8.6。

表8.6　液压系统流量不足的故障原因及排除方法

故障原因	排除方法
液压泵反转或转速过低	检查电动机接线，调整泵的转速符合要求
油液黏度不合适	更换适合黏度的油液
油箱油位太低	补充油液至油标处

续表

故障原因	排除方法
液压元件磨损，内泄漏增加	拆修或更换有关元件
控制阀动作不灵活	调整或更换相关元件
液压系统吸油不良	加大吸油管径，增加吸油过滤器的通油能力，清洗滤网，检查是否有空气进入

8.8.3　液压系统无压力或压力不足

液压系统无压力或压力不足的故障原因及排除方法见表8.7。

表8.7　液压系统无压力或压力不足的故障原因及排除方法

故障原因	排除方法
电动机电源接错	调换电动机接线
液压系统不供油（轴断或联轴节部分的键滚坏）	更换泵或配键
溢流阀弹簧折断或永久变形	更换弹簧
控制阀阻尼孔被堵塞	清洗、疏通阻尼孔
液压油黏度过高，吸不进或吸不足油	用指定黏度的液压油
液压油黏度过低，泄漏太多	用指定黏度的液压油

8.8.4　液压系统产生噪声和振动

液压系统产生噪声和振动的故障原因及其排除方法见表8.8。

表8.8　液压系统产生噪声和振动的故障原因及排除方法

故障原因	排除方法
液压泵本身或其进油管路密封不良或密封圈损坏，漏气	拧紧泵的连接螺栓及管路各管螺母，或更换密封元件
液压泵吸空（油箱油量不足、进油口处的过滤器堵塞、油箱不透空气、油液黏度过大）产生噪声	将油箱油量加至油标处，清洗过滤器，清理空气滤清器，油液黏度应合适
液压泵内零件卡死或损坏	修复或更换液压泵
液压泵与电动机联轴器不同心或松动	重新安装紧固
溢流阀阻尼小孔被堵塞、阀座损坏或调压弹簧永久变形、损坏	清洗、疏通阻尼小孔，修复阀座或更换弹簧
阀开口小，流速高、产生空穴现象	应尽量减小进、出口压差
电液换向阀动作失灵	修复该阀
液压缸缓冲装置失灵造成液压冲击	进行检修和调整
油管互相撞击	油管应分开固定，不与床身接触，增加支撑和固定夹

8.8.5　液压系统发热和油温过高

液压系统发热和油温过高的故障原因及其排除方法见表8.9。

表 8.9 液压系统发热和油温过高的故障原因及其排除方法

故障原因	排除方法
液压泵调整压力过高	在保证系统工作压力下，尽量降低液压泵压力，使其不超过额定压力
运动零件磨损使密封间隙增大	检修更换磨损件
工作管路连接处密封不好和损坏	检查各连接处，更换已损密封件
油液黏度过高	选择适当黏度的液压油
压力调节不当，选用的阀类元件规格小，造成压力损失增大，导致系统发热	重新选用符合系统要求的阀类
液压系统背压过高，使其在非工作循环中有大量压力油损失，造成油温升高	改进系统设计，重新选择回路或液压泵
油箱容量小，散热面积不足	增大油箱容量，若受结构限制，可增添冷却器

8.8.6 工作台爬行

工作台爬行的故障原因及其排除方法见表 8.10。

表 8.10 工作台爬行的故障原因及其排除方法

故障原因	排除方法
液压泵吸空	见表 8.4
液压泵性能不良，流量脉动大	将流量脉动控制在允许范围内
流量阀的节流口处有污物，通油量不均匀	检修或清洗流量阀
油液不干净堵塞进油小孔	保持系统清洁，及时换油
液压缸端盖密封圈压得太死	调整好压盖螺钉
液压缸中进入空气	利用排气装置排气
润滑油不足或选用不当	调节润滑油量，或选用合适的润滑油
系统内、外泄露量大	检查泵及管道连接处的密封情况，修理或更换元件

8.8.7 压力波动及冲击的故障原因及其排除方法

见表 8.11。

表 8.11 压力波动及冲击的故障原因及其排除方法

故障原因	排除方法
吸油管插入油面太浅或吸油口密封不好，吸油口靠近回油口，有空气吸入	增加油面高度，使吸油管深入油箱油面高度的 2/3 处，修理吸油口的管接头，改善密封，远离回油口位置
系统密封不好有泄漏，使系统内存在大量的空气	防止泄露，排除空气
活塞杆与运动部件连接不牢	检查并紧固连接螺栓
电液换向阀中的节流螺钉松动或单向阀卡住	检修此阀
节流阀口有污物，运动部件速度不均	清洗节流阀的节流口
工作压力调整得过高	调整压力阀，减低工作压力
背压阀调整不当，压力太低	调整背压阀，适当提高背压阀压力
导轨润滑油量过多	调节润滑油压力和流量

任务实施：

(1) 实施条件：液压试验台、组合机床、YB32－200 型四柱万能液压机、数控车床、Q2－8 型汽车起重机、注塑机。

（2）实验说明：通过拆装组合机床、YB32－200 型四柱万能液压机、数控车床、Q2－8 型汽车起重机、注塑机的液压系统，掌握其工作原理；分析影响液压系统正常工作的因素，掌握对故障的诊断和排除方法。

（3）实施内容：拆装组合机床的液压系统；拆装 YB32－200 型四柱万能液压机的液压系统；拆装数控车床的液压系统；拆装 Q2－8 型汽车起重机的液压系统；拆装注塑机的液压系统。

习　题

8.1　根据图 8.1 的 YT4543 型动力滑台液压系统图，完成以下各项工作：

（1）写出差动快动时液压缸左腔压力 P_1 与右腔压力 P_2 的关系式。

（2）说明当滑台进入工作状态，但切削刀具尚未触及被加工工件时，什么原因使系统压力升高并将液控顺序阀打开？

（3）在限压式变量泵的 $P—Q$ 曲线上定性标明动力滑台在差动快进、第一次工进、第二次工进、止挡铁停留、快退及原位停止时限压式变量叶片泵的工作特点。

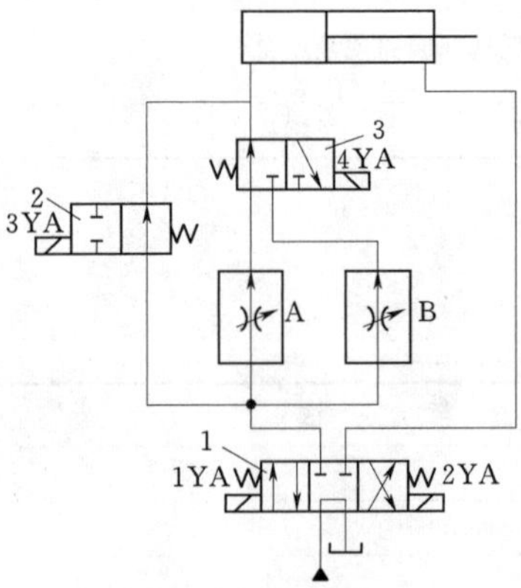

图 8.10　习题 8.2 图

8.2　根据图 8.10 填写电磁铁动作顺序表 8.12。一工进走 A，二工进走 B，并说明快进、一工进和二工进的进回油路线。

表 8.12　　**习题 8.2 表**

电磁铁 / 动作	1YA	2YA	3YA	4YA
快进				
一工进				
二工进				
快退				
原位停留				

8.3　根据图 8.11 填写电磁铁动作顺序表 8.13，指出序号 2、4、6、8、10、13 的名称，指出快进、一工进的进回油路线。

表 8.13　　**习题 8.3 表**

工作循环	电　磁　铁			行程阀
	1YA	2YA	3YA	
快进				
一工进				
二工进				
止位钉停留				
快退				
停止				

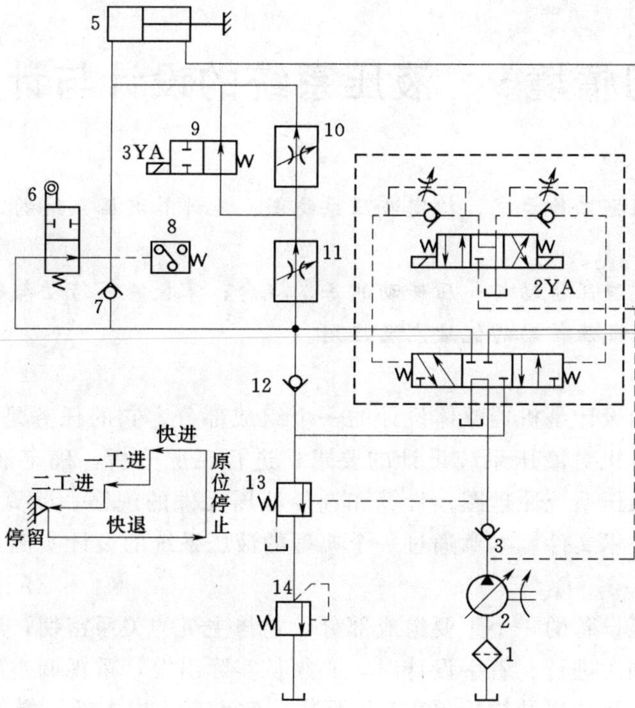

图 8.11 习题 8.3 图

学习情境9　液压系统的设计与计算

学习目标：能根据工作要求，拟定液压系统图；能计算液压系统的工作参数；会合理选择液压元件。

学习任务：知道液压传动与气压传动的基本概念；掌握液压传动与气压传动的工作原理；了解液压传动与气压传动的优缺点及应用。

液压传动系统的设计是机器整体设计的一个组成部分。它的任务是根据整机的用途、特点和要求，明确整机对液压系统设计的要求；进行工况分析，确定液压系统的主要参数；拟定出合理的液压系统原理图；计算和选择液压元件的规格；验算液压系统的性能；绘制工作图、编制技术文件。本章通过一个典型的液压系统的设计实例，说明液压系统设计的基本方法。

液压系统是液压设备的一个重要组成部分，它与主机的关系密切，液压系统的设计要同主机的总体设计同时进行。着手设计时，必须从实际出发，重视调查研究，注意吸取国内外先进技术，力求设计出结构简单、工作可靠、效率高、成本低、操作和维护方便的液压传动系统。设计液压系统的出发点，可以是充分发挥其组成元件的工作性能，也可以是着重追求其工作状态的绝对可靠。前者着眼于效能，后者着眼于安全，实际的设计工作则是这两种观点不同程度的组合。为此液压系统的设计步骤并无严格的顺序，各步骤间往往要相互穿插进行。一般来说，在明确设计要求之后，大致按以下步骤进行：

(1) 明确系统设计要求与运动、负载分析。

(2) 执行元件主要参数的确定。

(3) 液压系统原理图的拟订。

(4) 液压元件的计算和选择。

(5) 液压系统技术性能的验算。

(6) 绘制正式工作图和编制技术文件。

9.1　设计要求与运动、负载分析

9.1.1　明确设计要求

设计要求是进行每项工程设计的依据，在制定基本方案并进一步着手液压系统各部分设计之前，必须要明确主机对液压系统提出的要求，具体内容如下。

(1) 主机的用途、主要结构、工艺流程、总体布局，主机对液压系统执行元件在空间位置和尺寸上的限制。

(2) 液压执行元件的工作方式（移动、转动或摆动）及其工作范围，液压执行元件的动作顺序和互锁要求，液压执行元件的负载和运动速度的大小及其变化范围。

(3) 对液压系统工作性能（工作平稳性、转换精度等）、工作效率、自动化程度和操作控制方式的要求。

(4) 液压系统的工作环境，如温度、湿度、振动、污染以及是否有腐蚀性和易燃性物质的存在等。

(5) 其他要求，如液压装置的重量、外形尺寸及其经济性方面的限制。

9.1.2 运动、负载分析

运动、负载分析就是分析液压系统各执行元件在工作过程中速度和负载的变化规律，也称作工况分析。通过运动、负载分析可以进一步明确主机在性能方面对液压系统的要求，为确定系统及各执行元件的参数提供依据。

1. 运动分析

运动分析研究各执行元件按工艺要求以怎样的运动规律完成一个工作循环。对于自动化程度不高的机器，根据液压驱动件的运动方式（移动、摆动或转动）及运动间的关系，确定各运动同时动作或依次动作的顺序；对于自动化程度高的机器，要确定它的自动工作循环；对于工作循环较复杂的单个液压执行元件，或相互动作关系复杂的多个液压执行元件来说，应绘出其动作循环，如图 9.1 所示，或整机的动作周期表，以表示出各运动部件间的动作顺序、转换方式和互相连锁作用；然后根据工作循环阶段中的行程 S 与时间 T，算出各阶段的速度，并绘出速度循环图，如图 9.2 所示，为选定系统方案、选择液压元件提供依据。

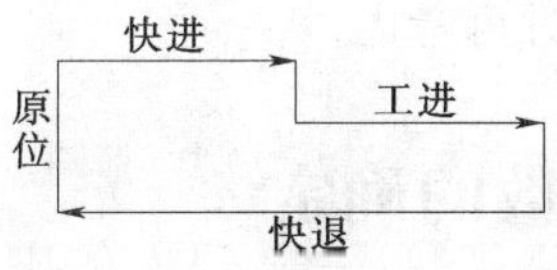

图 9.1 组合机床动作循环图

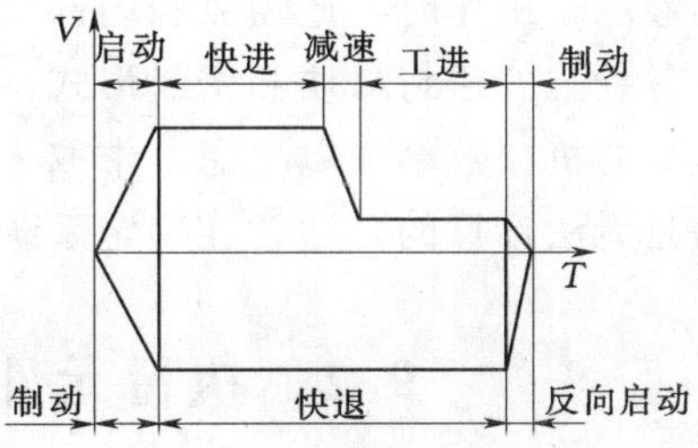

图 9.2 组合机床速度循环图

2. 负载分析

根据上述运动分析所绘制的速度循环图，确定液压执行部件的空行程速度、工作行程速度及调速范围，通过计算或实验，对工作部件进行动力分析，确定液压执行元件所要求的最大进给力。对于某些设备，若负载变化较复杂，在条件许可时，应绘出负载循环图，为确定液压执行元件的工作压力、拟定液压系统提供依据。液压系统的工作性能还包括工作的平稳性、可靠性、转换精度、停留时间、冲击力等方面的要求。一般情况下，液压执行元件带动工作部件作直线往复运动时，所需克服的外负载包括工作负载、摩擦负载和惯性负载。

(1) 工作负载 F_g。不同液压设备工作负载的形式各不相同。对于金属切削机床，工作负载是作用在工作部件运动方向上的切削力；对于提升机械，其重物的重量就是工作负载。工作负载的方向与活塞的运动方向相同的为负，相反的为正。

(2) 摩擦负载 F_f。液压缸驱动工作部件移动时，需要克服导轨或支承面上的摩擦力，这个摩擦力称为摩擦负载。

对于平导轨

$$F_f = f(G + F_n) \tag{9-1}$$

对于 V 形导轨

$$F_f = \frac{f(G + F_n)}{\sin(\alpha/2)} \tag{9-2}$$

式中：G 为运动部件所受的重力，N；F_n 为外负载作用于导轨上的正压力，N；f 为摩擦系数，一般，静摩擦系数 $f_s = 0.2 \sim 0.3$，动摩擦系数 $f_d = 0.06 \sim 0.1$；α 为 V 形导轨的夹角，一般 $\alpha = 90°$。

（3）惯性负载 F_a。惯性负载是工作部件在启动加速和制动减速时的惯性力。启动时为正值，制动时为负值。其大小可根据牛顿第二定律计算：

$$F_a = \frac{G}{g}\frac{\Delta v}{\Delta t} \tag{9-3}$$

式中：G 为工作部件的重量；g 为重力加速度；Δv 为 Δt 时间内速度的变化量；Δt 为启动加速或减速的时间，一般机床 $\Delta t = 0.1 \sim 0.5$s，对轻载低速运动部件取小值，对重载高速运动部件取大值。

以上三种负载之和称为液压缸的外负载 F_W。

启动加速时：$F_W = F_g + F_f + F_a$

稳态运动时：$F_W = F_g + F_f$

减速制动时：$F_W = F_g + F_f - F_a$

实际上液压缸工作时，还需克服内部密封装置产生的摩擦阻力和液压缸回油腔的背压阻力。由于各种缸的密封材质和密封形式不同，所以密封装置的摩擦阻力难以精确计算，一般用液压缸的机械效率加以考虑，常取 $\eta_{cm} = 0.9 \sim 0.95$；而背压阻力在系统方案和结构未确定以前是无法计算的，通常在确定系统工作压力时再考虑。

9.2　执行元件主要参数的确定

液压执行元件的主要参数是压力和流量，它们是设计液压系统、选择液压元件的依据。压力决定于外负载，流量取决于液压执行元件的运动速度和结构尺寸。由此可见，液压执行元件主要参数的确定可通过以下步骤完成。

9.2.1　初定系统工作压力

液压执行元件的工作压力选定是否合适，直接关系到液压系统设计的合理程度。在负载一定的条件下，工作压力选得低，则元件尺寸和重量增大，经济性差。若选用工作压力高，能获得紧凑的结构，但是对元件的性能和密封性能要求提高，成本增加。因此，必须结合实际情况选取适当的工作压力。

初选液压缸的工作压力，可以根据液压缸的总负载和液压设备的类型，按表 9.1 和表 9.2 选取。

表 9.1　按负载选择执行元件工作压力

负　载（kN）	<5	5～10	10～20	20～30	30～50	>50
工作压力（MPa）	<0.8～1	1.5～2	2.5～3	3～4	4～5	≥5

表 9.2 按主机类型选择执行元件工作压力

主机类型	机床				农业机械 小型工程机械 建筑机械 液压凿岩机	液压机 中、大型挖掘机 重型机械 起重运输机械
	磨床	组合机床	龙门刨床	拉床		
工作压力（MPa）	0.8～2	3～5	2～8	8～10	10～18	20～32

9.2.2 确定执行元件的主要尺寸

液压缸的主要尺寸是指缸筒内径 D、活塞杆直径 d 和缸筒长度 L 等。根据液压缸的负载、运动速度、行程长度和选取的工作压力，即可将上述尺寸确定。

当工作速度很低时，需按液压缸最低运动速度的要求，验算液压缸的有效作用面积 A_c，使其应满足：

$$A_c=\frac{q_{\min}}{v_{\min}} \tag{9-4}$$

式中：$q_{\min}$为流量阀的最小稳定流量，可从流量阀产品目录上查得；$v_{\min}$为液压缸的最低运动速度。

若验算结果不能满足式（9-4）的要求，则需加大液压缸的内径 D。

如在计算液压缸尺寸时需考虑背压，则可初定一参考值，待回路确定之后再修正。参考背压值见表 9.3。

表 9.3 液压缸参考背压

系统类型	背压 p（MPa）	系统类型	背压 p（MPa）
回油路上有节流阀的调速系统	0.2～0.5	回油路上装有背压阀	0.5～1.5
回油路上有调速阀的调速系统	0.5～0.8	带补油泵的闭式回路	0.8～1.5

9.2.3 绘制执行元件工况图

液压系统执行元件的工况图是在执行元件结构参数确定之后，根据设计任务要求，算出不同阶段中的实际工作压力、流量和功率之后作出的。工况图显示液压系统在实现整个工作循环时这三个参数的变化情况，它包括压力循环图、流量循环图和功率循环图，如图 9.3 所示为组合机床动力滑台液压缸的工况图。将系统中各执行元件的工况图相叠加，就可得到整个系统的工况图。

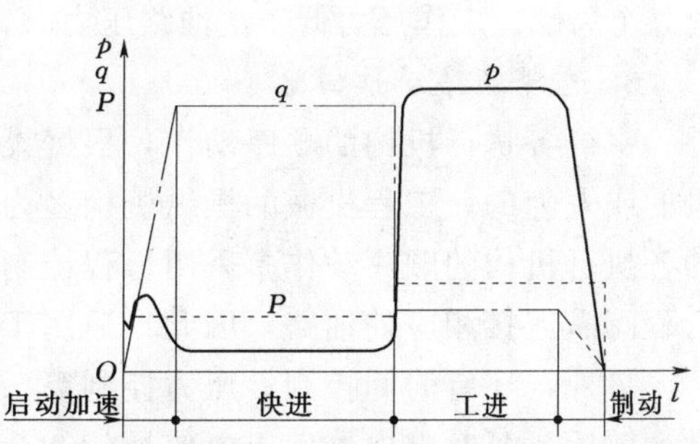

图 9.3 液压缸工况图

9.3 液压系统原理图的拟定

拟定液压系统原理图，是液压系统设计的一个重要步骤。拟定时，要根据整机的性能和动作要求，先确定系统类型，再选择液压基本回路，最后合成基本回路，便可组成一个完整的液压系统。

9.3.1　确定系统类型

液压系统在类型上采用开式还是闭式，主要取决于它的调速方式和散热要求。一般说来，凡备有较大空间可以存放油箱且不另设置散热装置的系统，要求结构尽可能简单的系统，或采用节流调速、容积节流调速的系统，都宜采用开式，即执行元件的排油回油箱，油液经过沉淀、冷却后再进入液压泵进行循环；凡对工作稳定和效率有较高要求的系统，或采用容积调速的系统，都宜采用闭式，即执行元件的排油直接进入液压泵进行循环。

9.3.2　选择液压基本回路

1. 选择调速回路

液压执行元件确定之后，其运动方向和运动速度的控制是拟定液压回路的核心问题。调速回路的选择主要根据调速范围、功率大小、低速稳定性、允许温升以及经济性等因素来考虑选择。

节流调速的结构简单、低速稳定性好，但是这种系统必须用溢流阀，故效率低，发热量大，多用于功率不大的场合；容积调速的优点是没有溢流损失和节流损失，效率较高，但为了散热和补充泄漏，需要有辅助泵，此种调速方式适用于功率大、运动速度高的液压系统；容积节流调速使其供油量与需油量相适应，此种回路效率较高，速度稳定性较好，但其结构比较复杂。

调速回路一经确定，回路的循环形式也就随之确定了。

2. 选择压力控制回路

液压执行元件工作时，要求系统保持一定的工作压力或在一定范围压力内工作，也有的需要多级或无级连续的调节压力，一般在节流调速系统中，通常由定量泵供油，用溢流阀调节所需压力，并保持恒定。在容积调速系统中，用变量泵供油，用安全阀起安全保护作用。

在有些液压系统中，有时需要流量不大的高压油，这时可考虑用增压回路得到高压，而不用单设高压泵。若液压执行元件在短时间内不需要供油，可以考虑选择卸荷回路。在系统的某个局部，工作压力低于主油路压力时，要考虑采用减压回路来获得所需的工作压力。

3. 选择顺序动作回路

主机各执行机构的顺序动作，根据设备类型不同，有的按固定程序运行，有的则是随机的或人为的。工程机械的操纵机构多为手动，一般用手动的多路换向阀控制。加工机械的各执行机构的顺序动作多采用行程控制，可使动作可靠。行程开关安装比较方便，而用行程阀需连接相应的油路，因此只适用于管路连接比较方便的场合。

另外，还有时间控制、压力控制等。例如，液压泵无载启动，经过一段时间，当泵正常运转后，延时继电器发出电信号使卸荷阀关闭，建立起正常的工作压力；当某一执行元件完成预定动作时，回路中的压力达到一定的数值，可以通过压力继电器发出电信号或打开顺序阀使压力油通过，来启动下一个动作。

合理地使用压力控制，可简化系统。时间控制一般不单独使用，常和行程或压力控制组合使用。

9.3.3　液压系统的合成

将选定的液压回路，再配以一些必要的测压、润滑等辅助回路，即可组成完整的液压系统图。各回路相互组合时要去掉重复多余的元件，力求系统结构简单，工作安全可靠。注意各元件间的连锁关系，避免误动作发生，要尽量减少系统的发热和温升，防止液压系统出现液压冲击，力求提高系统的工作效率。

9.4 液压元件的计算和选择

9.4.1 液压泵的选择

1. 确定液压泵的最高工作压力

液压泵的最大工作压力必须等于或超过液压执行元件最大工作压力及进油路上总压力损失这两者之和，即

$$p_{\max} \geqslant p_c + \sum \Delta p \tag{9-5}$$

式中：p_c 为液压缸的最高工作压力，可以从工况图中找到；$\sum \Delta p$ 为总压力损失。一般节流调速和简单的系统，取 $\sum \Delta p = 0.2 \sim 0.5\text{MPa}$，进油路上有调速阀和复杂的系统，取 $\sum \Delta p = 0.5 \sim 1.5\text{MPa}$。

2. 确定液压泵的最大流量

液压泵的流量必须等于或超过几个同时工作的液压执行元件总流量的最大值以及回路中泄漏量这两者之和，即

$$q_{\max} \geqslant K \sum q_{c\max} \tag{9-6}$$

式中：K 为系统泄露系数，一般取 $K=1.1 \sim 1.3$，小流量取大值，大流量取小值；$\sum q_{c\max}$ 为同时动作的各液压缸所需流量之和的最大值，可由流量循环图中查出。

3. 液压泵规格的选择

在参照产品样本选取液压泵时，泵的额定压力应比系统中泵的最高工作压力高出25%～60%，使泵具有一定的压力储备，以保证泵安全可靠地工作。泵额定流量的选择只需满足系统中的最大流量需要即可。

4. 驱动液压泵的电动机功率的选择

驱动液压泵的电动机功率 P_p 的计算公式为：

$$P_p = \frac{p_p q_p}{\eta_p} \tag{9-7}$$

式中：p_p 为液压泵实际工作压力；q_p 为额定流量（实际输出流量）；η_p 为液压泵总效率，齿轮泵取 $\eta_p = 0.65 \sim 0.8$，叶片泵取 $\eta_p = 0.7 \sim 0.85$，柱塞泵取 $\eta_p = 0.85 \sim 0.9$。

在液压泵产品说明书中，附有液压泵驱动电动机的功率数值。此值是指泵在额定流量及额定压力下所需的值。大多数情况下泵的实际工作压力比额定压力小。因此最好按实际工作压力计算和选择驱动电动机的功率，以避免浪费能源。应用中可通过减速器来实现转速的匹配。

9.4.2 液压阀的选择

按照所拟定的液压系统原理图，并根据系统的最高工作压力和通过该阀的最大流量，从产品样本中选取标准液压控制阀。要求阀的额定压力和额定流量，一般应大于系统最高工作压力和通过该阀的最大流量。必要时允许通过阀的最大流量可超过流量的20%，但不能过大，以免引起发热、噪声、压力损失增大等。溢流阀应按泵的最大

流量选取；流量阀应按系统中流量调节范围选取，其最小稳定流量应能满足工作部件最低稳定速度的要求。对于可靠性要求特别高的系统来说，阀类元件的额定压力应高出其工作压力较多。

9.4.3 液压辅助元件的选择

过滤器、蓄能器、管道和管接头等辅助元件可按照第6章中的有关内容选用。选择油管和管接头的简便方法，是使它们的规格与它所连接的液压元件油口的尺寸一致。

油箱容积的确定一般根据泵的额定流量 q_p 进行，对低压系统（0～2.5MPa），$V=(2\sim4)q_p$；中压系统（2.5～6.3MPa），$V=(5\sim7)q_p$；高压系统（>6.3MPa），$V=(6\sim12)q_p$。

9.4.4 液压元件配置形式的选择

液压系统中，液压元件的配置形式常有板式配置和集成式配置两种。其中，集成式配置形式结构紧凑、油管少、安装方便、压力损失小，应用广泛。具体内容可参考有关设计手册。

9.5 液压系统技术性能的验算

液压系统初步确定之后，就需对系统的有关性能加以验算，以判别系统的设计质量，并对液压系统进行完善和改进。液压系统技术性能的验算是一个复杂的问题，目前只是采用一些简化公式进行近似估算，以便定性地说明情况。液压系统性能验算的项目很多，常见的有回路压力损失验算和发热温升验算。

9.5.1 回路压力损失验算

压力损失包括管道内的沿程压力损失和局部压力损失以及阀类元件处的局部压力损失三项。管道内的两种损失可用第2章中的有关公式估算；阀类元件处的局部压力损失则需从产品样本中查出。当通过阀类元件的实际流量 q 不是其公称流量 q_n 时，它的实际压力损失 Δp 与其额定压力损失 Δp_n 间将呈如下的近似关系：

$$\Delta p=\Delta p_n=\left(\frac{q}{q_n}\right)^2 \tag{9-8}$$

计算液压系统的回路压力损失时，不同的工作阶段要分开来计算。回油路上的压力损失一般都折算到进油路上去。如果算出的管路压力损失 Δp 与初算时假定值相差太大，则必须以此 Δp 值代替假定值，进行重新计算，或对原设计进行修改，以降低 Δp 值。对于较简单的液压系统，压力损失的验算可以省略。

9.5.2 系统发热温升的验算

液压系统工作时，液压泵和执行元件存在着容积损失和机械损失，管路和各种阀类元件通过液流时要产生压力损失和泄漏。所有的这些损失所消耗的能量均变成热能，使油温升高。不同的主机，因工作条件与工况的不同，最高允许油温是不同的，系统发热温升的验算，就是计算系统的实际油温，如果实际油温小于最高允许温度，则系统满足要求。一般机床 $\Delta T\leqslant 30\sim35$℃，数控机床 $\Delta T\leqslant 25$℃，工程机械 $\Delta T\leqslant 35\sim40$℃。

系统的总发热量为

$$H=P_{pi}(1-\eta) \tag{9-9}$$

式中：P_{pi}为液压泵的输入功率；η为液压系统的总效率。

液压系统中散发热量的元件主要是油箱，则油箱散发到空气中的热量计算：

$$H_c = C_T A \Delta T \tag{9-10}$$

式中：ΔT为液压系统的温升；A为油箱的散热面积；C_T为铁制油箱的散热系数。当自然通风很差时，$C_T=(8\sim9)\times10^{-3}$；自然通风良好时，$C_T=(15\sim17.5)\times10^{-3}$；加有专用冷却器时，$C_T=(110\sim170)\times10^{-3}$。

系统达到热平衡时，系统温升为

$$\Delta T = \frac{H}{C_T A} \tag{9-11}$$

如果油箱的长、宽、高的比例为1∶1∶1到1∶2∶3，油面高度是油箱高度的80%时，其散热面积A的近似值为

$$A = 0.065\sqrt[3]{V^2}\ (\mathrm{m}^2) \tag{9-12}$$

式中：V为油箱有效容积，L。

按式（9-11）计算出来的ΔT值超过允许数值时，则必须增大油箱的容量或设置冷却装置。

9.6 绘制正式工作图和编制技术文件

所设计的液压系统经过验算后，即可对初步拟定的液压系统进行修改，并绘制正式的工作图和编制技术文件。

9.6.1 绘制正式工作图

正式工作图包括液压系统原理图、液压系统装配图、非标准元件的零件图和装配图。

液压系统原理图，是对初步拟定的系统经反复修改完善，选定了液压元件之后，所绘制的液压系统图。图中应列出液压元件明细表，注明它们的规格、型号和压力调整值；绘出执行元件的工作循环图，列出相应电磁铁的动作顺序表；注明操纵说明及特殊要求等。

液压系统的装配图是液压系统的安装施工图，应包括液压泵站装配图、液压元件和辅助元件配置装配图、管路系统安装图和电器线路图。其中，在管路系统安装图上应表示出各液压部件和元件在设备和工作地的安装位置和固定方式，油管的规格和分布位置，各种管接头的形式和规格等。

对于自行设计的非标准元件，如液压缸、油箱等，必须绘制出零件图和装配图。

9.6.2 编制技术文件

编制技术文件是液压系统设计的最后一个内容。技术文件主要包括设计任务书、设计计算书、使用说明书、易损件明细表、标准件、通用件及外购件总表等。

9.7 液压系统设计计算举例

设计一卧式单面多轴钻孔组合机床动力滑台的液压系统。按加工需要，动力滑台的工

作循环是：快速前进→工作进给→快速退回→原位停止。液压系统的主要参数为：切削力 $F_g=20000\text{N}$，移动部件（工作台、夹具及工件）总重力 $G=10000\text{N}$；快进行程 $l_1=100\text{mm}$；工进行程 $l_2=50\text{mm}$；快进快退的速度为 4m/min；工进速度为 0.05m/min；加速、减速时间 $\Delta t=0.2\text{s}$；该动力滑台采用水平放置的平导轨，静摩擦系数 $f_s=0.2$，动摩擦系数 $f_d=0.1$。

9.7.1　负载分析

液压缸在工作过程中的负载介绍如下。

切削力：$F_g=20000\text{N}$

静摩擦力：$F_{fs}=0.2\times10000\text{N}=2000\text{N}$

动摩擦力：$F_{fd}=0.1\times10000\text{N}=1000\text{N}$

惯性力：$F_a=\dfrac{10000\times4/60}{9.8\times0.2}\text{N}=342\text{N}$

取液压缸机械效率 $\eta_m=0.95$，则液压缸在各工作阶段的总机械负载可以算出，见表 9.4。

表 9.4　液压缸各运动阶段负载表

动　作	液压缸负载 F（N）	液压缸推力 F/η_m（N）
启动	$F=F_{fs}=2000$	2105
加速	$F=F_{fd}+F_a=1000+342=1342$	1413
快进	$F=F_{fd}=1000$	1053
工进	$F=F_{fd}+F_g=1000+20000=21000$	22105
快退	$F=F_{fd}=1000$	1053

根据液压缸的工况分析绘制其负载、速度循环图，如图 9.4 和图 9.5 所示。

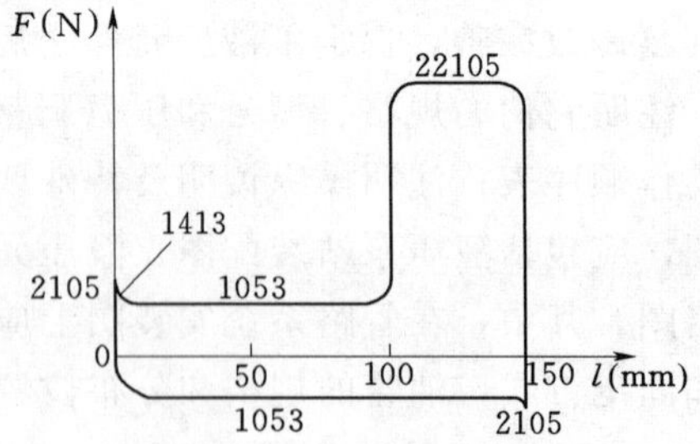

图 9.4　负载循环图

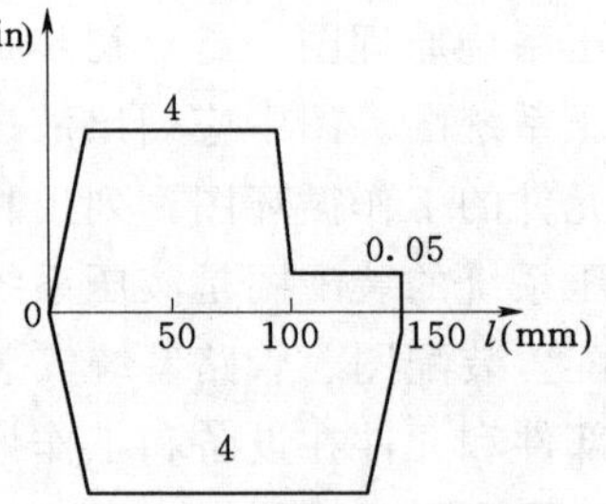

图 9.5　速度循环图

9.7.2　确定液压缸的工作压力和尺寸

1. 初选液压缸的工作压力

根据液压缸的最大推力或参考同类型组合机床，按表 9.1、表 9.2 初选液压缸的工作压力 $p_c=4\text{MPa}$。

2. 计算液压缸尺寸

因题中要求快进、快退速度相等，故可选用差动液压缸，使活塞杆面积保持关系为：$A_1=2A_2$，于是 $d=0.707D$。

液压缸内径尺寸为

$$D_a=\sqrt{\frac{4F}{\pi p_c}}=\sqrt{\frac{4\times 22105}{3.14\times 4\times 10^6}}=83.9\times 10^{-3}(\mathrm{m})=83.9\mathrm{mm}$$

活塞杆直径：$d=0.707D=0.707\times 83.9=59.3$（mm）

取标准直径：$D=90\mathrm{mm}$，$d=63\mathrm{mm}$。

按液压缸标准直径，可计算出液压缸无杆腔有效作用面积 A_1 和有杆腔有效作用面积 A_2，即

$$A_1=\frac{\pi}{4}D^2=\frac{\pi}{4}\times 90^2\mathrm{mm}^2=63.6\times 10^{-4}\mathrm{m}^2$$

$$A_2=\frac{\pi}{4}(D^2-d^2)=\frac{\pi}{4}\times(90^2-63^2)(\mathrm{mm}^2)=32.4\times 10^{-4}(\mathrm{m}^2)$$

按最低工进速度验算液压缸尺寸，由产品样本上查得：调速阀最小稳定流量 $q_{\min}=0.05\mathrm{L/min}$。已知最小工进速度 $v_{\min}=0.05\mathrm{m/min}$，则

$$\frac{q_{\min}}{v_{\min}}=\frac{0.05\times 10^{-3}}{0.05}=310\times 10^{-4}(\mathrm{m}^2)$$

因为 $A_1>A_2>10\times 10^{-4}\mathrm{m}^2$，所以液压缸有效作用面积能满足其最低工进速度的要求。

3. 液压缸工作循环中各阶段的压力、流量及功率计算

根据负载循环图、速度循环图和缸的有效作用面积，可以算出液压缸工作过程中各阶段的压力、流量和功率。为了防止在钻孔钻通时滑台突然前冲，在回油路中装有背压阀，在计算工进时背压按 $p_b=0.8\mathrm{MPa}$ 代入，快退时背压按 $p_b=0.5\mathrm{MPa}$ 代入。计算结果见表 9.5。

表 9.5　液压缸在各工作阶段的压力、流量和功率

工作循环	负载 F (N)	进油压力 p_c (MPa)	回油压力 p_b (MPa)	所需流量 (L/min)	输入功率 W (W)
差动快进	1053	0.85	1.35	12.5	0.174
工进	22105	3.88	0.8	0.32	0.021
快退	1053	1.31	0.5	12.9	0.281

注　1. 差动连接时，液压缸的回油口到进油口之间的压力损失 $\Delta p=0.5\mathrm{MPa}$，回油压力 $p_b=p_c+\Delta p$。

2. 快退时，液压缸有杆腔进油，压力为 p_c；无杆腔回油，压力为 p_b。

9.7.3　拟定液压系统原理图

1. 调速回路的选择

由以上计算可知，本系统功率小，负载变化不大，滑台工进速度低，可采用进口节流的调速形式。为了解决进口节流调速回路在孔钻通时滑台突然前冲的现象，回油路上设置背压阀。油路循环则采用开式油路。液压缸工进时压力高、流量小，快进、快退时压力小、流量大。为了提高系统效率，选用双泵的供油方式。因系统要求工作滑台快进和快退的速度相等，所以选用单活塞杆液压缸，快进时差动连接。为使快进转工进时位置准确，

平稳可靠，选用行程阀控制的速度换接回路。

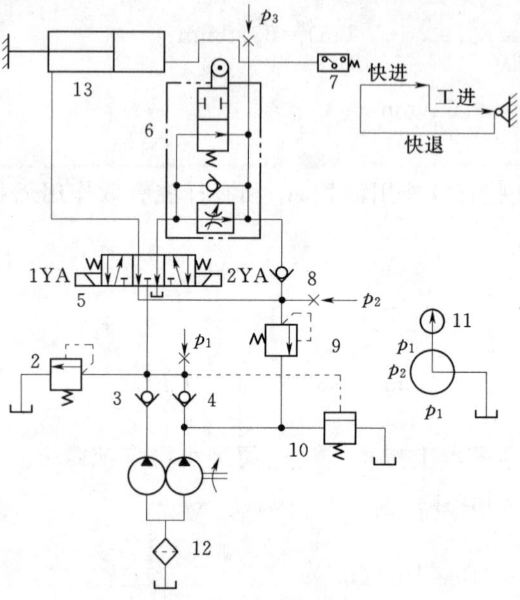

图 9.6 液压系统原理图

2. 压力控制回路的选择

本例采用了双泵供油方式，故用液控顺序阀实现低压大流量泵泄荷，用溢流阀调整高压小流量泵的供油压力。

3. 换向回路的选择

本系统对换向的平稳性没有严格的要求，所以选用电磁换向阀的换向回路。为便于实现差动连接，选用三位五通换向阀。为提高换向的位置精度，采用死挡铁和压力继电器的行程终点返程控制。

4. 合成液压系统

将上述选定的液压回路进行组合，并根据需要作必要的调整，即可绘制出液压系统原理图，如图 9.6 所示。根据液压系统原理图，可列出系统中各电磁铁的动作顺序见表 9.6。

表 9.6 电磁铁动作顺序表

元件 / 动作	1YA	2YA	行程阀
快进	+	−	−
工进	+	−	+
快退	−	+	+−
停止	−	−	−

9.7.4 计算和选择液压元件

1. 选择液压泵

(1) 液压泵的最大工作压力。由表 9.5 可知，工进阶段液压缸的工作压力最高为 3.88MPa，若取进油路总的压力损失 $\sum\Delta p=0.5$MPa，压力继电器可靠动作需要压力差为 0.5MPa，则高压小流量泵最高工作压力为

$$p_{p1}=p_c+\sum\Delta p+0.5=3.88+0.5+0.5=4.88\ (\text{MPa})$$

快退时液压缸的工作压力为 1.31MPa，取进油路总的压力损失 $\Sigma\Delta p=0.5$MPa，则低压大流量泵最高工作压力为

$$p_{p2}=p_c+\sum\Delta p=1.31+0.5=1.81\ (\text{MPa})$$

(2) 液压泵的最大流量。由表 9.5 可知，最大流量在快退阶段，其值为 12.9L/min，此阶段两泵同时供油，取泄漏系数 $K=1.1$，则两个泵的总流量为

$$q_p=1.1\times12.9=14.2\ (\text{L/min})$$

最小流量在工进时，其值为 0.32L/min，此阶段高压小流量泵供油，低压大流量泵泄荷，取溢流阀最小溢流量为 2.5L/min，则高压小流量泵的流量为

$$q_{p1}=1.1\times0.32+2.5=2.85(\text{L/min})$$

根据以上计算结果，查产品样本，选 YB－4/12 型双联叶片泵，该泵额定压力 6.3MPa，额定转速 960r/min。

2. 选择电动机

由表 9.5 可知，最大功率出现在快退阶段，若取泵的总效率 $\eta_p=0.75$，则驱动液压泵的电动机功率为

$$P_i=\frac{P_{p2}(q_{p1}+q_{p2})}{\eta_p}=\frac{1.81\times10^6(4+12)\times10^{-3}}{0.75\times60}=644\ (\text{W})$$

查电动机产品样本，选 Y90S－6 型异步电动机，额定功率为 0.75kW，额定转速为 910r/min。

3. 选择液压控制阀和辅助元件

根据液压阀在系统中的最高工作压力与通过该阀的最大流量，可选出这些元件的型号及规格。本例中所有阀的额定压力都为 6.3MPa，额定流量根据各阀通过的最大流量来确定，见表 9.7。

表 9.7　　液压元件明细表

序　号	元件名称	通过流量 (L/min)	型　号
1	双联叶片泵	16	YB－4/12
2	溢流阀	4	Y－18B
3	单向阀	4	I－25B
4	单向阀	12	I－25B
5	三位五通电磁阀	32	$35D_1$－63BY
6	单向行程调速阀	0.07～25	QC11－25B
7	压力继电器		DP_1－63B
8	单向阀	16	I－25B
9	背压阀	0.16	B－10B
10	液控顺序阀	12	XY－25B
11	压力表		Y－63B
12	过滤器	32	XU－B32×100

4. 选择油管尺寸和油箱容量

油管尺寸一般由所选标准液压元件接口尺寸确定，也可按管路元件允许流速进行计算。本例选用内径为 15mm，外径为 19mm 的 10 号冷拔钢管。

中压系统的油箱容积一般取泵额定流量的 5～7 倍，本例取 7 倍，故油箱的容积为

$$V=7\times16=112\ (\text{L})$$

9.7.5 液压系统技术性能验算

1. 回路压力损失的验算

由于系统的具体管路布置尚未确定，整个回路的压力损失无法估算，仅只阀类元件对压力损失所造成的影响可以看出来，供调定系统中某些压力值时参考，这里估算从略。

2. 油液温升的验算

在整个工作循环中，工进阶段所占用的时间最长，所以系统的发热主要是工进阶段造成的，故按工进工况验算系统温升。

液压缸在工作时，负载 $F=21000\text{N}$，运动速度 $v=0.05\text{m/min}$，则液压缸的输出功率为

$$P_c=Fv=21000\times0.05/60=17.5\ (\text{W})$$

液压缸在工进时，经前面的计算得高压小流量泵最高工作压力为：$p_{p1}=4.88\text{MPa}$，大流量泵的卸荷压力取 $p_{p2}=0.2\text{MPa}$，泵的总效率 $\eta_p=0.8$，则液压缸的输入功率为

$$P_{pi}=\frac{q_{p1}p_{p1}+q_{p2}p_{p2}}{\eta_p\times60}=\frac{4\times10^{-3}\times4.88\times10^6+12\times10^{-3}\times0.2\times10^6}{0.8\times60}=457\ (\text{W})$$

液压系统总效率为

$$\eta=\frac{P_c}{P_{pi}}=\frac{17.5}{457}=0.04$$

系统发热量为

$$H=P_{pi}(1-\eta)=457\times(1-0.04)=439\ (\text{W})$$

油箱散热面积为

$$A=0.065\sqrt[3]{V^2}=0.065\sqrt[3]{112^2}=1.51\ (\text{m}^2)$$

若散热系数取 $C_T=10\text{W}/(\text{m}^2\cdot℃)$，可求出系统温升为

$$\Delta T=\frac{H}{C_TA}=\frac{439}{10\times1.51}=29.1\ (℃)$$

系统温升小于 30℃，能满足系统允许温升的要求。

任务实施：

（1）实施条件：多媒体教学设备、液压试验台。

（2）实施说明：完成卧式单面多轴钻孔组合机床动力滑台液压系统的设计；完成专用铣床液压系统的设计。

（3）实施内容：

1）设计一卧式单面多轴钻孔组合机床动力滑台的液压系统，动力滑台的工作循环是：快进→工进→快退→停止。液压系统的主要参数与性能要求如下；轴向切削力为 21000N，移动部件总重力为 10000N，快进行程为 100mm，快进与快退速度均为 4.2m/min，工进行程为 20mm，工进速度为 0.05m/min，加速、减速时间为 0.2s，利用平导轨，静摩擦系数为 0.2，动摩擦系数为 0.1，动力滑台可以随时在中途停止运动，试设计该组合机床的液压传动系统。

2）设计一台专用铣床，若工作台、工件和夹具的总重力为 5500N，轴向切削力为 30kN，工作台总行程为 400mm，工作动程为 150mm，快进、快退速度为 4.5m/min、工进速度为 60～1000mm/min，加速、减速时间均为 0.05s，工作台采用平导轨，静摩擦系数为 0.2，动摩擦系数为 0.1，动力滑台可以随时在中途停止运动，试设计该机床的液压传动系统。

习　题

9.1　设计一卧式单面多轴钻孔组合机床动力滑台的液压系统，动力滑台的工作循环

是：快进→工进→快退→停止。液压系统的主要参数与性能要求如下：轴向切削力为21000N，移动部件总重力为10000N，快进行程为100mm，快进与快退速度均为4.2m/min，工进行程为20mm，工进速度为0.05m/min，加速、减速时间为0.2s，利用平导轨，静摩擦系数为0.2，动摩擦系数为0.1，动力滑台可以随时在中途停止运动，试设计该组合机床的液压传动系统。

9.2　设计一台专用铣床，若工作台、工件和夹具的总重力为5500N，轴向切削力为30kN，工作台总行程为400mm，工作行程为150mm，快进、快退速度为4.5m/min、工进速度为60～1000mm/min，加速、减速时间均为0.05s，工作台采用平导轨，静摩擦系数为0.2，动摩擦系数为0.1，动力滑台可以随时在中途停止运动，试设计该机床的液压传动系统。

9.3　设计一台小型液压压力机的液压系统，要求实现快速空程下行→慢速加速→保压→快速回程→停止的工作循环，快速往返速度为3m/min，加压速度为40～250mm/min，压制力为200000N，运动部件总重力为20000N。

9.4　试为一般液压系统的设计步骤制作一程序流程图。

学习情境10 气压元件与气动回路组建

学习目标：气压传动系统的工作原理；气压传动系统的组成；气压传动的特点；空气压缩机的原理、结构与选用；压缩空气净化装置的原理、结构与作用；辅助元件的结构与作用；气缸的工作原理及组成；气动马达的工作原理及组成；压力控制阀、流量控制阀、方向控制阀的工作原理与应用；气动逻辑元件的结构及作用。

学习任务：气压传动系统的工作原理。油雾器的结构及工作原理；压力控制阀、流量控制阀、方向控制阀的工作原理与应用；气动逻辑元件的结构及作用。

10.1 气压传动概述

气动技术是“气压传动技术”的简称，它是以空气压缩机为动力源，以压缩空气为工作介质，进行能量传递或信号传递的一门技术，是实现各种生产控制、自动控制的重要手段之一。

气动技术由风动技术和液压技术演变、发展而来。由于气压传动中的传递介质是取之不尽的空气，环境污染小，工程容易实现，所以在自动化领域中充分显示了它强大的生命力和广阔的发展前景。气动技术在机械、电子、运输技术、航天、纺织、包装、印刷、化工等行业中得到非常广泛的应用，成为当今应用最广、发展最快，也最易被接受和重视的技术之一。

10.1.1 气压传动系统的工作原理

气压传动与液压传动的工作原理完全相同，都是以密封容积中的受压工作介质来传递运动和动力的。它先将机械能转换成压力能，然后通过各种元件组成的控制回路来实现能量的调控，最终再将压力能转换成机械能，使执行机构实现预定的运动。如生活中常用的打气筒。

10.1.2 气压传动系统的组成

与液压传动相似，气压传动也有压力和流量两个重要参数。气压传动系统由5部分组成。

（1）气源装置。气源装置即空气压缩机，是系统中的动力元件，它将电动机的机械能转变成气体的压力能，为各类气动设备提供动力。

（2）执行元件。执行元件是系统的能量输出装置，它将空气压缩机提供的气压能转变成机械能，输出力和速度（转矩和转速），用以驱动工作部件。如气缸和气马达。

（3）控制元件。是控制调节压缩空气的压力、流量、方向的元件，用来保证执行元件具有一定输出力（转矩）和速度（转速）。如压力阀、流量阀、方向阀等。

（4）辅助元件。系统中除上述三类元件外，其余的元件称为辅助元件，如过滤器、油雾器、储气罐、消声器等。它们对保证系统可靠、稳定的工作起重要作用。

（5）传动介质。系统中传递能量的流体，如压缩空气。

10.1.3 气压传动系统的优缺点

气压传动与液压传动相比，气压传动有如下优点：

(1) 空气作为工作介质，可从大气中直接汲取，用后直接排入大气，成本低，不污染环境。

(2) 空气黏性小，在管道中流动时损失小，适用于远程传输和控制。

(3) 工作压力低，气动元件对材质和精度的要求低，使用寿命长，成本低。

(4) 对工作环境的适应性好，特别是在易燃、易爆、高尘埃、强磁、辐射及振动等恶劣环境中使用时比液压传动要安全得多。

气压传动与液压传动相比，气压传动有如下缺点：

(1) 空气具有压缩性，故其工作速度和工作平稳性方面不如液压传动。

(2) 工作压力低，系统输出力小，传动效率较低。

(3) 排气噪声大。

(4) 气压传动的信号速度限制在声速（约 340m/s）范围内，故其工作频率和响应速度不如电子装置，不宜用于信号传递速度要求较高的复杂线路中。

10.2 气源装置及辅助元件

10.2.1 气源装置

空气压缩站是气压传动系统的动力源装置。一般规定，当空气压缩机的排气量小于 $6m^3/min$ 时，直接安装在主机旁，当排气量大于 $6m^3/min$ 时，应独立设置空气压缩站。空气压缩站（简称空压站）是气压传动系统中的核心部件，它是为气动设备提供压缩空气的动力源。空压站的主要组成有空气压缩机（简称空压机）、后冷却器和储气罐。如图 10.1 所示为空压站的组成示意图。

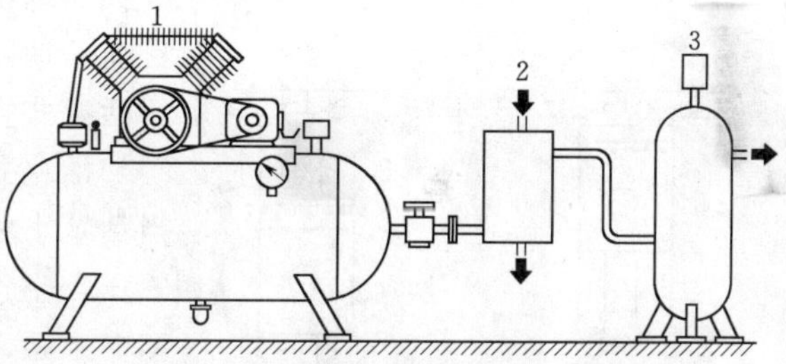

图 10.1 空压站的组成示意图

1—空气压缩机；2—后冷却器；3—储气罐

1. 空气压缩机

空气压缩机是空压站的心脏部分，它是把电动机输出的机械能转换成气体压力能的能量转换装置。图 10.2 所示为空气压缩机的工作原理示意图及外形图。在电动机驱动下，曲柄 1 作回转运动，连杆 2 带动活塞 3 作往复直线运动（是一个曲柄滑块机构）。当活塞 3 向下运动时，缸体 4 的密封工作腔体积增大，形成局部真空，排气阀 5 关闭，进气阀 7 打开，外界空气在大气压作用下经空气过滤器 9 进入缸体 4 的密封工作腔内，此过程称为吸气过程；当活塞 3 向上运动时，缸体 4 的密封工作腔体积减小，气缸内的空气受到压缩而使压力升高，这个过程称为压缩过程；当气缸内压力增高到略高于排气管路内的压力时，进气阀 7 关闭，排气阀 5 打开，压缩空气经排气管 6 进入到储气罐中，此过程为排气过程。曲柄 1 旋转一周，活塞 3 往复行程一次，即完成“吸气—压缩—排气”一个工作循环。就这样循环往复的运动，即可产生压缩空气。

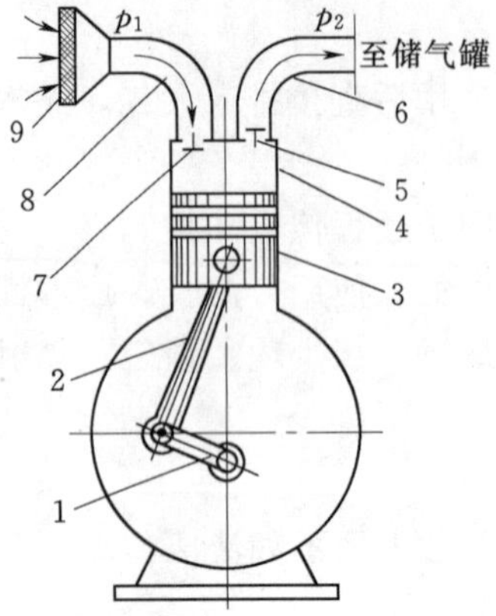

图 10.2　空气压缩机的工作原理示意图及外形图

1—曲柄；2—连杆；3—活塞；4—缸体；5—排气阀；6—排气管；
7—进气阀；8—进气管；9—空气过滤器

空气压缩机的种类很多，按输出压力大小可分为低压型（0.2～1.0MPa）、中压型（1.0～10MPa）和高压型（>10MPa）；按工作原理可分为容积式和速度式。容积式压缩机是通过缩小压缩机内部的工作容积，使单位体积内气体的分子密度增加来获得压缩空气的；速度式压缩机是通过使气体分子在高速流动时突然受阻而停滞下来，让动能转化为压力能而获得压缩空气的。容积式压缩机按结构不同可分为活塞式、膜片式和螺杆式等，速度式压缩机按结构不同可分为叶片式和轴流式等。目前，使用最广泛的是活塞式压缩机。下面具体介绍活塞式空压机。

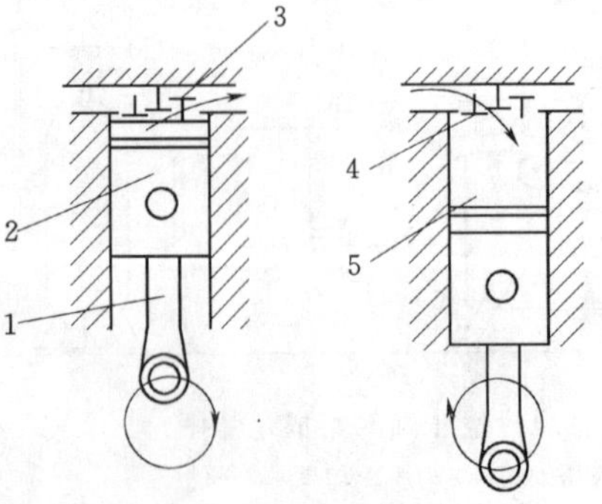

图 10.3　活塞式空气压缩机的工作原理

1—连杆；2—活塞；3—排气阀；
4—进气阀；5—气缸

活塞式空气压缩机的工作原理如图 10.3 所示。当活塞下移时，气体体积增加，气缸内压力小于大气压，空气便从进气阀门进入缸。在冲程末端，活塞向上运动，排气阀门被打开，输出空气进入储气罐。活塞的往复运动是由电动机带动的曲柄滑块机构形成的。这种类型的空压机只由一个过程就将吸入的大气压空气压缩到所需要的压力，因此称为单级活塞式空压机。

单级活塞式空压机通常用于需要 0.3～0.7MPa 压力范围的系统。在单级压缩机中，若空气压力超过 0.6MPa，产生的过热将大大地降低压缩机的效率。因此当输出压力较高时，应采取多级压缩。多级压缩可降低排气温度，节省压缩功，提高容积效率，增加压缩气体排量。

工业中使用的活塞式空压机通常是两级的。图 10.4 所示为两级活塞式空气压缩机。由两级三个阶段将吸入的大气压空气压缩到最终的压力。如果最终压力为 0.7MPa，第 1 级通常将它压缩到 0.3MPa，然后经过中间冷却器被冷却，压缩空气通过中间冷却器后温度大大下降，再输送到第 2 级气缸，压缩到 0.7MPa。

2. 后冷却器

压缩气体时，由于气体体积减小，压力增高，温度也增高。一般的空压机输出的压缩空气温度可达 120℃以上，此时压缩空气中含有的油、水均呈气态，成为易燃、易爆的气源，且腐蚀作用很强，会损坏气动装置。后冷却器的作用就是安装在空压机排气口处，将空压机出口的高压空气冷却到 40～50℃，将大量水蒸气和油雾冷凝成液态水滴和油滴，从空气中分离出来。

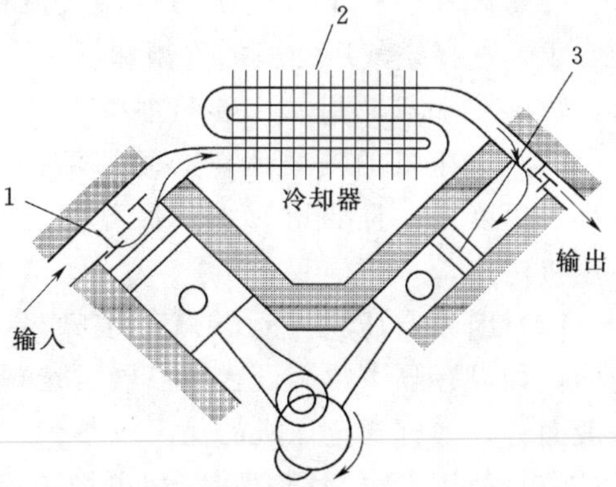

图 10.4 两级活塞式空气压缩机

1—1 级活塞；2—中间冷却器；3—2 级活塞

后冷却器一般采用水冷换热方式，其结构型式有蛇管式、套管式、列管式和散热片式等。蛇管式和列管式后冷却器结构图如图 10.5 所示。

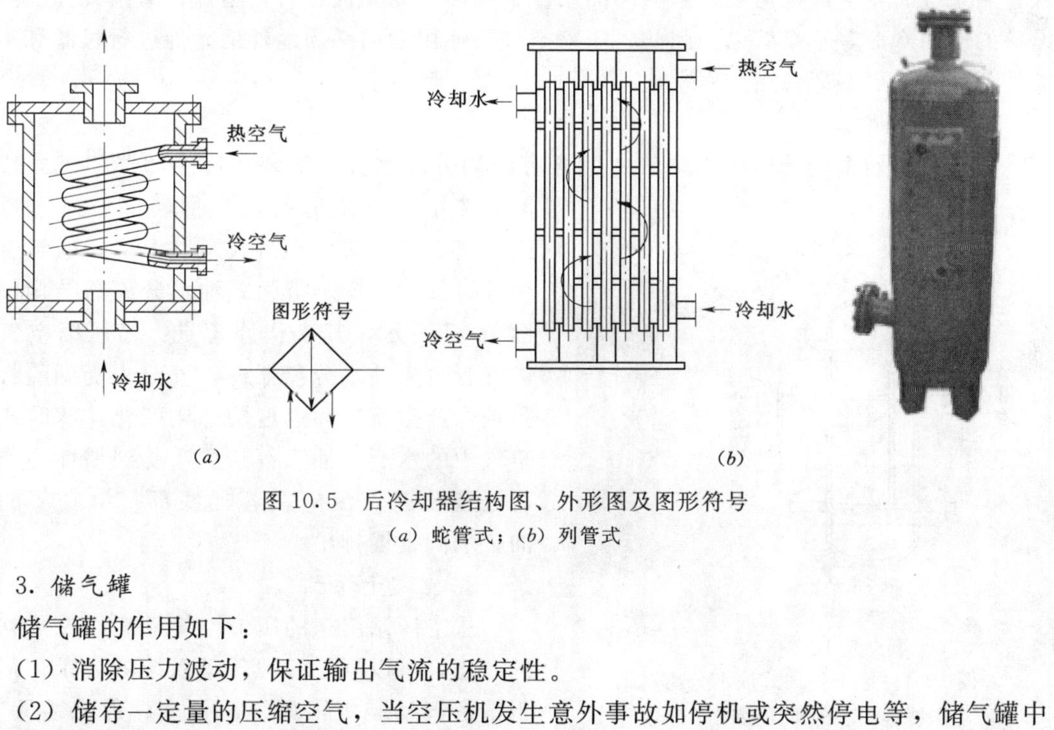

图 10.5 后冷却器结构图、外形图及图形符号

(a) 蛇管式；(b) 列管式

3. 储气罐

储气罐的作用如下：

(1) 消除压力波动，保证输出气流的稳定性。

(2) 储存一定量的压缩空气，当空压机发生意外事故如停机或突然停电等，储气罐中储存的压缩空气可作为应急使用。

(3) 进一步分离压缩空气中的水分和油分。

储气罐有立式和卧式两种，一般以立式居多，其结构如图 10.6 所示。进气口在下，出气口在上，两者间的距离应尽可能大。储气罐上应设置安全阀、压力表、排污管阀等。

4. 空压机的选用

根据气动系统所需要的工作压力和流量确定空压机的供气压力和供气流量，可以参照有关书籍计算。有了供气压力与供气流量，按空气压缩机的特性要求，选择空气压缩机的类型和型号。

5. 空压机使用时应注意的事项

(1) 空压机的安装地点必须清洁，应无粉尘、通风好、湿度小、温度低，且要留有维护保养的空间，所以一般要安装在专用机房内。

(2) 因为空压机一运转就产生噪声，所以必须考虑噪声的防治，如设置隔声罩、设置消声器、选择噪声较低的空压机等。一般而言，螺杆式空压机的噪声较小。

(3) 使用专用润滑油并定期更换，启动前应检查润滑油位，并用手拉动传动带使机轴转动几圈，以保证启动时的润滑。启动前和停车后都应及时排除空压机气罐中的水分。

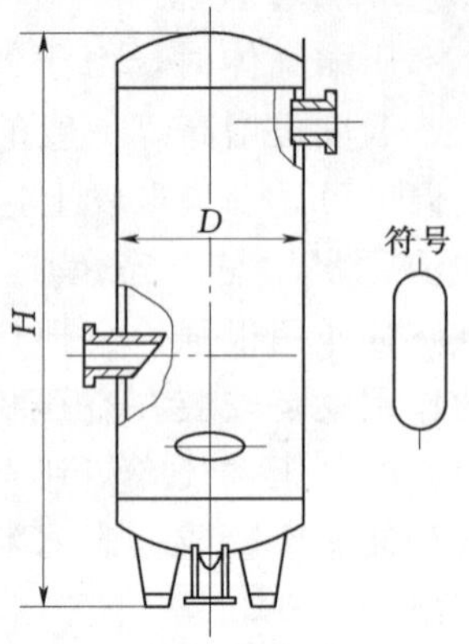

图 10.6　储气罐结构图、图形符号

10.2.2　辅助元件

从空压机输出的压缩空气中含有大量的水分、油污和灰尘等杂质，若不经处理直接进入管路系统时，会造成污染、影响产品质量、腐蚀气动元件、管路阻塞、磨损元件、降低设备的使用寿命等不良后果，因此，压缩空气在使用之前必须经辅助元件进行过滤和干燥等处理后才能更好地使用。

1. 油水分离器

油水分离器用于分离压缩空气中所含有的油分和水分，安装在后冷却器和贮气罐之间，按结构形式分有环形回转式、撞击折回式、离心旋转式、水浴式及以上形式的组合使用等。其中，撞击折回式油水分离器结构图如图 10.7 所示，其工作原理是：当压缩空气由进气管进入油水分离器内，气流先受到隔板的阻挡，产生流向和速度的急剧变化，此时压缩空气中的水滴、油滴等杂质，受到惯性力作用而分离出来，沉降在容器底部，由底部的排油、水阀定期排出。

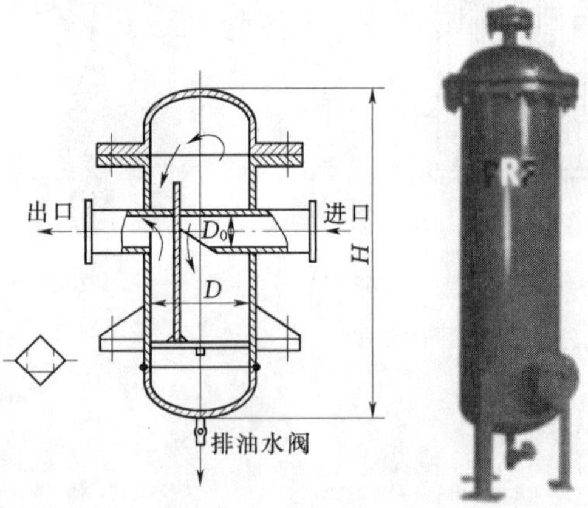

图 10.7　撞击折回式油水分离器工作原理图、外形图及图形符号

2. 空气干燥器

从空压站出来的压缩空气已经经过了初步的净化，可以满足一般气动系统的要求，但对于精密气动装置，如气动仪表、射流装置等，还必须经过干燥、过滤等进一步净化处理后才能使用。空气干燥器的作用就是吸收和排出压缩空气中的水分、油分和杂质，使湿空气变成干空气。

目前使用的干燥方法很多，主要有冷冻法、吸附法、机械法和离心法等。在工业上常用的是冷冻法和吸附法。

(1) 冷冻式干燥器。冷冻式干燥器是利用制冷设备使空气冷却到一定的露点温度，析出空气中的多余水分。此方法适用于处理低压大流量，并对干燥度要求不高的压缩空气。

（2）吸附式干燥器。吸附式干燥器是利用具有吸附性能的吸附剂（如硅胶、活性氧化铝、分子筛等）吸附压缩空气中水分的一种空气净化装置。吸附剂吸附了压缩空气中的水分后将达到饱和状态而失效。为了能够连续工作，必须排除吸附剂中的水分，使吸附剂恢复到干燥状态，这称为吸附剂的再生。目前吸附剂的再生方法有两种，即加热再生和无热再生。

如图 10.8 所示为一种不加热再生式干燥器，它有两个填满吸附剂的容器 1、2。当压缩空气从容器 1 的下部流到上部，空气中的水分被吸附剂吸收而得到干燥，一部分干燥后的空气又从容器 2 的上部流到下部，把吸附在吸附剂中的水分带走并放入大气。即实现了不需外加热源而使吸附剂再生。两容器定期交替工作使吸附剂产生吸附和再生，这样可得到连续输出的干燥压缩空气。

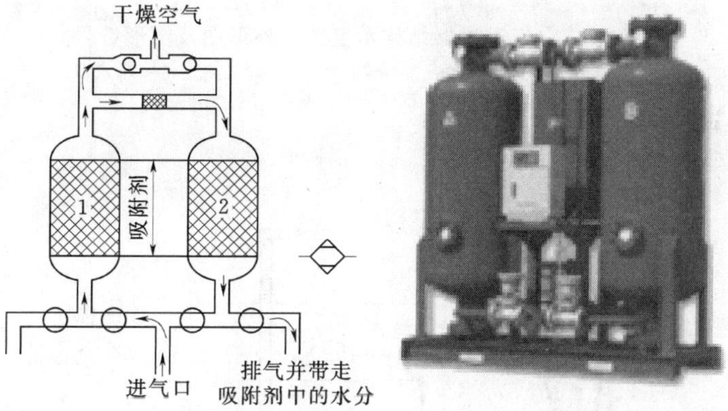

图 10.8　不加热再生式干燥器工作原理图、外形图及图形符号

3. 空气过滤器

空气过滤器的作用是滤除外界空气和压缩空气中的水分、灰尘、油滴和杂质，达到系统所要求的净化程度。常用的有一次过滤器、二次过滤器和高效过滤器。空气在进入空压机之前，必须经过简易的一次过滤器，以滤除空气中所含的一部分灰尘和杂质。一次过滤器通常采用纸制过滤器和金属过滤器。

在空压机的输出端要使用二次过滤器，来过滤压缩空气。如图 10.9 所示为二次过滤器的结构示意图，其工作原理是：压缩空气从输入口进入后，被引入旋风叶子 1，旋风叶子上有许多成一定角度的缺口，迫使空气沿缺口的切线方向高速旋转，这样夹杂在压缩空气中的较大水滴、油滴和灰尘等便依靠自身的惯性与存水杯 3 的内壁碰撞，并从空气中分离出来沉到杯底，而灰尘、杂质则由滤芯 2 滤除。

4. 油雾器

油雾器是一种特殊的注油装置，它以压缩空气为动力，将润滑油喷射成雾状并混合于压缩空气中，随着压缩空气进入需要润滑的部位，达到润滑气动元件的目的。

油雾器的工作原理如图 10.10 所示。当压力为 p_1 的压缩空气从左向右流经文氏管后压力将为 p_2，p_1 和 p_2 的压差 Δp 大于把油吸到排出口处所需的压力 ρgh（ρ 为油液密度）时，油被吸到油雾器的上部，在排出口被主通道中的气流引射出来，形成油雾，并随着压

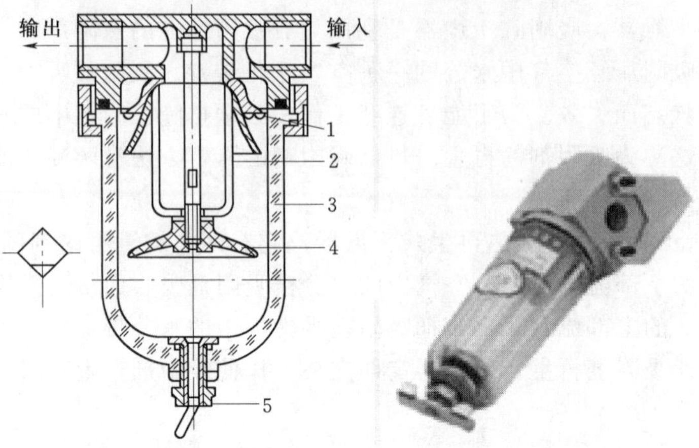

图 10.9　空气过滤器结构示意图、外形图及图形符号

1—旋风叶子；2—滤芯；3—存水杯；4—挡水板；5—排水阀

缩空气输送到需润滑的部位。

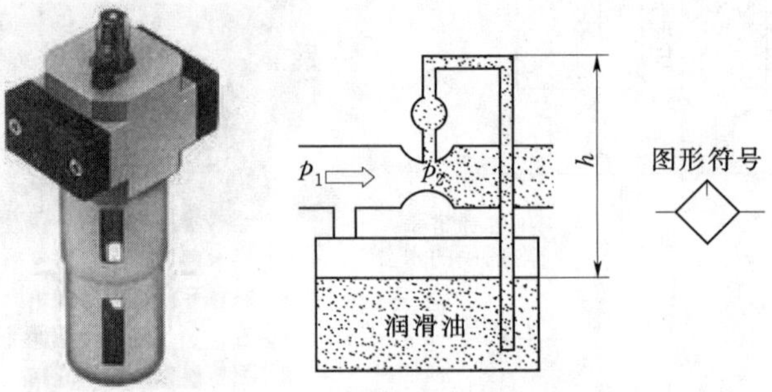

图 10.10　油雾器的工作原理图、外形图及图形符号

油雾器在安装时应注意进、出口不能接错；垂直安装，不能倒置或倾斜；保持正常油面，不应过高或过低。油雾器在使用时应注意，许多气动装置应用于食品、药品、电子等行业，这些行业是不允许油雾润滑的，它会对人体健康造成危害，或影响到测量仪的测量精度，因此目前不给油润滑（无油润滑）技术正在逐渐普及。

空气过滤器、油雾器和对系统压力进行调整的减压阀一起被称为气动三联件，是气动系统中不可缺少的辅助装置。其外形图和图形符号如图 10.11 所示。

5. 消声器

在气动系统中，当压缩空气直接从气缸或换向阀排向大气时，较高的压差使气体速度很高，产生强烈的排气噪声，一般可达 100～120dB，对人体的健康造成危害，并使作业环境恶化。为了消除或减弱这种噪声，应在气动装置的排气口安装消声器。消声器是一种能阻碍声音传播而让气流通过的、防治空气动力性噪声的主要设备。常用的消声器有以下三种类型：

（1）吸收型消声器。吸收型消声器是利用吸声材料（玻璃纤维、毛毡、泡沫塑料、烧结材料等）来降低噪声。如图 10.12 所示，当气流通过消声罩 1 时，气流受阻，可使噪声降低 20dB 左右。吸收型消声器主要应用于消除中高频噪声。

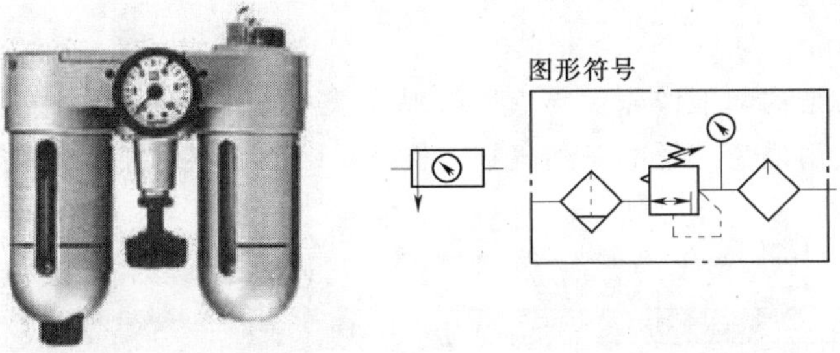

图 10.11　气动三联件外形图及图形符号

（2）膨胀干涉型消声器。膨胀干涉型消声器相当于一段比排气孔口径大的管件。当气流通过时，在其内部扩散、膨胀、反射、相互干涉而消声。这主要应用于消除中、低频噪声。

（3）膨胀干涉吸收型消声器。此类消声器是上述两类消声器的组合，其结构如图 10.13 所示。这种消声器消声效果最好，低频可消声 20dB，高频可消声 45dB 左右。

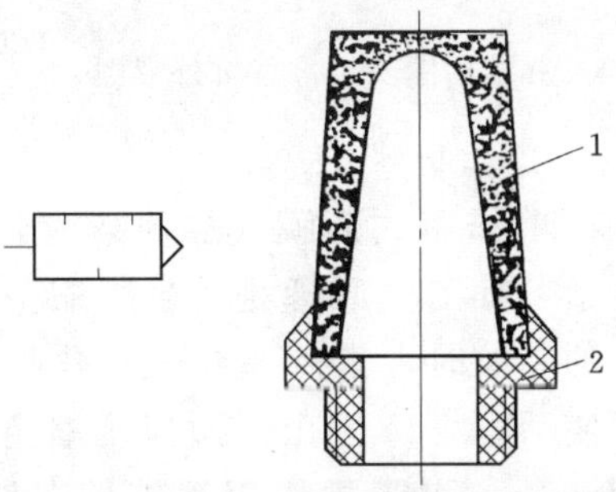

图 10.12　吸收型消声器结构示意图及图形符号

1—消声罩；2—连接螺钉

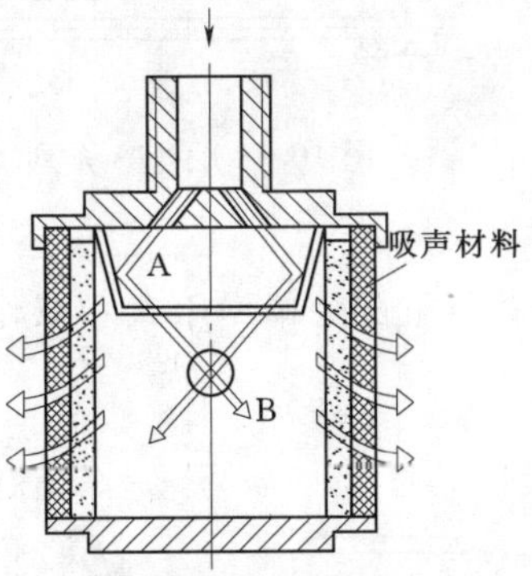

图 10.13　膨胀干涉吸收型消声器结构示意图

10.3　气 动 执 行 元 件

气动执行元件是将压缩空气的压力能转化为机械能的能量转换装置，它包括气缸和气马达。气缸用于实现直线往复运动，气马达用于实现旋转运动。气缸的结构简单，成本低，可以在易燃、易爆的场合安全工作，但是由于空气的可压缩性使得它的运动速度和位置控制的精度不高。

10.3.1　气缸的分类

气缸的分类有以下几种。

按压缩空气对活塞端面的作用力分为单作用气缸、双作用气缸。

按气缸的结构特征分为活塞式气缸、薄膜式气缸、伸缩式气缸。

按气缸的安装形式分为固定式气缸、轴销式气缸、回转式气缸、嵌入式气缸。

按气缸的功能分为普通气缸、缓冲气缸、气—液阻尼气缸、摆动气缸、冲击气缸、步进气缸。

10.3.2　气缸的结构

1. 活塞式气缸

活塞式气缸的结构和工作原理与液压缸基本类似，其结构和参数已系列化、标准化、通用化，是目前应用最为广泛的一种气缸。图 10.14 所示为 QGA 系列无缓冲标准型气缸结构图。

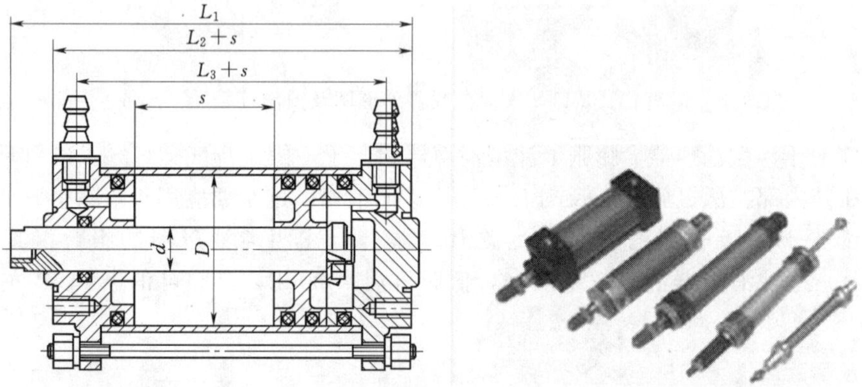

图 10.14　QGA 系列无缓冲标准型气缸结构图及标准气缸外形图

2. 薄膜式气缸

薄膜式气缸分为单作用式和双作用式两种。单作用式薄膜气缸的结构如图 10.15 所示，其工作原理是：当压缩空气进入气缸的左腔时，膜片 3 在气压作用下产生变形使活塞杆 2 伸出，撤掉压缩空气后，活塞杆 2 在弹簧的作用下缩回，使膜片复位。活塞的位移较小，一般小于 40mm。这种气缸的结构紧凑、重量轻、密封性能好、维修方便、制造成本低，广泛应用于各种自锁机构及夹具。

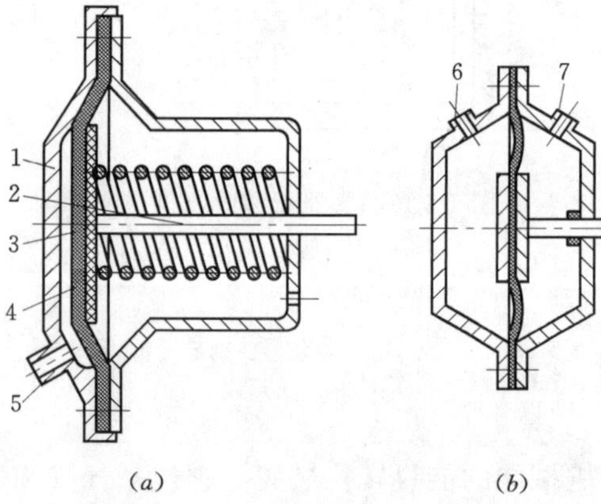

图 10.15　单作用式薄膜气缸结构图

(a) 单作用式；(b) 双作用式

1—缸体；2—活塞杆；3—膜片；4—膜盘；5—进气口；6、7—进、出气口

3. 气—液阻尼气缸

气—液阻尼气缸是由气缸和液压缸组合而成，它以压缩空气为能源，利用油液的不可压缩性控制流量，来获得活塞的平稳运动和调节活塞的运动速度。与气缸相比，它传动平稳，停位准确、噪声小。与液压缸相比，它不需要液压源，经济性好。它同时具有了气动和液压的优点，因此得到了越来越广泛的应用。

如图 10.16 所示为串联式气—液阻尼缸的工作原理图。液压缸和气缸串联成一体，两个活塞固定在一个活塞杆上。当气缸右腔进气时，带动液压缸活塞向左运动。此时液压缸左腔排油，油液只能经节流阀缓慢流回右腔，调节节流阀，就能调节活塞运动速度。当压缩空气进入气缸的左腔时，液压缸右腔排油，单向阀开启，活塞快速退回。

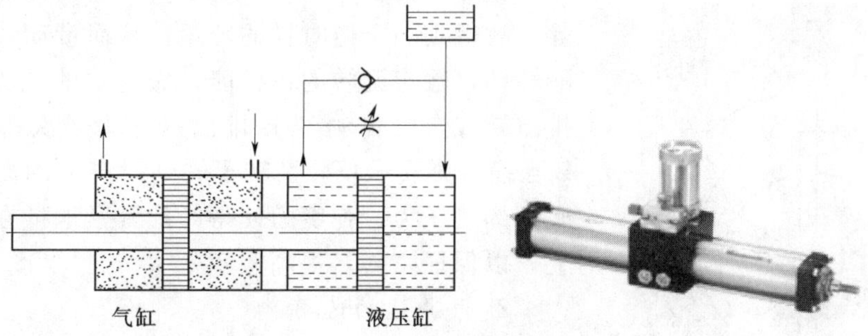

图 10.16　串联式气—液阻尼缸工作原理图及外形图

4. 冲击气缸

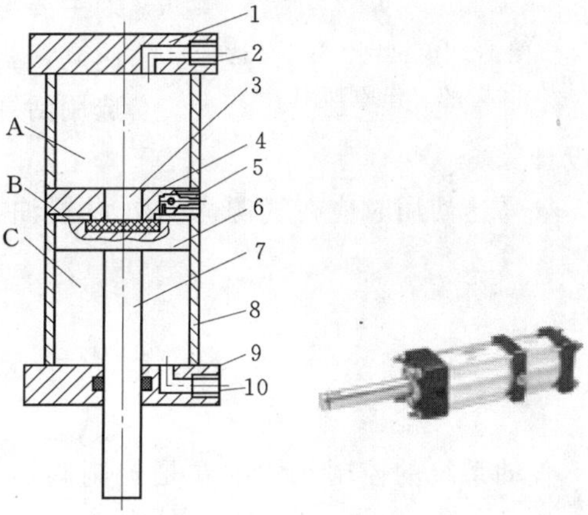

图 10.17　普通型冲击气缸的结构示意图及外形图

1、9—端盖；2、10—进、出气口；3—喷嘴口；4—中盖；5—低压排气阀；6—活塞；7—活塞杆；8—缸体

冲击气缸与普通气缸相比，增加了蓄能腔以及带有喷嘴和具有排气小孔的中盖。冲击气缸能产生相当大的冲力，可充当冲床使用。如图 10.17 所示为普通型冲击气缸的结构示意图，其工作原理是：当压缩空气从进气口 2 进入 A 腔时，其压力只能通过喷嘴口 3 作用在活塞 6 上，此时作用面积小，还不能克服 C 腔的排气压力所产生的向上推力以及活塞与缸体的摩擦力，喷嘴处于关闭状态，从而使 A 腔内压力升高。当 A 腔内压力升高到能使活塞向下移动时，活塞下移离开喷嘴，喷嘴打开，A 腔中的压缩空气通过喷嘴口突然作用于活塞的全面积上，此时活塞一侧的压力可达活塞杆一侧压力的几倍乃至几十倍，使活塞上作用着很大的向下推力。活塞在此推力作用下，迅速加速，在很短的时间内以极高的速度向下冲击，从而获得很大的动能。

冲击气缸的用途广泛，可用于锻造、冲压、下料、铆接、压配、破碎等多种作业。

气缸的运动速度和推力的计算同液压缸，这里从略。

10.3.3　气马达

1. 气马达的工作原理

气马达是将压缩空气的压力能转换成旋转运动的机械能的能量转换装置。按结构形式可分为叶片式、活塞式、齿轮式等。最为常用的是叶片式和活塞式两种。叶片式气马达制造简单，结构紧凑，但低速起动转矩小，低速性能不好，适宜性能要求低或中等功率的机械。目前在矿山机械及风动工具中应用普遍。活塞式气马达在低速情况下有较大的输出功率，它的低速性能好，适宜载荷较大和要求低速转矩大的机械，如起重机、绞车绞盘、拉管机等。

如图 10.18 所示为叶片式气马达的工作原理图（其工作原理与液压马达相似），当压缩空气从进气口 A 进入定子 1 与转子 2 之间的密封容腔内后，立即喷向叶片Ⅰ和叶片Ⅱ，

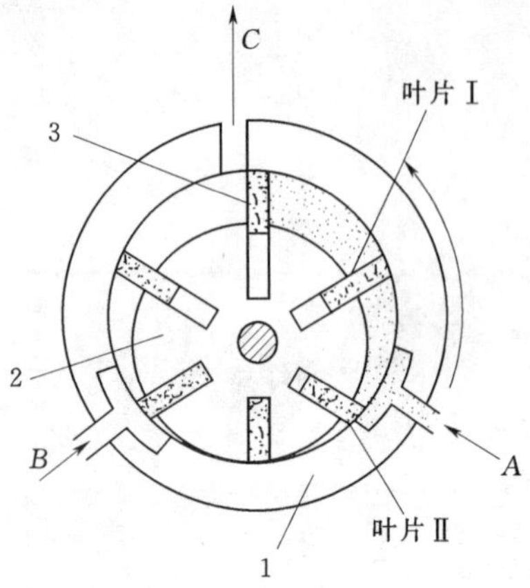

图 10.18　叶片式气马达的工作原理图

作用在叶片的外伸部分，由于两叶片外伸部分的长度不等，故得到一个逆时针的转矩，从而带动转子作逆时针的转动，输出旋转的机械能，做完功的气体从排气口 C 排出，残余气体则经 B 排出（称为二次排气）；若 A、B 互换，则转子反转。转子转动时产生的离心力和叶片底部的气压力、弹簧力使得叶片紧紧地抵在定子的内壁上，以保证密封，提高容积效率。

2. 气马达的选用

选择气马达主要从负载状态出发，在变负载场合，主要考虑速度的范围和所需的转矩；在均衡负载场合，则主要考虑工作速度。叶片式气马达比活塞式气马达转速高，当工作速度低于空载最大转速的 25%时，最好选用活塞式气马达。摆动式气马达一般可按工作要求自行设计。

气马达使用时应在气源入口处设置油雾器，并定期补油，以保证气马达得到良好的润滑。

10.4　气动控制元件

气动系统的控制元件主要是控制阀，它用来控制和调节压缩空气的方向、压力和流量，按其作用和功能可分为方向控制阀、压力控制阀和流量控制阀。气动控制阀在功用和工作原理等方面与液压控制阀相似，仅在结构上有所不同。

10.4.1　方向控制阀

方向控制阀按压缩空气在阀内的作用方向，可分为单向型控制阀和换向型控制阀。

1. 单向型控制阀

(1) 单向阀。气动单向阀的工作原理、结构和用途与液压单向阀基本相同，用来控制气流只能一个方向流动而不能反向流动。结构和符号如图 10.19 所示。

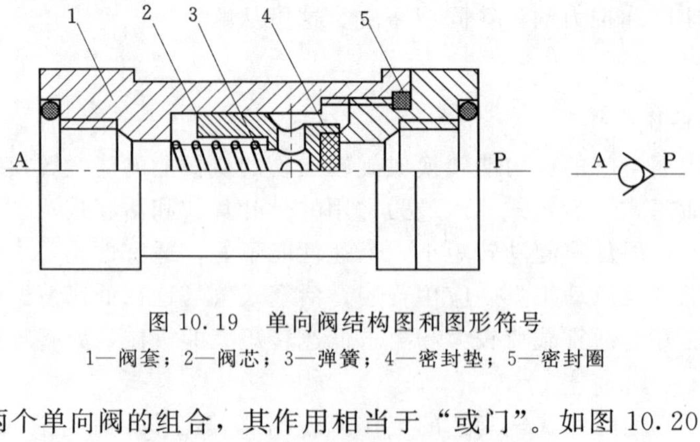

图 10.19　单向阀结构图和图形符号

1—阀套；2—阀芯；3—弹簧；4—密封垫；5—密封圈

(2) 梭阀。两个单向阀的组合，其作用相当于“或门”。如图 10.20 所示为梭阀的工作原理图和符号图。当 P_1 进气时，阀芯被推向右边，P_1 与 A 相通，气流从 P_1 进入 A

腔，如图 10.20（*a*）所示；反之，从 P_2 进气时，阀芯被推向左边，P_2 与 A 相通，于是，气流从 P_2 进入 A 腔，如图 10.20（*b*）所示；当 P_1、P_2 同时进气时，哪端压力高，A 就与哪端相通，另一端就自动关闭。图 10.20（*c*）所示为图形符号。图 10.21 所示为梭阀在手动—自动回路上的应用。通过梭阀的作用，可以使手动阀和电磁阀分别单独控制气控换向阀的换向，从而控制气缸的运动方向。

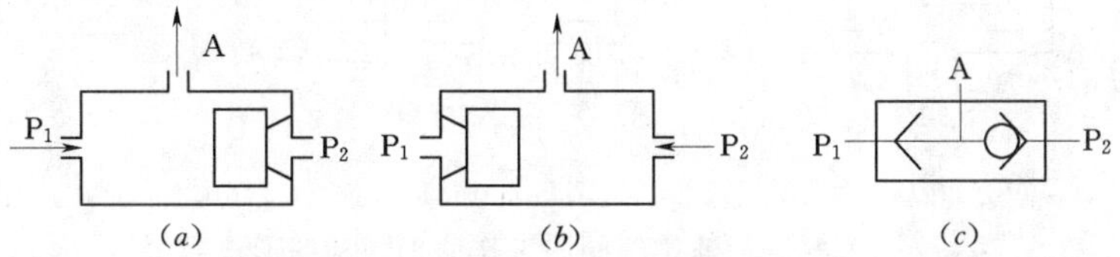

图 10.20　梭阀的工作原理图和图形符号

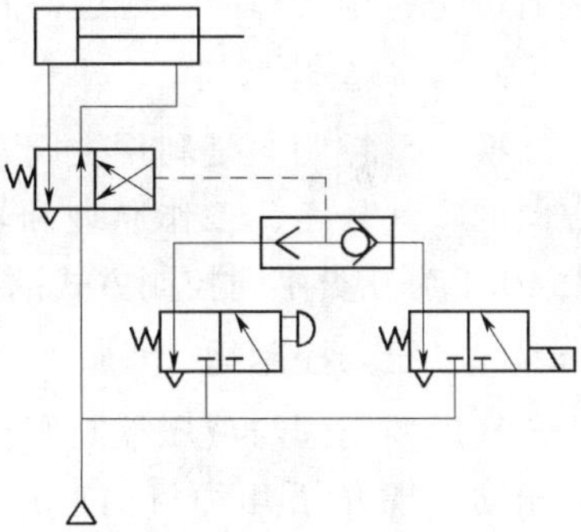

图 10.21　梭阀在手动　自动回路上的应用

(3) 双压阀。两个单向阀的组合，其作用相当于"与门"。如图 10.22 所示为双压阀的工作原理图。当 P_1 进气时，阀芯被推向右边，A 无输出，如图 10.22（*a*）所示；当 P_2 进气时，阀芯被推向左边，A 无输出，如图 10.22（*b*）所示；当 P_1 与 P_2 同时进气时，A 有输出，如图 10.22（*c*）所示，若两端气体压力不等时，则气压低的通过 A 输出。如图 10.22（*d*）所示的是双压阀的符号。

图 10.23 所示为双压阀在互锁回路中的应用。只有工件的定位信号 1 和加紧信号 2 同时存在时，双压阀才有输出，使换向阀换向，从而使气缸运动。

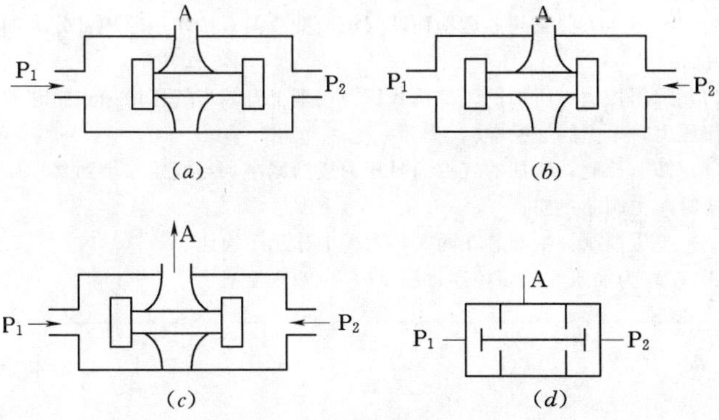

图 10.22　双压阀的工作原理图和图形符号

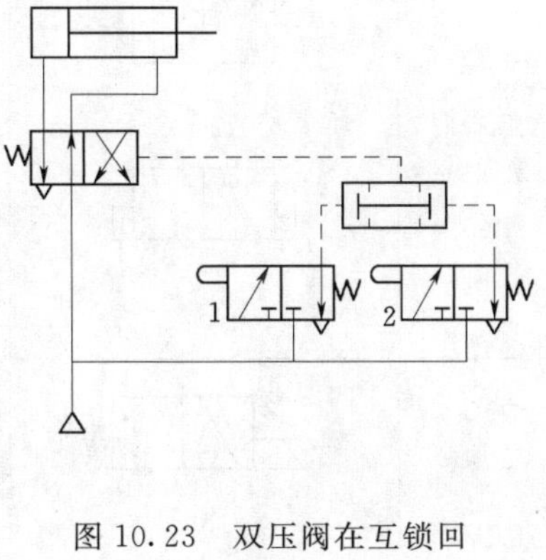

图 10.23　双压阀在互锁回路中的应用

(4) 快速排气阀。快速排气阀常装在换向阀和气缸之间，它使气缸不通过换向阀而快速排出气体，从而加快气缸的往复运动速度，缩短工作周期。如图 10.24 所示为快速排气阀的工作原理图和图形符号。当 P 进气时，将活塞向下推，P 与 A 相通，如图 10.24（*a*）所示；当 P 腔没有压缩空气时，在 A 腔与 P 腔压力差的作用下，活塞上移，封住 P 口，此时 A 与 O 相通，如图 10.24（*b*）所示，A 腔气体通过 O 直接排入大气。图 10.24（*c*）所示的是快速排气阀的符号。

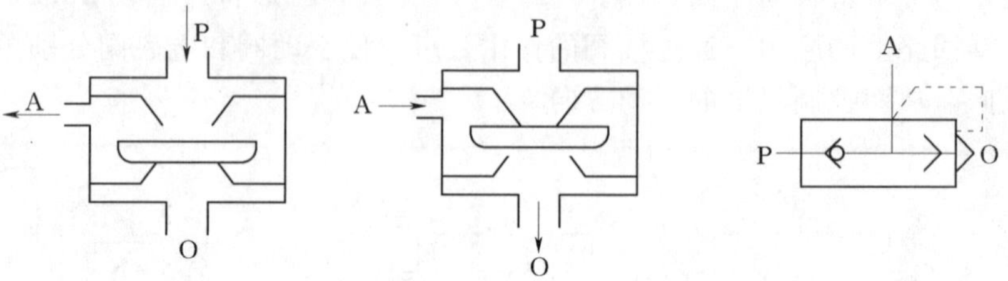

（*a*）　（*b*）　（*c*）

图 10.24　快速排气阀的工作原理图和图形符号

图 10.25 所示为快速排气阀的应用。气缸排气时，直接通过快速排气阀而不通过换向阀。

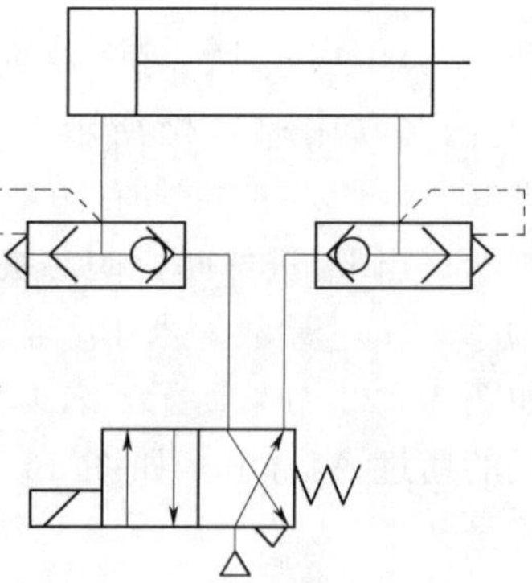

图 10.25　快速排气阀的应用

2. 换向型控制阀

换向型控制阀是利用主阀芯的运动而使气流改变运动方向的，其分类、工作原理和功用都与液压换向阀相同，表 10.1 为几类不同控制方式的换向型控制阀及其特点。

10.4.2　压力控制阀

气压控制阀与液压控制阀在工作原理及分类方法上基本相同，现介绍几种目前应用较多、有代表性的气压控制阀。

表 10.1　换向型控制阀及其特点

名　称	图 形 符 号	特　点
气压控制换向阀	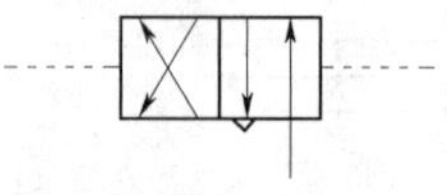 （*a*） 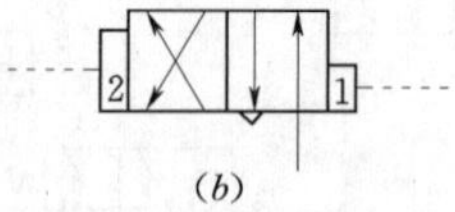 （*b*）	利用气体压力使主阀芯运动而使气流改变流向。按作用原理可分为如下几种： （1）加压控制：所加的气控信号压力逐渐上升，当气压增加到阀芯的动作压力时，主阀芯换向； （2）卸压控制：所加的气控信号压力逐渐减小，当气压减小到某一压力值时，主阀芯换向； （3）差压控制：主阀芯在两端压力差的作用下换向。 图（*a*）为加压或卸压控制；图（*b*）为差压控制
电磁控制换向阀	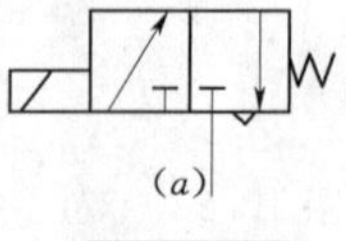 （*a*） 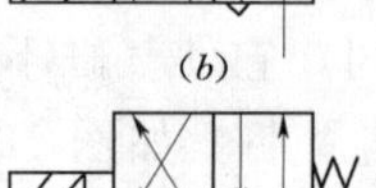 （*b*） 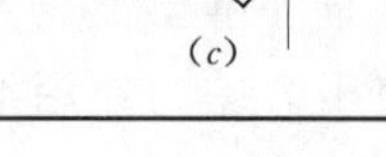 （*c*）	利用电磁力的作用来实现主阀芯的换向而使气流改变方向。分为直动式和先导式两种。 图（*a*）为直动式电磁阀；图（*b*）、图（*c*）为先导式电磁阀。其中，图（*b*）为气压加压控制，图（*c*）为气压卸压控制

续表

名 称	图形符号	特 点
机动换向阀	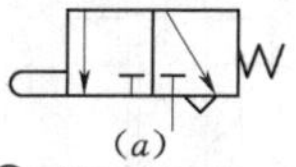 (a) 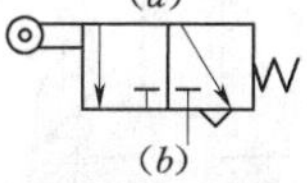 (b)	利用机械外力推动阀芯使其换向。多用于行程程序控制系统，也称行程阀。 图（a）为直动式机动控制阀；图（b）为滚轮式机动控制阀
手动换向阀	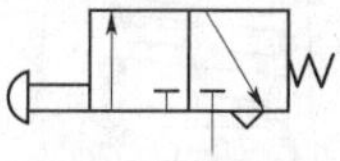 (a) 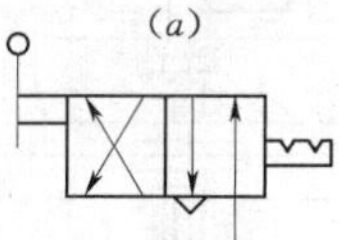 (b)	利用人工作用推动阀芯使其换向。 图（a）为按钮式；图（b）为手柄式
时间控制换向阀	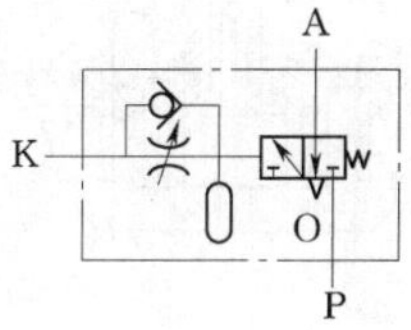	使气流通过气阻、气容等延迟一定时间后再使阀芯换向

10.4.2.1 减压阀

减压阀的减压和稳压原理是：靠进气口的节流作用减压，通过输出压力的负反馈，在膜片上产生的力与弹簧平衡。调节阀口的开度，可实现对压力的控制并稳定输出压力。调节手柄可使输出压力在规定范围内变化。下面通过直动式和先导式减压阀来说明减压阀的工作原理。

1. *直动式减压阀*

如图 10.26 所示的是 QTY 型直动式减压阀。当顺时针旋转手柄 1，经调压弹簧 2、3 推动膜片 5 下凹，首先关闭溢流孔 4，随着膜片 5 和阀芯 8 下移，打开进气阀孔 10，压缩空气通过阀孔 10 的节流作用，使输出压力低于输入压力，这就是减压作用。在压缩空气从输出口输出的同时，有一部分气流经过阻尼孔 7 进入膜片气室 6，在膜片 5 的下方产生一个向上的推力，当此力与弹簧向下的作用力平衡时，进气节流阀口通流面积就稳定在某一值上，减压阀就有一个确定的压力值输出。如果输入压缩空气的压力升高，瞬间输出压力也随之升高，膜片气室内的压力也升高，破坏了原有的平衡，使膜片 5 上移，同时阀芯在弹簧 9 的作用下也随之上移，进气阀孔 10 开度减小，即节流阀口通流面积减小，节流能力增强，压缩空气输出压力下降，使膜片两端作用力重新平衡，输出压力恢复到接近原来的调定值。反之，输入压缩空气压力下降时，进气节流阀口开度增大，节流作用减小，输出压力上升，通过反馈，使输出压力稳定地接近原来的调定值。当输入压缩空气压力低于调定值时，减压阀不起作用。

2. *先导式减压阀*

如图 10.27 所示的是先导式减压阀，它由先导阀和主阀两部分组成。当压缩空气从进气口流入阀体后，气流的一部分经阀口 9 流向输出口，另一部分经恒节流孔 1 进入中气室

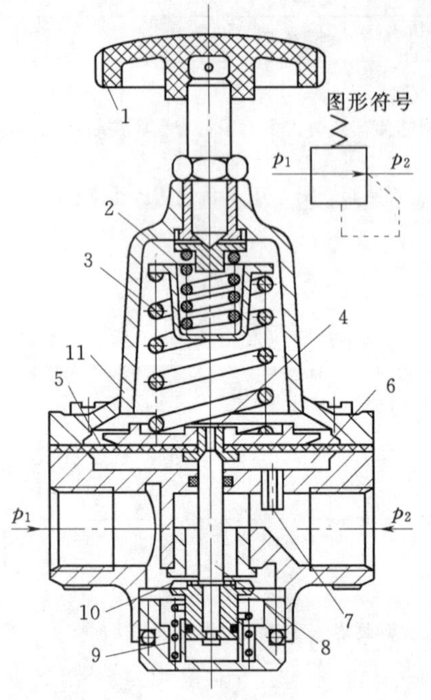

图 10.26　QTY 型直动式减压阀

1—手柄；2、3—弹簧；4—溢流孔；5—膜片；6—气室；7—阻尼孔；8—阀芯；9—弹簧；10—阀孔；11—排气口

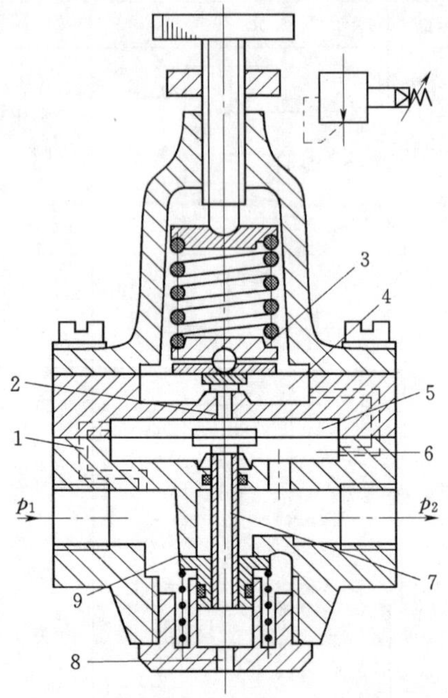

图 10.27　先导式减压阀

1—节流孔；2—喷嘴；3—挡板；4—上气室；5—中气室；6—下气室；7—阀井；8—排气孔；9—阀口

5，经喷嘴 2、挡板 3、上气室 4、右侧孔道反馈至下气室 6，再经阀杆 7 中心孔及排气孔 8 排至大气。把手柄旋到一定位置，使喷嘴挡板的距离在工作范围内，减压阀就进入工作状态。气室 5 的压力随喷嘴与挡板间的距离减小而增大，此压力在膜片上产生的作用力，相当于直动式减压阀的弹簧力。调节手柄，控制喷嘴与挡板间的距离，即能实现减压阀在规定的范围内工作。当输入压力瞬时升高时，输出压力也相应升高，通过孔口的气流使下气室 6 内的压力也升高，破坏了膜片原有的平衡，使阀杆 7 上移，节流阀口减小，节流作用增强，输出压力下降，使膜片两端作用力重新平衡，输出压力恢复到原有的调定值。当输出压力瞬时下降时，经喷嘴挡板的放大，也会引起中气室 5 的压力明显升高，而使阀杆下移，阀口开大，输出压力上升，并且稳定在原有的调定值上。

3. 减压阀的选择

(1) 要求调压精度高的系统，应选择先导式减压阀；无特殊调压精度要求的系统，可选择直动式减压阀。

(2) 根据最大输出流量，确定减压阀通径。

(3) 根据气源压力确定减压阀额定输入压力。最低输入压力应大于最高输出压力 0.1MPa。

(4) 减压阀如串联在回路中，为提高使用寿命，常安装在水分滤气器之后、油雾器之前。

(5) 减压阀不用时，应旋松手柄，放松弹簧，避免膜片长期受压变形。

4. 减压阀应用回路

如图 10.28 所示的是减压阀应用实例，该回路常用于气动设备之前，可根据需要用同一气源系统得到两种工作压力，也称为二次压力控制回路。

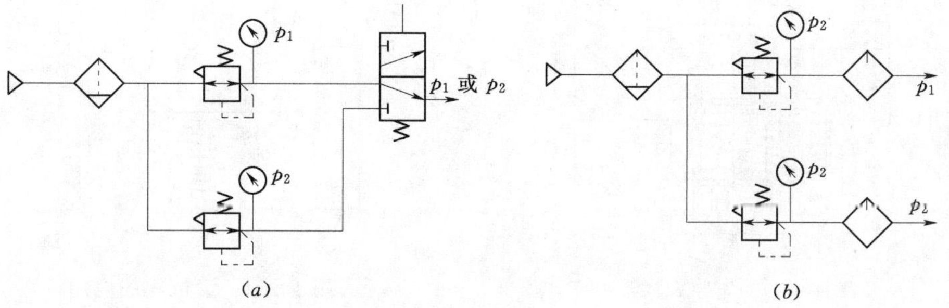

图 10.28 减压阀的应用

10.4.2.2 溢流阀

溢流阀也称安全阀，有直动式和先导式两种结构，如图 10.29 和图 10.30 所示。将溢流阀 P 口与系统相连通，O 口通大气，当系统内压缩空气的压力大于溢流阀调定压力值时，气体推开阀芯，经过阀口从 O 口排至大气，使系统压力稳定在调定值，保证系统安全运行。当系统压力低于调定值时，在弹簧的作用下阀口关闭，排气口没有流量溢出。

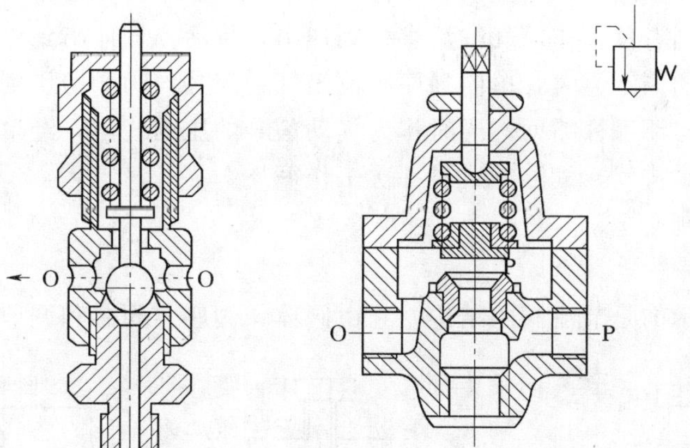

图 10.29 直动式溢流阀

调整弹簧的预压缩量，就设定了开启压力的大小。先导式溢流阀图中的控制口 K，接受来自小型直动式减压阀所提供的控制信号，并用该信号的压力代替弹簧实现对溢流阀开启压力的控制，在溢流阀选用时，其最高工作压力应略高于所需控制的压力。

如图 10.31 所示的是溢流阀应用实例。图中溢流阀与减压阀组合起来起补充溢流和稳压作用，溢流阀的调压值比减压阀的调压值高，当气缸右行时，溢流阀补充减压阀排气口溢流。

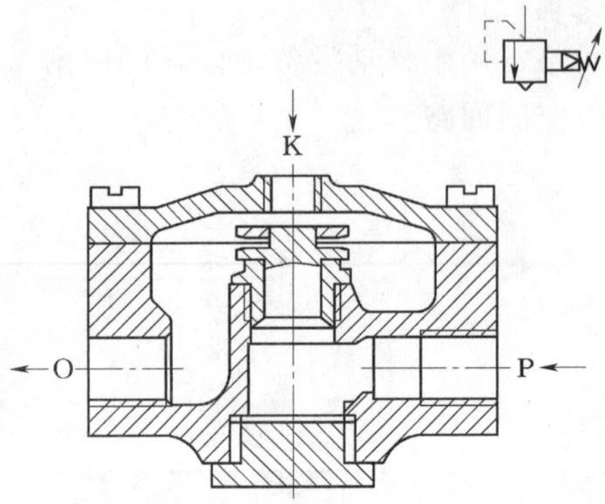

图 10.30　先导式溢流阀

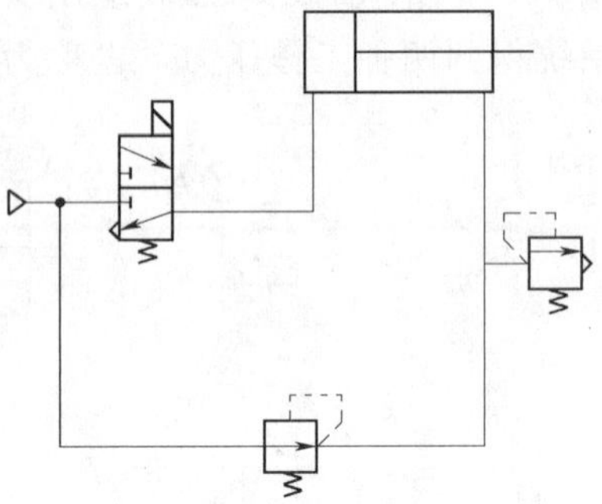

图 10.31　溢流阀的应用

10.4.2.3　顺序阀

顺序阀常与单向阀并联组合成一体，称为单向顺序阀。如图 10.32 是单向顺序阀的工作原理图。压缩空气从 P 口进入阀腔室 4 作用在阀板 3 上，当气体推力小于弹簧力时，阀处于关闭状态，A 口无输出。当气体推力大于弹簧力时，阀板被顶起，阀呈开启状态，压缩空气经 A 口进入阀后系统。此时单向阀是关闭的，当切换气源后，阀腔 4 内压力下降，顺序阀关闭，单向阀打开，使阀后系统经单向阀向外排气。如图 10.33 所示的是单向顺序阀结构。图 10.34 所示的是单向顺序阀应用实例，图中利用单向顺序阀控制气缸完成一次往复动作。工作原理是：当手动阀 1 输入一个信号后，气源经手动阀 l 输出一个脉冲信号，使阀 2 切换到右位工作，气缸活塞杆则伸出，待活塞杆伸出到终点，气缸左腔压力升高到单向顺序阀的调定值时，单向顺序阀输出气动信号，阀 2 切换到左位工作，使气缸右腔进气左腔排气，活塞杆缩回，同时作为气动信号的压缩气体，经单向顺序阀中的单向阀回到阀 2 的排气口排气，气缸完成了一次工作循环。

10.4.3　流量控制阀

1. 节流阀

如图 10.35 所示的是节流阀的结构，它由阀体、阀座、阀芯和调节螺杆组成。气体从

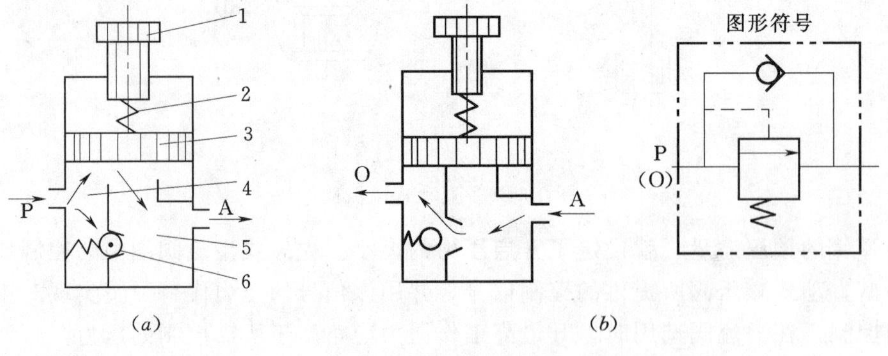

图 10.32　单项顺序阀的工作原理图

(a) 开启状态；(b) 关闭状态

1—调压手柄；2—调压弹簧；3—阀板；4—阀左腔；5—阀右腔；6—单项阀

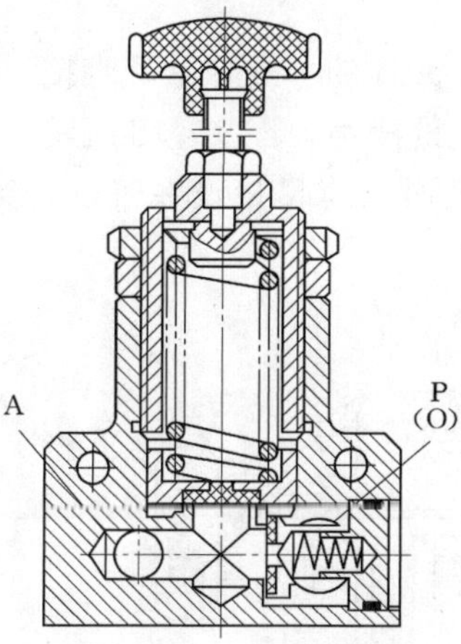

图 10.33 单项顺序阀的结构

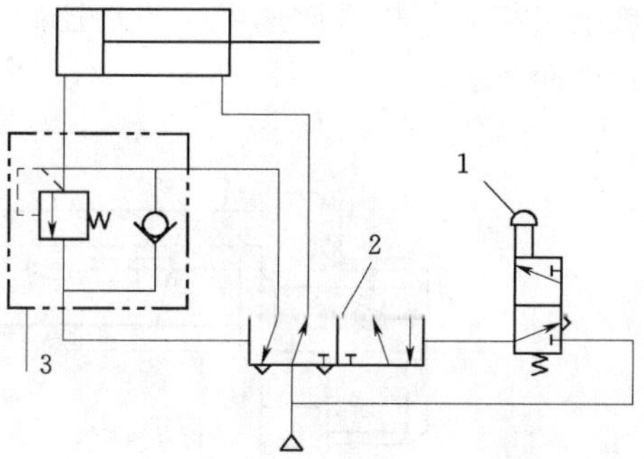

图 10.34 单项顺序阀的应用

1—手动换向阀；2—气动换向阀；3—单项顺序阀

输入口 P 进入阀内，经过阀座与阀芯间的节流通道从输出口 A 输出。通过调节螺杆使阀芯上下移动，改变节流口通流面积，实现流量的调节。

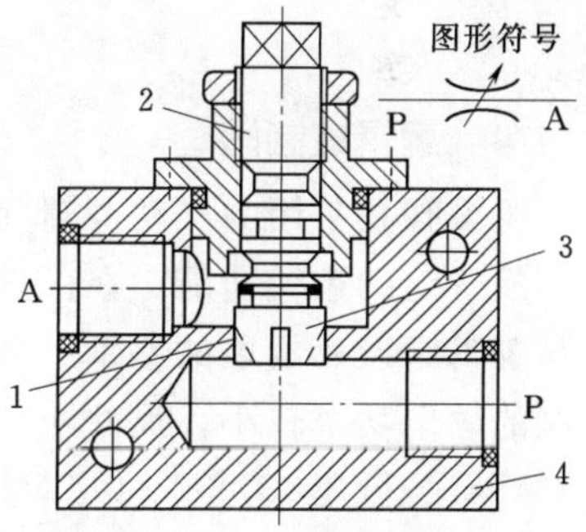

图 10.35 节流阀的结构

1—阀座；2—调节螺杆；3—阀芯；4—阀体

2. 单向节流阀

如图 10.36 所示的是单向节流阀工作原理。当压缩空气正向流动时（P—A），单向阀在弹簧和气压作用下关闭，气流经节流阀的节流后从 A 口流出；而当气流反向流动时（A—O），单向阀被气体推开，大部分气体从阻力小、通流面积大的单向阀流过，较少部分气体经节流口流过，汇集 O 口排出。如图 10.37 所示的是单向节流阀的结构。单向节流阀主要用来调节气缸进口或出口流量组成调速回路。

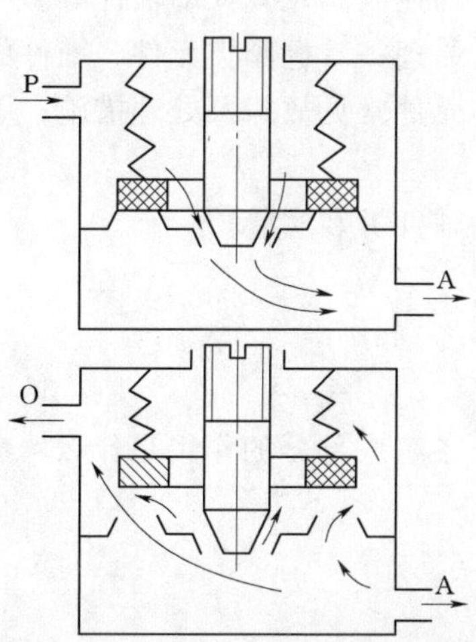

图 10.36 单向节流阀的工作原理

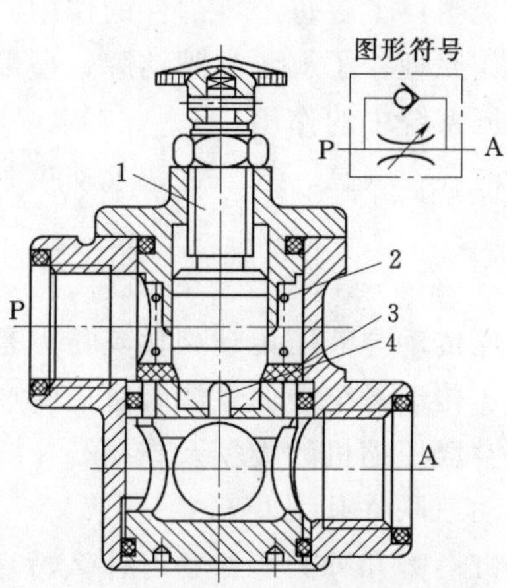

图 10.37 单向节流阀的结构

1—调节螺杆；2—弹簧；3—单向阀阀片；4—节流阀阀片

3. 排气节流阀

排气节流阀的工作原理与节流阀相同，只是安装在元件的排气口处，直接拧在换向阀的排气口上，用来控制执行元件的运动速度并降低排气的噪声。图10.38所示的是它的结构，调节旋柄可控制气体排放速度。流量控制阀在安装时，应尽量设在气缸管接头附近，缩短与气缸的距离。

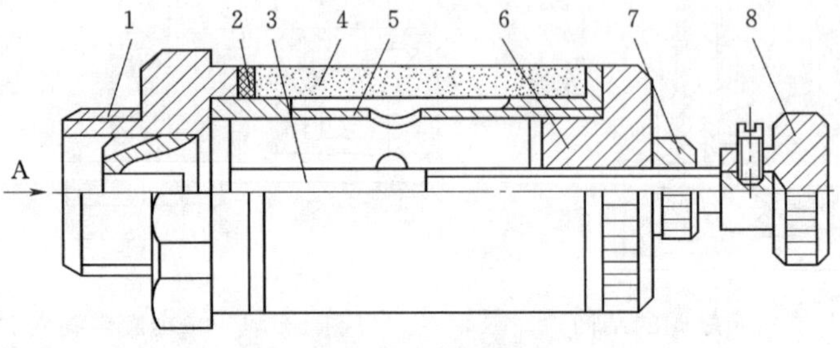

图10.38　排气节流阀的结构

1—阀座；2—密封圈；3—阀芯；4—消声套；5—阀套；6—锁紧法兰；7—锁紧螺母；8—旋柄

10.4.4　逻辑控制阀

逻辑阀是常用的气动逻辑元件之一。它是在气控信号作用下使阀中的可动部件动作，来完成一定的逻辑功能。在前面所讲到的梭阀和双压阀也具有逻辑功能，从结构上看，它们与逻辑阀没有本质的差别，所不同的是气动控制阀的输出功率较大，尺寸大，而气动逻辑阀的输出功率较小，尺寸小。气动逻辑阀的种类很多，按工作压力可分为高压（0.2～0.8MPa）、低压（0.02～0.2MPa）、微压元件（<0.02MPa），按逻辑功能分为“是门”、“或门”、“非门”元件和双稳元件等，按结构形式分为截止式、滑阀式和膜片式逻辑元件等。

任务实施：

（1）实施条件：多媒体教学设备、气缸、气马达、气动控制阀及其气动辅件等。

（2）实施说明：了解每个零部件的作用、结构及工艺原理；掌握阀类元件、辅件的职能符号及其工作原理；了解各类阀铭牌、型号；了解阀类元件常见故障及处理措施；了解阀类元件在气压系统中的作用。

（3）实施内容：气缸、气马达、气动控制阀及其气动辅件拆装实验。

习　　题

10.1　气压传动与液压传动相比其特点是什么？

10.2　气压传动系统中的气源装置由哪些元件组成，各组成部分的作用是什么？参观实习工厂应用空气压缩机的类型及作用。

10.3　气动三联件有哪些？

10.4　气缸有哪几种类型？各有什么特点？

10.5　气压传动中如何实现快速排气？

学习情境11　气动回路的组建

学习目标：

(1) 换向、速度和压力控制回路的组成和工作原理。

(2) 安全保护、气液联动和往复动作回路的工作原理及其组成。

(3) 读懂气压传动系统原理图。

(4) 分析气压传动系统组成及各元件在系统中的作用。

(5) 分析气压传动系统的工作程序及其工作原理。

(6) 气液滑动力台气压传动系统工作原理。

(7) 工作夹紧气压传动系统工作原理。

(8) 数控加工中心气动换刀系统工作原理。

学习任务： 分析气压传动系统的工作程序及其工作原理；气液滑动力台气压传动系统工作原理。

11.1　气动基本回路

气压传动回路与液压传动回路一样，都是由一些相关的气压传动元件组成的，并能完成气动系统的某一特定的功能。气动基本回路与液压基本回路大致相同，也有方向控制回路、压力控制回路、调速回路、行程控制回路、同步回路等。

11.1.1　方向控制回路

方向控制回路是用来控制系统中执行元件启动、停止或改变运动方向的回路。常用的是换向回路。

1. 单作用气缸的换向回路

如图 11.1 所示为二位三通电磁换向阀控制的换向回路。当电磁阀断电时，气缸活塞杆在弹簧力的作用下，处于缩进状态；当电磁阀通电时，气缸活塞杆在压缩空气作用下，向右伸出。

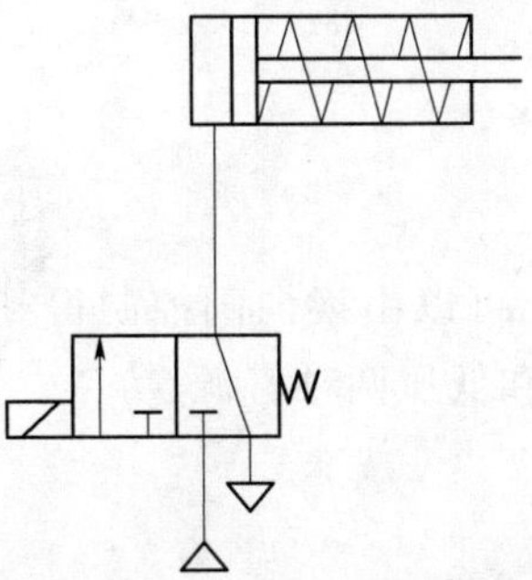

图 11.1　二位三通电磁换向阀控制的换向回路

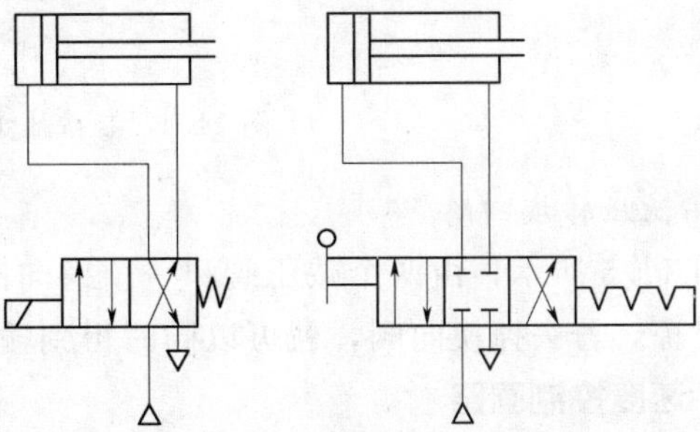

(a)　　(b)

图 11.2　双作用气缸的换向回路

2. 双作用气缸的换向回路

如图 11.2（*a*）所示为二位四通电磁换向阀控制的换向回路。图 11.2（*b*）所示为三位四通手动换向阀控制的换向回路。该回路中气缸可在任意位置停留。

11.1.2　压力控制回路

1. 一次压力控制回路

用于使储气罐送出的气体压力不超过规定压力。通常在储气罐上安装一只安全阀，一旦罐内压力超过规定压力就通过安全阀向外放气。也常在储气罐上装一只电接触压力表，一旦罐内压力超过规定压力时，就控制压缩机断电，不再供气，如图 11.3 所示。

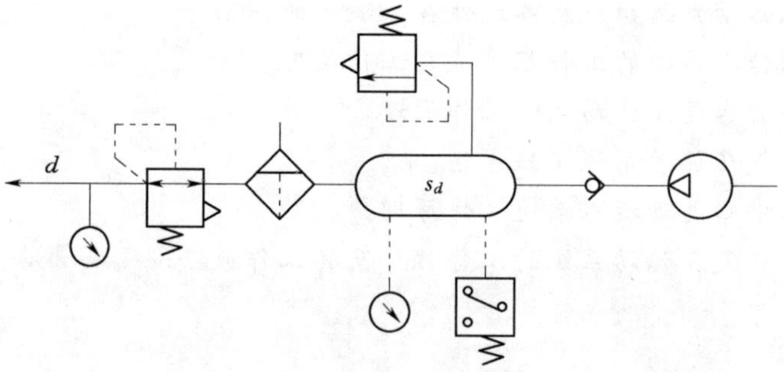

图 11.3　一次压力控制回路

2. 二次压力控制回路

二次压力控制回路是每台气动装置的气源入口处的压力调节回路。如图 11.4（*a*）所示，从压缩空气站出来的压缩空气，经空气过滤器、减压阀、油雾器出来后供给气动设备使用。也可以用两个减压阀实现两个不同的输出压力 p_1 和 p_2，如图 11.4（*b*）所示。

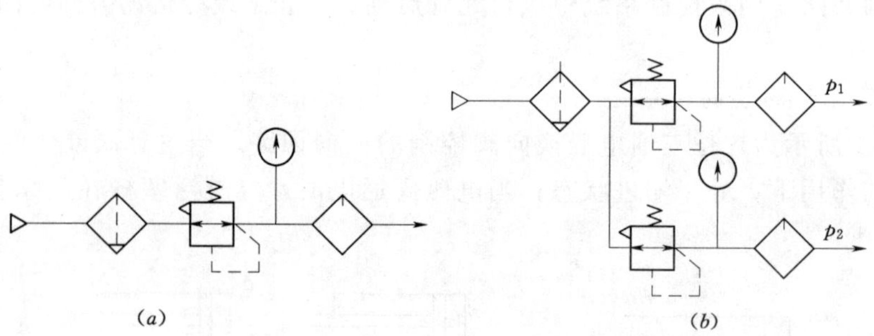

图 11.4　二次压力控制回路

3. 高低压转换回路

如图 11.5 所示，由两个减压阀和一个换向阀组成，可以由换向阀控制得到输出高压或低压气源，若去掉换向阀，就可以同时得到输出高压和低压两种气源。

11.1.3　速度控制回路

1. 单向调速回路

如图 11.6（*a*）所示为供气节流调速回路，如图 11.6（*b*）所示为排气节流调速回路。两者都是由单向节流阀控制其供气或排气量，以此来控制气缸的运动速度的。

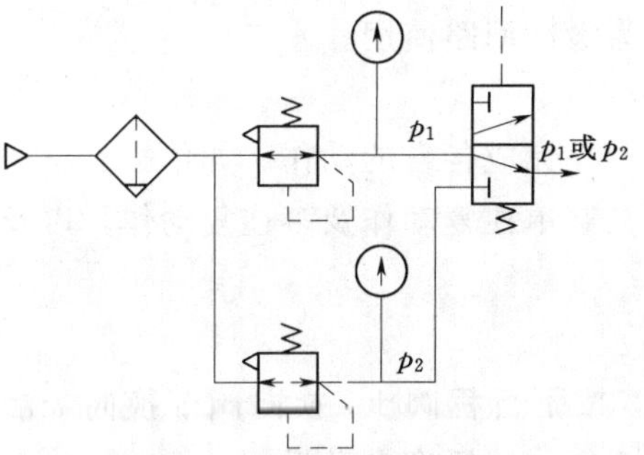

图 11.5 高低压转换回路

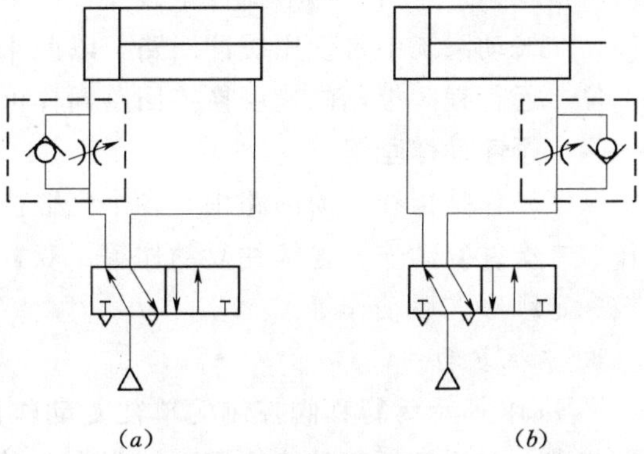

图 11.6 单向调速回路

2. 双向调速回路

在气缸的进、排气口均设置单向节流阀，其气缸的活塞的两个运动方向上的速度都可以调节。图 11.7（*a*）所示为供气节流调速回路，图 11.7（*b*）所示为排气节流调速回路，图 11.7（*c*）所示为双向节流阀与换向阀配合使用的排气调速回路。

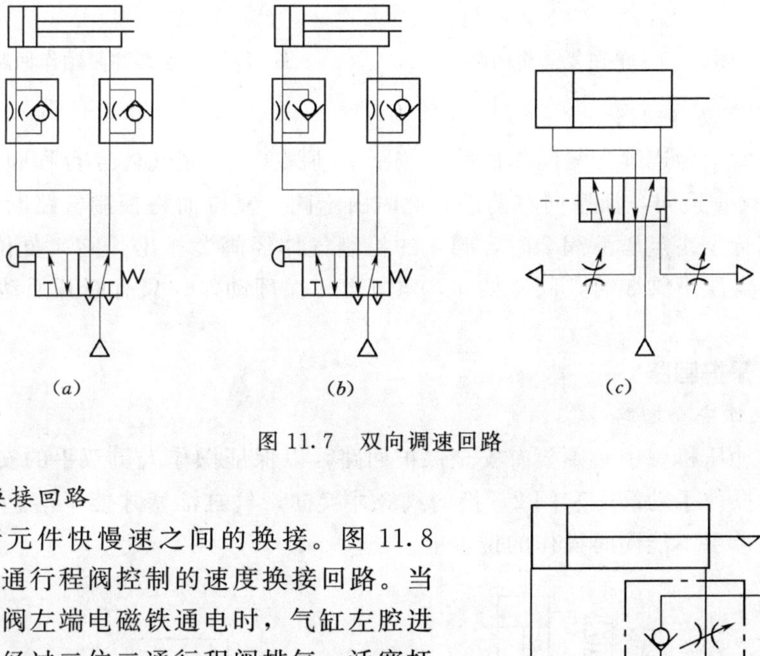

图 11.7 双向调速回路

3. 速度换接回路

用于执行元件快慢速之间的换接。图 11.8 所示为二位二通行程阀控制的速度换接回路。当三位五通电磁阀左端电磁铁通电时，气缸左腔进气，右腔直接经过二位二通行程阀排气，活塞杆快速前进，当活塞带动撞块压下行程阀时，行程阀关闭，气缸右腔只能通过单向节流阀再经过电磁阀排气，排气量受到节流阀的控制，活塞运动速度减慢，从而实现速度的换接。

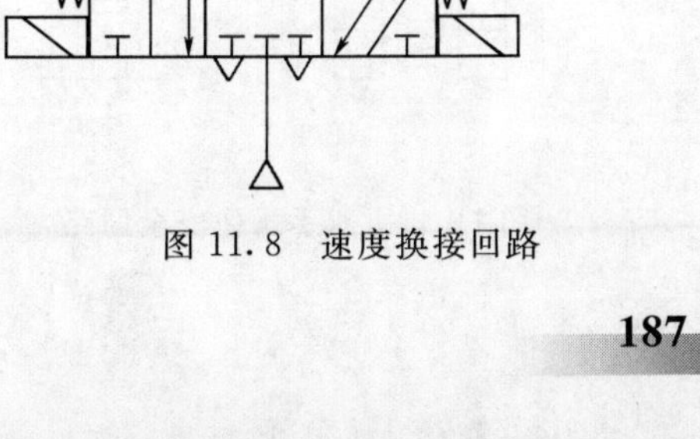

图 11.8 速度换接回路

4. 缓冲回路

一般气动执行元件的运动速度较快，为了避

免活塞在到达终点时，与缸盖发生碰撞，产生冲击和噪声，影响设备的工作精度以至损坏零件，在气动系统中常使用缓冲回路，以此来降低活塞到达终点时的速度。图 11.8 所示的二位二通行程阀控制的速度换接回路同样可以作为缓冲回路使用。

11.1.4　顺序动作回路

顺序动作是指在气动回路中，各个气缸按一定程序完成各自的动作。如单缸有单往复动作、二次往复动作、连续往复动作等；双缸及多缸有单往复动作及多往复动作，以及各缸按一定顺序先后动作等。

1. 单往复动作回路

图 11.9 所示为行程阀控制的单往复动作回路。按下行程阀 1，换向阀 3 换向，活塞向右前进，当活塞杆带动撞块压下行程阀 2 时，阀 3 复位，活塞自动返回。

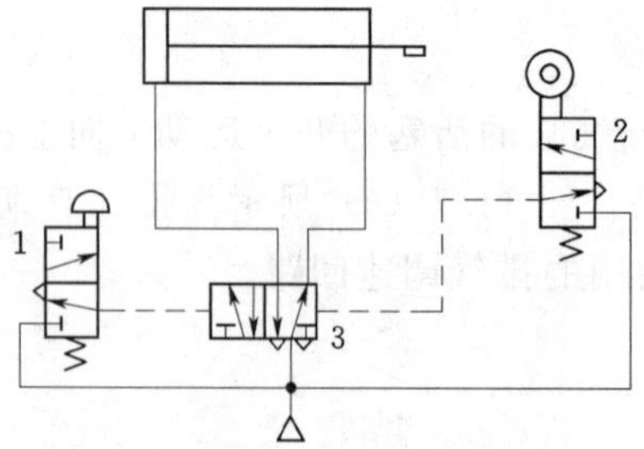

图 11.9　单往复动作回路

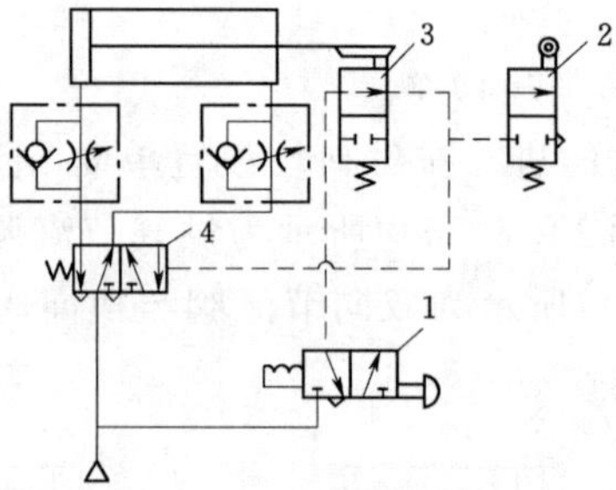

图 11.10　连续往复动作回路

2. 连续往复动作回路

图 11.10 所示为连续往复动作回路。按下手动阀 1，控制气体经行程阀 3 到达气动阀 4 的右端，使阀 4 换向，活塞向右前进。此时由于阀 3 复位而将控制气路断开，阀 4 不能复位。当活塞行至终点压下阀 2 时，阀 4 的控制气体经阀 2 排出，阀 4 复位，活塞返回。当活塞返回终点压下阀 3 时，阀 4 换向，重复上一循环动作。只有断开手动阀 1，才能结束此循环。

11.1.5　安全保护回路

1. 双手操作安全回路

在锻造、冲压机械中必须要有安全保护回路，以保证操作人员双手的安全。图 11.11 中，只有同时操作手动阀 1 和阀 2，换向阀 3 才换向，气缸活塞才能下落。注意，阀 1 和阀 2 应安装在单手不能同时操作的位置上。

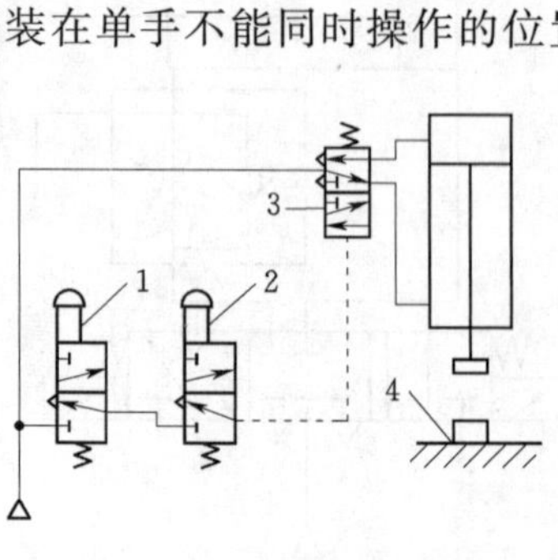

图 11.11　双手操作安全回路

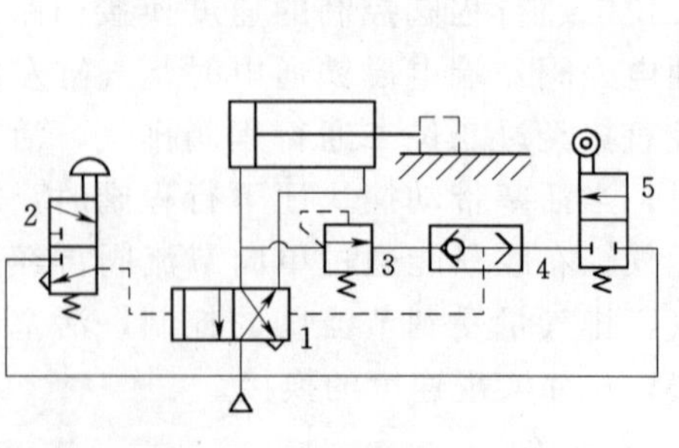

图 11.12　过载保护回路

2. 过载保护回路

如图 11.12 所示为过载保护回路。当气缸活塞向右运动，左腔压力升高超过预定值时，顺序阀 3 打开，控制气流经梭阀使换向阀 1 至于右位，使活塞返回，防止系统过载。

11.1.6 气液联动速度控制回路

由于气体的可压缩性，运动速度不稳定，定位精度不高，在气动调速、定位不能满足要求的场合，可采用气液联动。

图 11.13 所示为气液阻尼缸调速回路。通过调节两个单向节流阀，利用油液的不可压缩性，实现两个方向上的无级调速。

图 11.14 所示为气液增压回路。利用气液增压缸 1 把较低的气压变为较高的液压力。该回路中用单向节流阀调节气液缸 2 的前进速度，返回时用气压驱动，因通过单向阀回油，因而能实现快速返回。

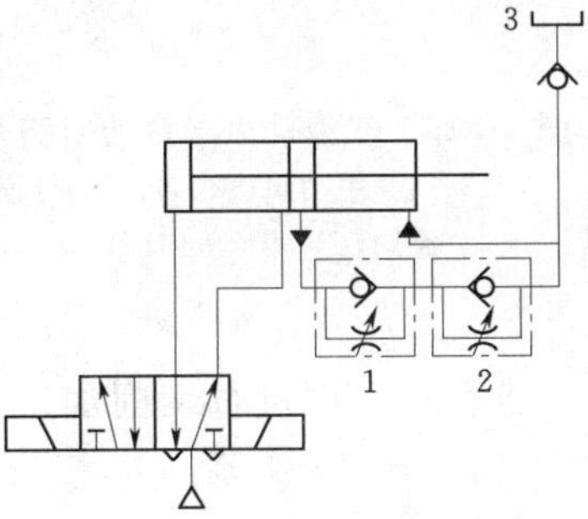

图 11.13 气液阻尼缸调速回路

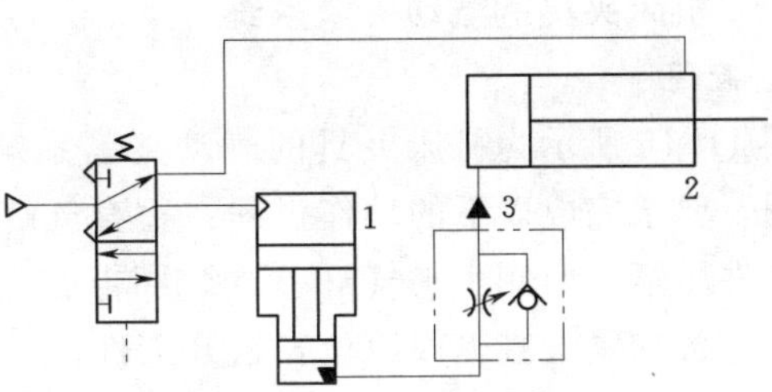

图 11.14 气液增压回路

11.2 气 压 传 动 实 例

11.2.1 气液动力滑台气动系统

1. 概述

气液动力滑台是采用气—液阻尼缸作为执行元件，在它的上面可以安装单轴头、动力箱或工件等，由控制阀控制，在机床设备中实现进给运动。图 11.15 所示为气液动力滑台的回路原理图。该回路由手动阀 4 控制，可以实现下面两种工作循环：

(1) 快进→工进→快退→停止。

(2) 快进→工进→慢退→快退→停止。

2. 工作原理

(1) 快进→工进→快退→停止。图中将手动阀 4 和 3 都置于右位，在压缩空气作用下，气缸开始下行，液压缸下腔的油液经行程阀 6 和单向阀 7 进入到液压缸的上腔，实现快进；当快进到气缸上的挡铁 B 压下行程阀 6 后，油液只能经节流阀 5 进行回油，调节节流阀的开度，可以调节回油油量的大小，从而控制气—液阻尼缸的运动速度，实现工进；当气缸工进到行程阀 2 的位置时，挡铁 C 压下行程阀 2，使阀 2 处于左位，阀 2 输出气信号使阀 3 换向至于左位，这时，气缸开始上行，液压缸上腔油液经阀 8 的左位和阀 4 的右位进入液压缸的下腔，实现快退；当快退到挡铁 A 压下阀 8 时，使油液的回油通道被切断，气缸就停止运动，改变挡铁 A 的位置，就可以改变气缸停止的位置。

（2）快进→工进→慢退→快退→停止。图中将手动阀 4 至于左位后，其动作循环中的快进→工进过程的工作原理与上述相同。当工进至挡铁 C 压下行程阀 2，气缸开始上行时，液压缸上腔油液经阀 8 的左位和阀 5 进入液压缸的下腔，实现慢退；当慢退到挡铁 B 离开阀 6 时，阀 6 在复位弹簧作用下复位（至于左位），液压缸上腔油液经阀 8 的左位和阀 6 的左位进入液压缸的下腔，实现快退；当快退到挡铁 A 压下阀 8 时，使油液的回油通道被切断，气缸就停止运动。

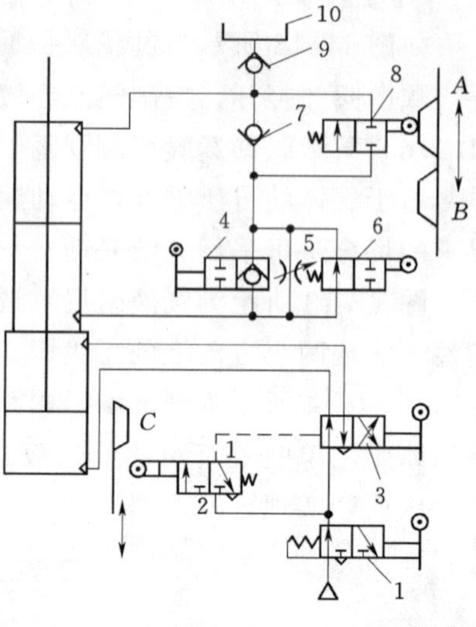

图 11.15　气液动力滑台的回路原理图
1、3、4—手动阀；2、6、8—行程阀；5—节流阀；7、9—单向阀；10—油杯

11.2.2　机床夹具的气动夹紧系统

1. 概述

图 11.16 所示为机床夹具的气动夹紧系统的回路原理图。要求完成以下的动作过程：垂直气缸 A 先下降将工件压紧，两侧水平气缸 B、C 再同时对工件夹紧，然后对工件进行切削加工。加工完毕后，各加紧气缸退回原位，松开工件。

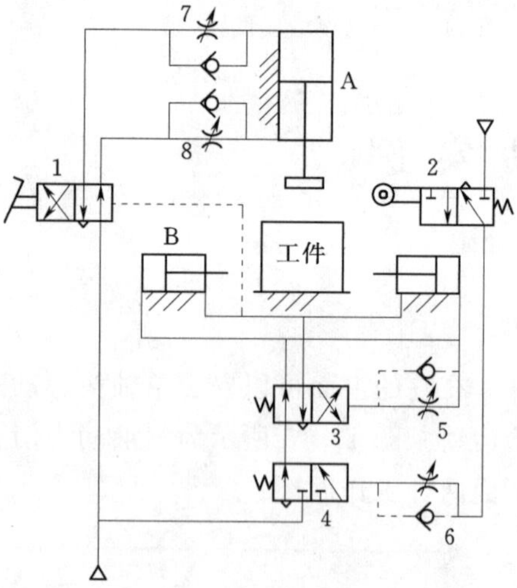

图 11.16　气动加紧系统回路原理图
1—脚踏换向阀；2—行程阀；3、4—换向阀；5、6、7、8—单向节流阀
A—垂直缸；B、C—水平缸

2. 工作原理

（1）压紧工件。踏下脚踏换向阀 1，使其至于左位，压缩空气经阀 1 左位，再经阀 7 中的单向阀进入到气缸 A 的上腔，缸 A 下腔经阀 8 中的节流阀，再经阀 1 左位进行排气，气缸 A 下行实现对工件的压紧。

（2）两侧夹紧工件。当缸 A 下移到预定位置时，压下行程阀 2，使其至于左位，控制气体经阀 2 和阀 6 中的节流阀使阀 4 换向，至于右位，此时系统中的气路走向是：压缩空气经阀 4 和阀 3 进入到缸 B 的左腔和缸 C 的右腔，缸 B 右腔和缸 C 左腔经阀 3 进行排气，从而使缸 B 和缸 C 的活塞杆伸出，实现从两侧夹紧工件。

（3）松开工件，退回原位。在缸 B 和缸 C 伸出夹紧工件的同时，一部分压缩空气作为控制气体通过单向节流阀 5 到达阀 3 的右端，经一段时间后，阀 3 换向，至于右位，从而使缸 B 和缸 C 退回，松开工件。

在缸 B 和缸 C 松开工件的同时，压缩空气经阀 3 进入阀 1 的右端，成为阀 1 的控制气体，使阀 1 换向，至于右位，从而使缸 A 退回，松开工件。

在系统中，当调节阀 6 中的节流阀时，可以控制阀 4 的换向时间，确保缸 A 先压紧；调节阀 5 中的节流阀时，可以控制阀 3 的换向时间，确保有足够的切削加工时间；调节阀 7、阀 8 中的节流阀时，可以调节缸 A 上、下运动速度。

11.2.3 装料装置控制系统

1. 概述

用两个气缸从垂直料仓中取料并向滑槽传递工件，完成装料的过程。图 11.17 所示为装料装置结构示意图，要求按下按钮缸 A 伸出，将工件从料仓推出至缸 B 的前面，缸 B 再伸出将其推入输送滑槽。缸 B 活塞伸出将工件推入装料箱后，缸 A 活塞退回，缸 A 活塞退回到位后，缸 B 活塞再退回，完成一次工件传递过程。

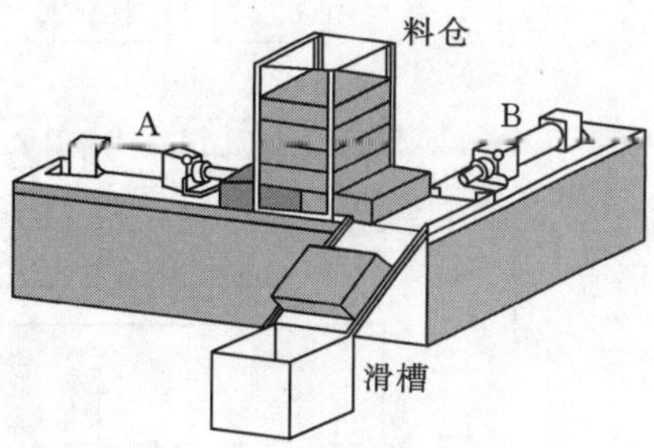

图 11.17 装料装置结构示意图

2. 工作原理

图 11.18 所示为装料装置的回路原理图，动作顺序为：A 伸出→B 伸出→A 退回→B 退回。在回路中设置 4 个位置检测元件，分别检测 A、B 气缸活塞是否伸出、退回到位，并用来启动下一步动作。具体工作过程如下。

按下启动按钮 1，缸 B 在原位压下行程阀 S1，气控阀 2 左位工作，缸 A 伸出，把工件从料仓中推出至缸 B 前面，缸 A 压下行程阀 S3，气控阀 3 左位工作，缸 B 伸出，把工件推向滑槽，缸 B 压下行程阀 S2，气控阀 2 右位工作，缸 A 退回原位，缸 A 压下行程阀 S4，气控阀 3 右位工作，缸 B 退回原位，缸 B 压下行程阀 S1，一次工件传递过程结束，开始下一个循环。

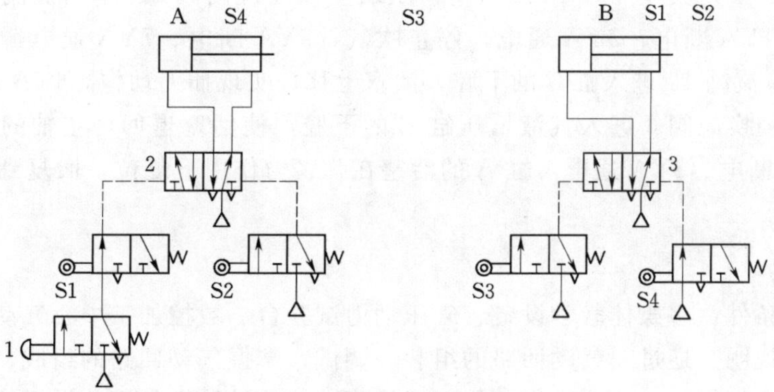

图 11.18 装料装置回路原理图

1—手动阀（启动按钮）；2、3—气控阀；S1、S2、S3、S4—行程阀；A、B—气缸

11.2.4 数控加工中心气动换刀系统

图 11.19 所示为某数控加工中心气动换刀系统原理图，该系统在换刀过程中实现主轴定位、主轴松刀、拔刀、向主轴锥孔吹气和插刀动作。

动作过程是：当数控系统发出换刀指令时，主轴停止旋转，同时 4YA 通电，压缩空气经气动三联件 1、换向阀 4、单向节流阀 5 进入主轴定位缸 A 的右腔，缸 A 的活塞左

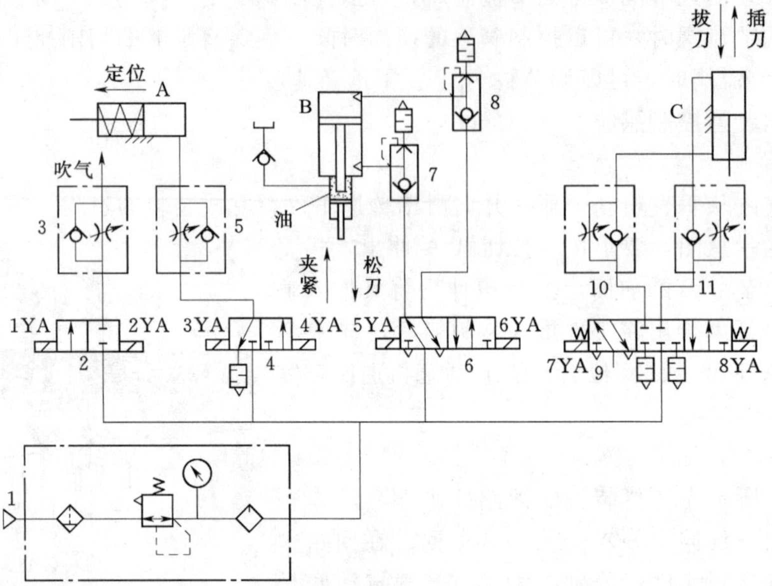

图 11.19 数控加工中心气动换刀系统原理图

1—气动三联件；2、4、6、9—换向阀；3、5、10、11—单向节流阀；7、8—梭阀

移，使主轴自动定位。定位后压下无触点开关，使6YA通电，压缩空气经换向阀6、梭阀8进入气液增压缸B的上腔，增压腔的高压油使活塞伸出，实现主轴松刀，同时使8YA通电，压缩空气经换向阀9、单向节流阀11进入缸C的上腔，缸C下腔排气，活塞下移实现拔刀。

回转刀库交换刀具，同时1YA通电，压缩空气经换向阀2、单向节流阀3向主轴锥孔吹气。稍后1YA断电、2YA通电，停止吹气，8YA断电、7YA通电，压缩空气经换向阀9、单向节流阀10进入缸C的下腔，活塞上移，实现插刀动作。6YA断电、5YA通电，压缩空气经换向阀6进入气液增压缸B的下腔，使活塞退回，主轴的机械机构使刀具夹紧。4YA断电、3YA通电，缸A的活塞在弹簧力作用下复位，回复到开始状态，换刀结束。

任务实施：

（1）实施条件：多媒体教学设备、气压动力试验台、数控加工中心气动换刀系统。

（2）实施说明：通过对气动回路的组装、调试，掌握气动回路的组成、工作原理；对气压动力试验台、数控加工中心气动换刀系统调试，能够读懂气压传动系统原理图，能够分析气压传动系统各元件在系统中的作用。

（3）实施内容：气动回路组装、调试实训；机床夹具的气动加紧系统调试实训；数控加工中心气动换刀系统调试实训。

附录1　液压图形符号（GB/T 786.1—1993）

附表 1.1　　基本符号、管路及连接

名　　称	符　　号	名　　称	符　　号
工作管路		管口在液面以上的油箱	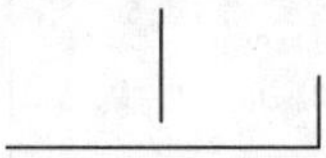
控制管路		管口在液面以下的油箱	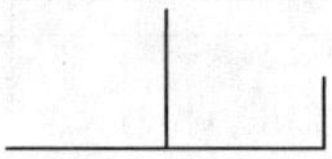
连接管路	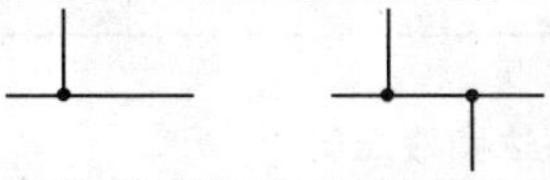	管端连接于油箱底部	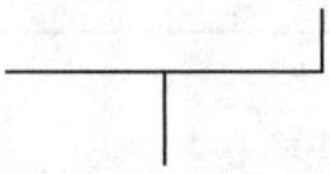
交叉管路	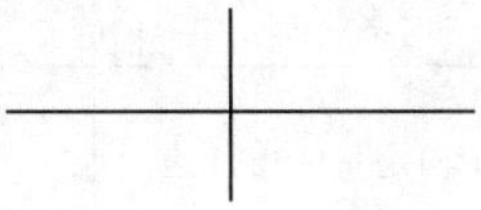	密闭式油箱	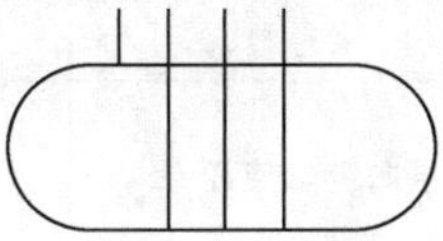
柔性管路		单通路旋转接头	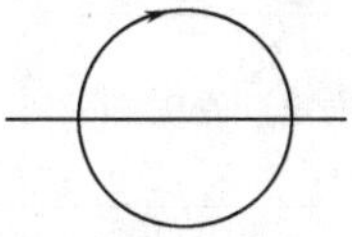
组合元件线		三通路旋转接头	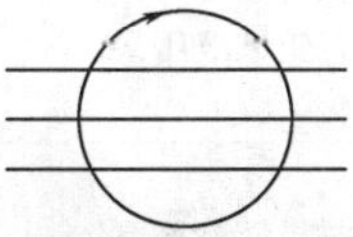

附表 1.2　　控　制　方　法

名　　称	符　　号	名　　称	符　　号
按钮式人力控制	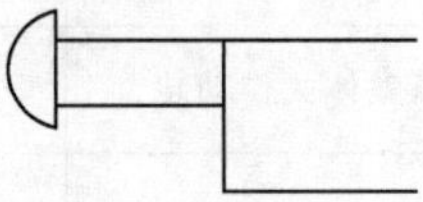	预杆式机械控制	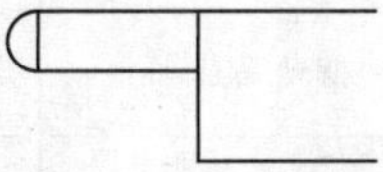
手柄式人力控制	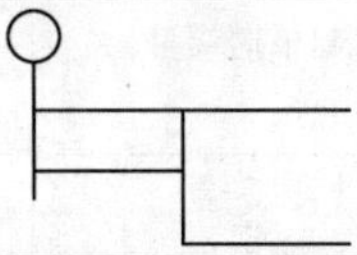	滚轮式机械控制	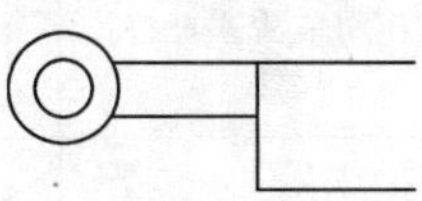
踏板式人力控制	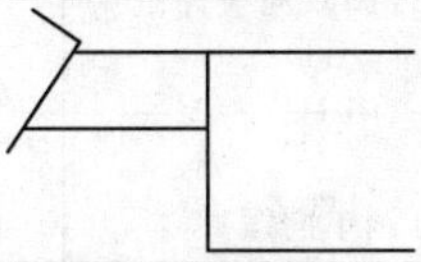	单向滚轮式机械控制	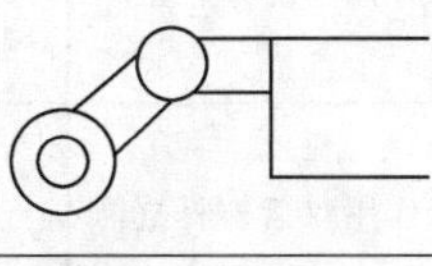
弹簧控制	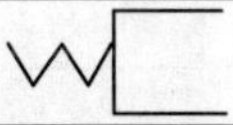	液压先导控制	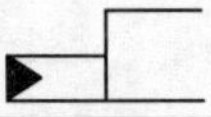
单作用电磁控制	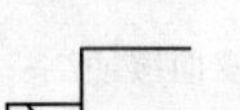	液压二级先导控制	

续附表

名　称	符　号	名　称	符　号
双作用电磁控制	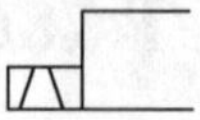	电液先导控制	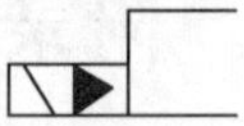
加压或卸压控制	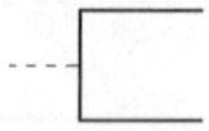	气液先导控制	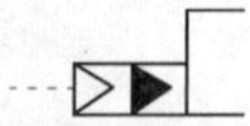
差动控制	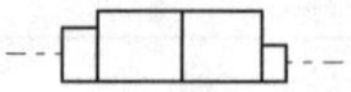	液压先导泄压控制	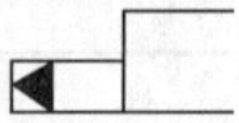
外部压力控制	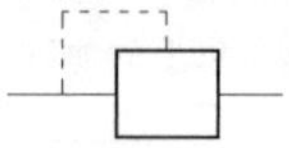	电液先导泄压控制	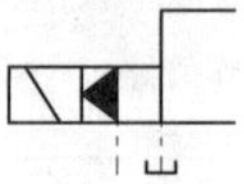
内部压力控制	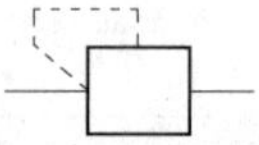	电反馈控制	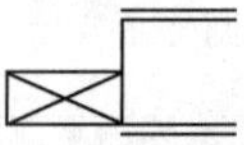

附表 1.3　液压泵、液压马达和液压缸

名　称	符　号	名　称	符　号
单向定量液压泵	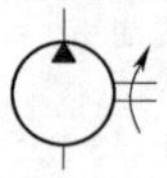	单向定量液压马达	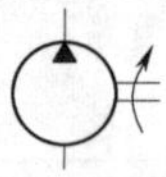
双向定量液压泵	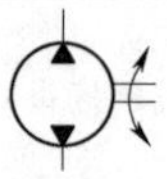	双向定量液压马达	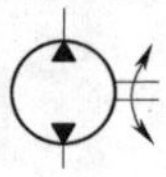
单向变量液压泵	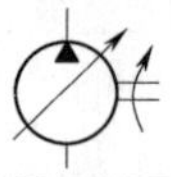	单向变量液压马达	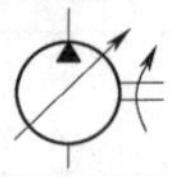
双向变量液压泵	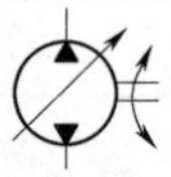	双向变量液压马达	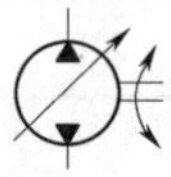
定量液压泵-马达	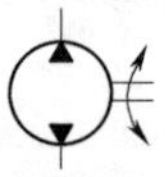	变量液压泵-马达	
摆动马达	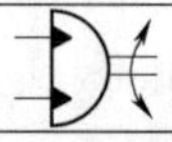	液压整体式传动装置	
单作用单活塞杆缸	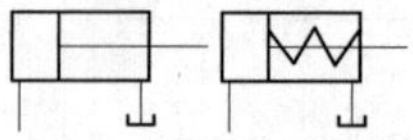	不可调单向缓冲缸	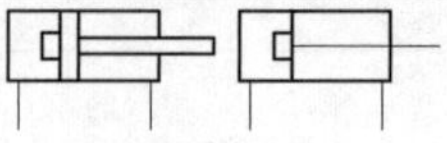 （简化符号）
双作用单活塞杆缸	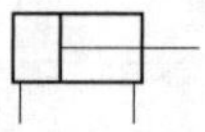	不可调双向缓冲缸	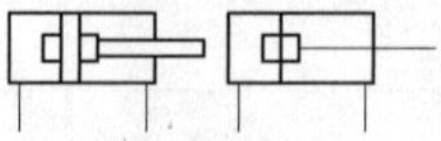 （简化符号）
双作用双活塞杆缸	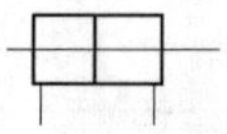	可调单向缓冲缸	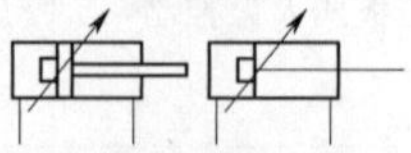 （简化符号）
伸缩缸	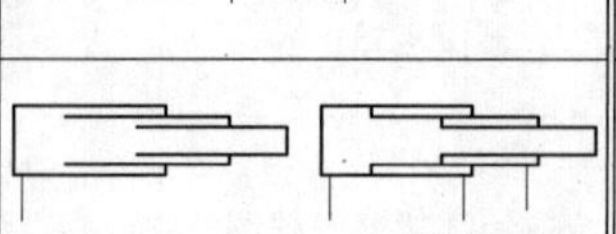 （单作用式）　（双作用式）	可调双向缓冲缸	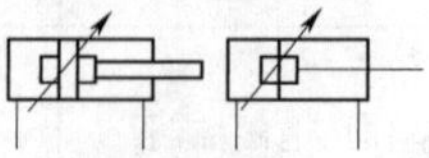 （简化符号）

附表 1.4　　　　　**液 压 控 制 阀**

名　称	符　号	名　称	符　号
单向阀	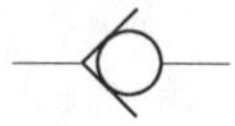	二位五通换向阀	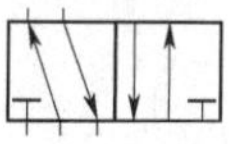
液控单向阀	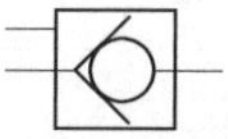	三位三通换向阀	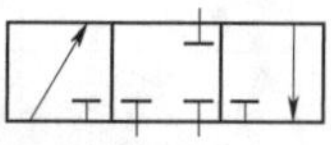
液压锁	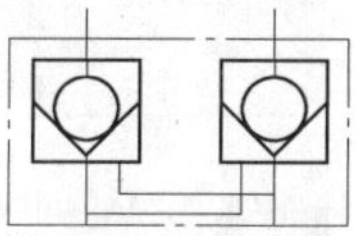	三位四通换向阀	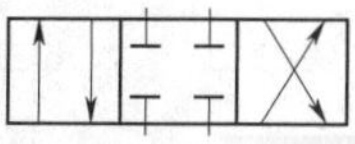
二位二通换向阀	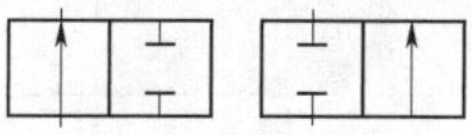 （常开）　（常闭）	三位五通换向阀	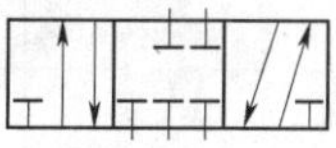
二位三通换向阀	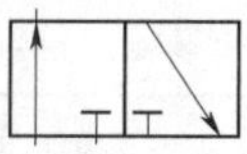	三位六通换向阀	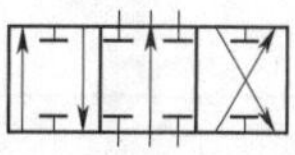
二位四通换向阀	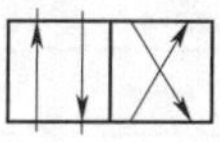	四通电液伺服阀	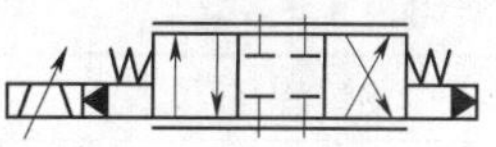
截止阀		卸荷阀	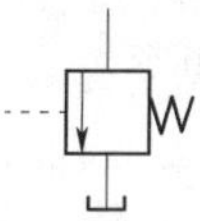
直动式溢流阀	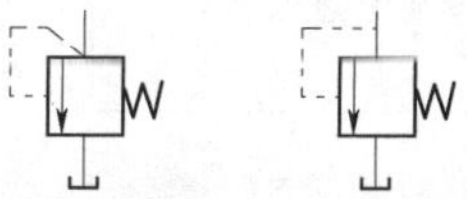 内部压力控制　外部压力控制	不可调节流阀	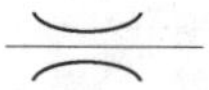
先导式溢流阀	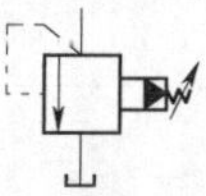	可调节流阀	
先导式电磁溢流阀	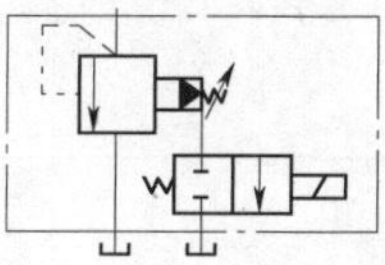	可调单向节流阀	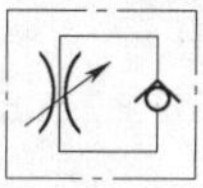
先导式比例电磁溢流阀	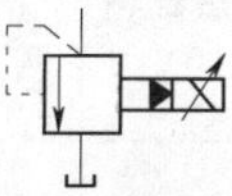	调速阀	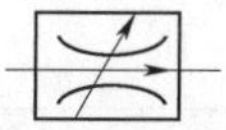
直动式减压阀	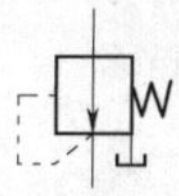	带温度补偿的调速阀	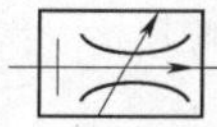
先导式减压阀	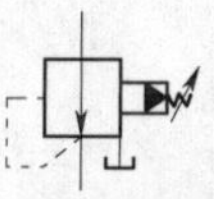	单向调速阀	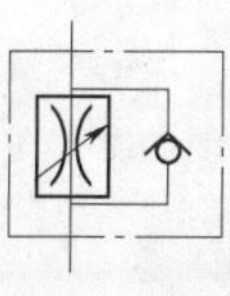

续附表

名　称	符　号	名　称	符　号
先导式比例电磁式溢流减压阀	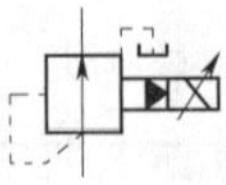	减速阀	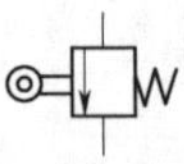
直动式减序阀	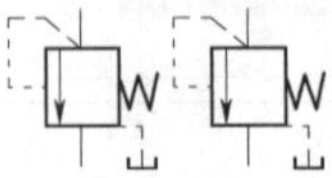	分流阀	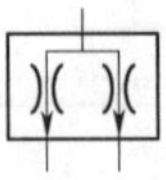
先导式顺序阀	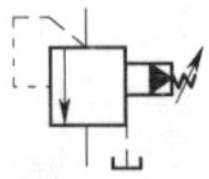	集流阀	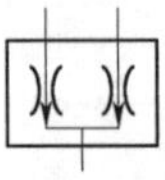
单向顺序阀	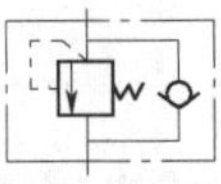	分流集流阀	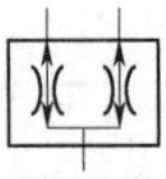

附表 1.5　　　液 压 辅 助 元 件

名　称	符　号	名　称	符　号
液压源		过滤器	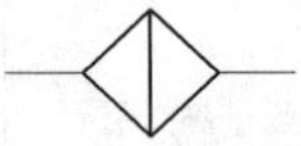
电动机	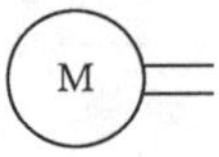	磁心过滤器	
原动机	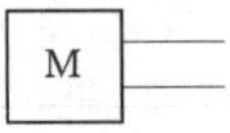	污染指示过滤器	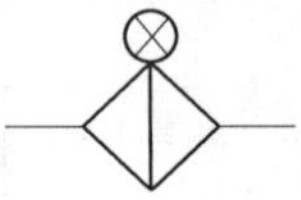
压力计		冷却器	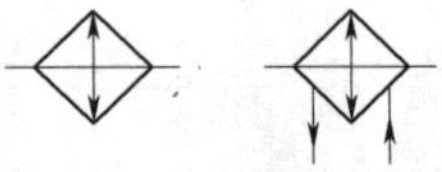 一般符号　带冷却剂管路
液面计		加热器	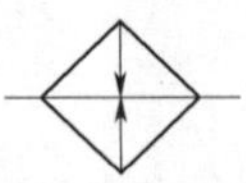
流量计	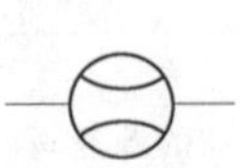	温度调节器	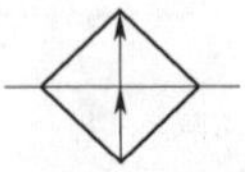
压力继电器	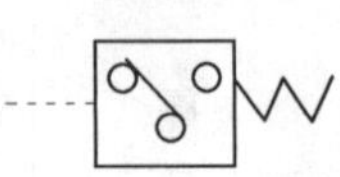	蓄能器	

附录2　气动图形符号（GB/T 786.1—1993）

附表 2.1　　管路及连接

名　称	符　号	名　称	符　号
直接排气口	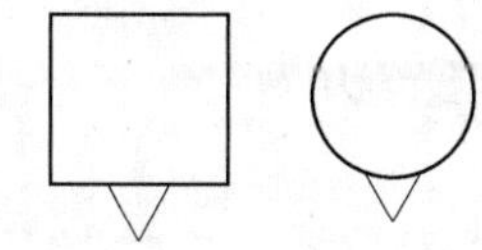	带单向阀快换接头	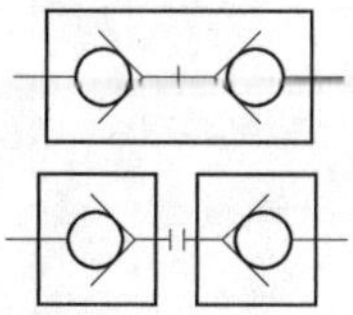
带连接排气口	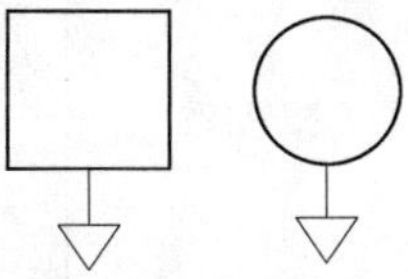	不带单向阀快换接头	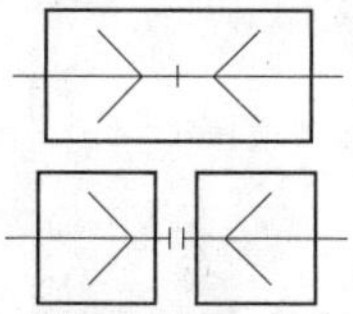

附表 2.2　　控制方法

名　称	符　号	名　称	符　号
气压先导控制	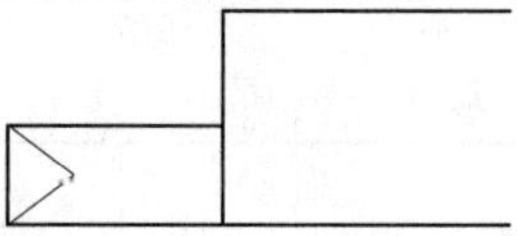	电气先导控制	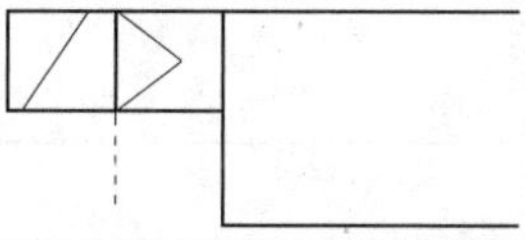

附表 2.3　　气动执行元件

名　称	符　号	名　称	符　号
单向定量马达	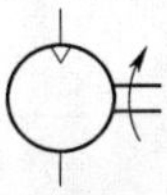	单作用活塞缸	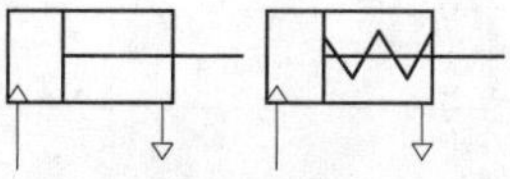
双向定量马达	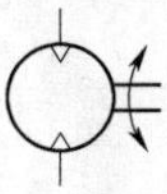	双作用活塞缸	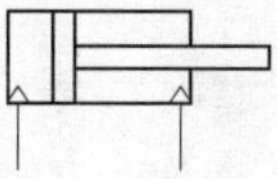
单向变量马达		伸缩缸	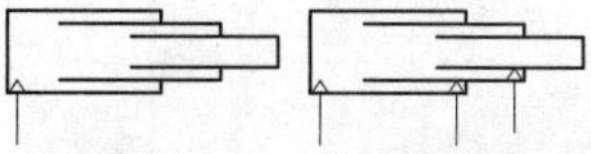 （单作用式）　（双作用式）
双向变量马达		气液转换器	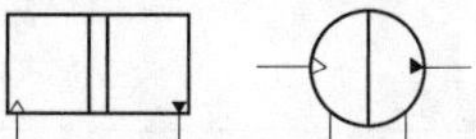 （单程作用）　（连续作用）
摆动马达		气液增压器	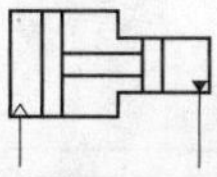

附表 2.4　　　　气动控制元件

名　称	符　号	名　称	符　号
直动式溢流阀	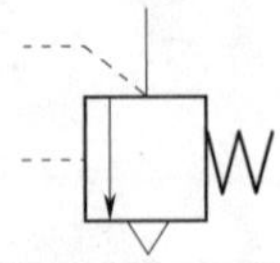	与门型梭阀	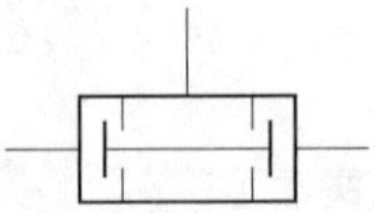
先导式溢流阀	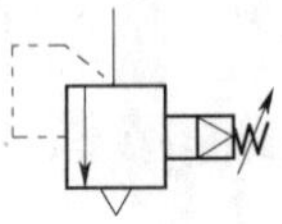	或门型梭阀	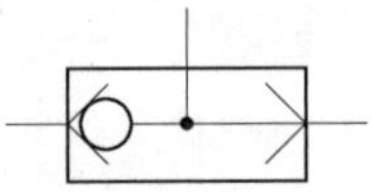
溢流减压阀	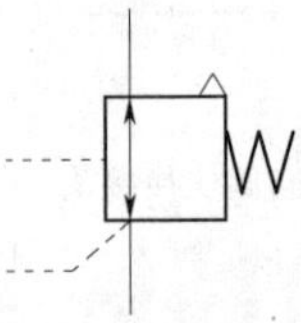	快速排气阀	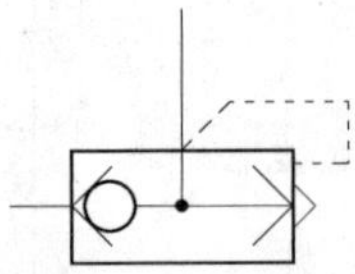
先导式减压阀	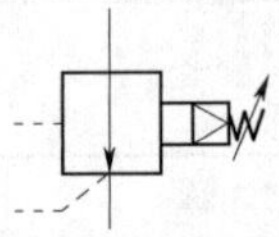	带消声器的节流阀	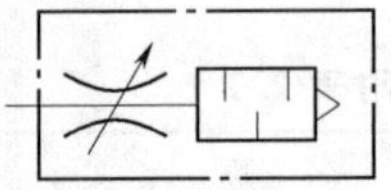

附表 2.5　　　　气动辅助元件

名　称	符　号	名　称	符　号
气压源	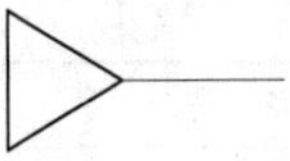	分水排水器	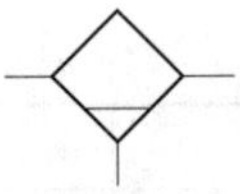 人工排出 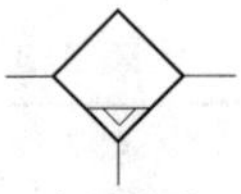 自动排出
气罐	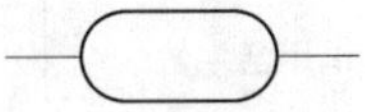	空气过滤器	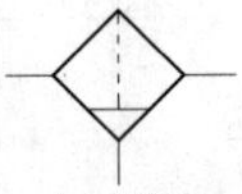 人工排出 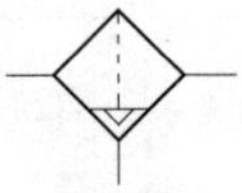 自动排出
冷却器	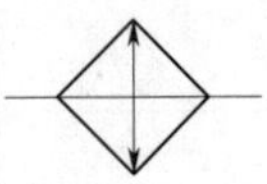	空气干燥器	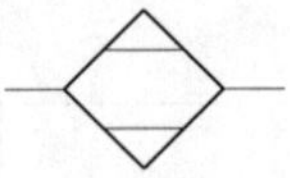
消声器	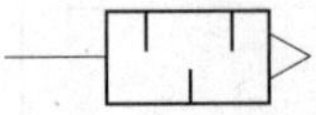	油雾器	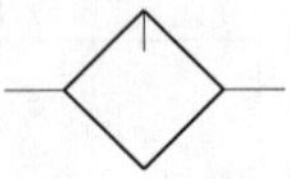